中国酱香型白酒生产技术

陈孟强　邱树毅　周剑丽 / 编著

贵州大学出版社
Guizhou University Press
· 贵 阳 ·

图书在版编目（CIP）数据

中国酱香型白酒生产技术 / 陈孟强，邱树毅，周剑丽编著 . -- 贵阳 : 贵州大学出版社，2025. 4. -- ISBN 978-7-5691-0811-8

Ⅰ. TS262.3

中国国家版本馆 CIP 数据核字第 2025ZX3775 号

中国酱香型白酒生产技术

编　　著：陈孟强　邱树毅　周剑丽

出 版 人：闵　军
责任编辑：但明天
责任校对：胡以然
内文排版：方国进

出版发行：贵州大学出版社有限责任公司
　　　　　地址：贵阳市花溪区贵州大学东校区出版大楼
　　　　　邮编：550025　电话：0851-88291180
印　　刷：贵州思捷华彩印刷有限公司
开　　本：787 毫米 ×1092 毫米　1/16
印　　张：17.25
字　　数：353 千字
版　　次：2025 年 4 月第 1 版
印　　次：2025 年 4 月第 1 次印刷

书　　号：ISBN 978-7-5691-0811-8
定　　价：198.00 元

陈孟强

中共党员，1988 年毕业于北京经济学院（现首都经济贸易大学）经济管理系，1998 年获贵州大学企业管理专业硕士学位。教授级高级工程师、管理应用研究员、高级企业管理师、高级职业经理人；中国白酒大师、中国白酒工艺大师、国家级白酒特邀评委；贵州大学硕士生导师；入选改革开放三十年《当代中国酒界杰出人物》。

从业经历：深耕白酒行业五十载。

历任：1988—1995 年任贵州茅台酒厂国家“七五”规划 800 吨 / 年扩产领导小组组长，车间主任、生产技术处处长、企业管理部主任；1995—2008 年任贵州茅台酒厂集团技术开发公司党委书记兼副董事长；2008—2018 年任贵州珍酒酿酒有限公司董事长兼总工程师。

现任：贵州省食品工业协会副会长，白酒专家委员会首席专家，贵州省企业联合会企业家协会副秘书长。

主要荣誉：全国食品行业质量管理模范，中国食品科技创新卓越贡献奖，贵州省食品工业特别贡献奖；全国企业文化建设理论研究成果奖，贵州省优秀企业家；和谐中国优秀创新人物，第五届中国企业创新优秀人物，中国百名功臣“金马奖”，中国百名成就“金鹰奖”。

学术与技术贡献

理论研究：系统构建酱香型白酒微生物研究体系，揭示珍酒微生物菌群构成及演变规律，建立代谢 - 能量转移关联模型，开发纯粮固态发酵数据库系统。

工艺创新：创立“陈氏酱门”酿造技术体系，提出“一坚守、二严格、三变化”工艺标准，开发“三要素、五关键”操作法；代表产品“陈壹号”酒（2016 年中国白酒大师品鉴优秀创新奖）。

主要著作：《酒道》《贵州经济人物访谈录》《管理无形》《传奇珍酒》《酱香之魂》《陈氏酱门秘略》等。

邱树毅

1996年6月获华南理工大学发酵工程专业工学博士学位。现为贵州大学二级教授、博士生导师，贵州省省管专家，贵州省优秀教师，贵州省教学名师。

研究方向：酿酒工程、发酵工程、酶工程、食品生物技术。

学术任职方面

一、国家级学术组织：中国微生物学会工业微生物专业委员会委员，中国生物化学与分子生物学会工业生化与分子生物学分会理事，中国农业工程学会农产品加工及贮藏工程分会常务理事。二、省级学术组织：贵州省酿酒工业协会白酒专家组专家，贵州省食品工业协会白酒专家组专家。三、重点实验室学术职务：中国轻工业浓香型白酒固态发酵重点实验室学术委员会委员，中国轻工业酿酒分子工程重点实验室学术委员会委员，固态发酵资源利用四川省重点实验室学术委员会委员，中国酒史研究中心学术委员会委员，山西大学杏花村学院学术委员会委员。四、学术期刊任职：《食品科学》《食品工业科技》《食品与发酵工业》《中国酿造》《酿酒科技》编委，《食品生物技术》《贵州农业科学》《贵州大学学报（自然科学版）》《山地农业生物学报》顾问。

科研成果

一、科技奖励有贵州省科技进步奖（一等奖1项、二等奖2项、三等奖2项），中国食品工业协会科学技术奖（特等奖1项、一等奖2项、二等奖1项）；二、教学成果有贵州省高等教育省级教学成果奖（一等奖）；三、学术产出方面，发表的学术论文被SCI收录80篇，EI收录30篇，核心期刊150篇（截至2023年）。知识产权有：获授权发明专利15件，实用新型专利5件。

周剑丽

博士，贵州大学酿酒与食品工程学院副教授，贵州大学一流学科建设特聘教授（C 岗）。

专业资质：国家一级评酒师、贵州省白酒评委、贵州省酿酒工业协会品酒师、酿酒师职业技能等级认定高级考评员、白酒职业技能竞赛高级裁判员。

学术兼职

一、学术期刊 *Food Materials Research* 青年编委，*Process Biochemistry*、*Microbial Cell Factories* 等 SCI 期刊审稿人。二、学术组织：贵州省农业转基因生物加工审批专家组成员，贵州省科技特派员。三、编辑职务：《酿酒科技》第五届编委会委员。

科研项目

主持科研项目 13 项，其中国家级项目 2 项（国家自然科学基金等），省部级项目 5 项（含贵州省科技计划重点项目），地厅级项目 6 项。

学术成果

一、发表的论文有 23 篇（第一/通讯作者）被 SCI 收录，其中 Carbohydrate Polymers（IF 11.2）、Food Chemistry（IF 8.8）、ACS Sustainable Chemistry & Engineering（IF 9.9）、LWT - Food Science and Technology（IF 6.0）及累计影响因子大于 180。二、教材著作有国家级规划教材：《食品发酵工艺学》（“十三五”规划教材）、《白酒工艺学》（“十四五”规划教材）。三、知识产权：授权发明专利 4 项（第一发明人 3 项）。

教学工作

一、课程建设有本科生课程“白酒工艺学”（48 学时）、“酿酒分析与检测”（32 学时）、“机械制图与 CAD”（64 学时）；研究生课程“食品生物工程”（40 学时）、“学术英语写作”（32 学时）。二、教学荣誉：2024 年获贵州省“金课”（“酿酒工程专业分析”课程负责人）。

贵大酿酒与食品工程学院邱树毅教授与珍酒原董事长陈孟强座谈交流

贵州大学酿酒与食品工程学院学生在珍酒厂实习期间与陈孟强董事长合影

陈孟强同志被授予 2014 贵州优秀企业家荣誉称号

获奖证书

2011~2013年度中国食品工业协会科学技术奖

获奖项目：高品位大曲酱香珍酒微生物群落及生产工艺技术体系研究

获奖等级：二等奖

获奖单位：贵州珍酒酿酒有限公司、贵州大学

主要完成人：陈孟强、邱树毅、王晓丹、陆安谋、雷安亮、周鸿翔、梁芳、胡鹏刚、吴鑫颖

特发此证，以资鼓励。

中国食品工业协会

二○一四年十一月

证书号：2014-2-12

陈孟强同志等获 2011 ～ 2013 年度中国食品工业协会科学技术奖

陈孟强同志获2005全国企业文化建设工作理论研究成果奖

陈孟强同志获全国食品行业质量管理著名专家

序

酱香型白酒，又称茅香型白酒，是中国白酒的典型代表之一。酱香型白酒生产工艺复杂，其独特的酿造工艺和口感使其在国内外享有很高的声誉。

《中国酱香型白酒生产技术》是由中国白酒大师陈孟强、贵州大学博士生导师邱树毅教授等共同撰写的一本关于酱香型白酒生产技术的专业书籍，陈孟强是中国白酒行业的资深专家，拥有丰富的实践经验和理论知识，尤其对酱香型白酒的生产和酿造有着深入的研究。邱树毅教授在贵州大学一直从事发酵工程、酿酒工程的教学、科研工作，主要研究领域也是酱香型白酒等传统发酵产品。他们结合自己四十多年的生产、管理、教学、科研工作经历，编著了这本《中国酱香型白酒生产技术》，旨在传承和发扬酱香型白酒文化，为读者揭示酱香型白酒生产的奥秘和魅力。

本书详细阐述了酱酒的生产工艺、原料选择、发酵条件、蒸馏技巧、储存与调配等多个方面。全书共有十章，包括三部分内容：一是白酒酿造基础，重点介绍白酒酿造的微生物基础知识、酱香型白酒酿造过程的微生物、白酒酿造的原理等；二是中国酱香型白酒生产技术篇，主要介绍白酒与酱香型白酒概述、酱香型白酒生产的原辅料、酱香型白酒制曲生产技术、酱香型白酒酿造生产技术、酱香型白酒的贮存与酒体设计、酱香型白酒的风味物质及品评等内容；三是酱香型白酒生产的技术规程与标准篇，主要包括大曲酱香型白酒生产技术规程、白酒及酱香型白酒的相关标准等内容。本书为酱香型白酒从业者提供了一本系统化的学习教材，有助于提升读者的专业技能和理论知识；为读者提供了一本集理论和实践于一体的学习指南，可使更多的人了解和关注酱香型白酒文化，对于了解和探究酱香型白酒文化具有极高的参考价值。对于从事酱香型白酒生产、研发和销售的人员来说，这本书无疑是一本宝贵的专业书籍。

本书的内容深入浅出、系统全面、通俗易懂，不仅对酱香型白酒的生产技术进行了详细的介绍，还对生产过程中可能遇到的问题进行了分析和解答，本书还分享了许多关于酱香型白酒生产技术的细节和精髓。例如，在原料选择环节，强调了选用优质、饱满的红缨子高粱的重要性，以及在发酵过程中如何控制温度和湿度以促进微生物的生长和发酵的顺利进行；在蒸馏环节，介绍了如何通过轻、重、缓、急的火候来提取不同层次的酒液，以得到口感更加丰富、层次更加分明的酱酒：在陈酿环节，讲述了如何利用陶坛容器进行长期储存，使酱香型白酒经过岁月的沉淀后更加醇厚。

本书的作者陈孟强、邱树毅等在白酒行业具有较高的声望和影响力。他们不仅有从事中国酱香型白酒大型企业的技术领导和大学专业教学的经历，还担任过多家知名白酒企业的技术顾问，在专业学术期刊上发表很多篇有关白酒酿造技术的论文，指导博士研究生和硕士研究生。这些经历使得他们在行业内积累了丰富的经验和专业知识，为本书的撰写奠定了坚实的基础。《中国酱香型白酒生产技术》不仅对酱香型白酒生产技术进行了全面系统的阐述，还结合了作者本人的实践经验和独特见解，使得本书具有较高的权威性和实用性。

这是一本关于酱香型白酒生产技术的专业著作，具有较高的学术价值和实际应用意义，理论和实践均较为详实，可以为从事酱香型白酒生产、管理、科研的工作者提供参考，也可用作大专院校酿酒工程等相关专业的大学生、研究生的参考教材。同时通过通俗易懂的语言和生动的实例，为酱香型白酒爱好者提供熟悉和了解中国酱香型白酒生产技术的机会，让读者能够更好地理解和欣赏酱香型的美妙之处，更好地认识和品鉴酱香型白酒。

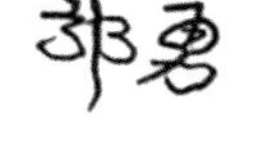

华南理工大学

前　　言

中国酱香型白酒生产工艺复杂，产品风味成分丰富，品质优良，深受广大消费者的欢迎，但有关中国酱香型白酒生产技术的书籍较少。本书作者结合自己数十年在酱香型白酒生产、管理、科研和教学方面的经验和研究成果，编写了这本《中国酱香型白酒生产技术》，以期为从事酱香型白酒生产、管理、科研的工作者提供参考，同时为酿酒工程等相关专业的大专院校大学生、研究生提供参考，以及为酱香型白酒爱好者提供熟悉和了解中国酱香型白酒生产技术的机会。

本书包括三部分内容：一是白酒酿造基础篇，重点介绍白酒酿造的微生物基础知识、酱香型白酒酿造过程的微生物、白酒酿造的原理等；二是中国酱香型白酒生产技术篇，主要介绍白酒与酱香型白酒、酱香型白酒生产的原辅料、酱香型白酒制曲生产技术、酱香型白酒生产技术、酱香型白酒的贮存与酒体设计、酱香型白酒的风味物质及品评等内容；三是酱香型白酒生产的技术规程与标准篇，主要包括大曲酱香型白酒生产技术规程、白酒及酱香型白酒的相关标准等内容。

作者在编写本书时参考了许多酿酒领域的专家、学者的研究成果，尽管在书后附有参考文献，但恐有遗漏，在此一并致谢。

由于作者的水平有限，书中难免有错误和不妥之处，敬请读者批评指正。

目　　录

第一篇　白酒酿造基础知识及原理

第二篇　酱香型白酒生产技术

第一篇　白酒酿造基础知识及原理

第一章　白酒酿造微生物基础知识

微生物是生物界数量极其庞大的一个生物类群，是自然界生态平衡和物质循环必不可少的重要成员，与人类及其生存环境的关系密切。微生物是所有形体微小的单细胞，或细胞结构较为简单的多细胞，或没有细胞结构的低等生物的通称，包括不具细胞结构的病毒、类病毒、朊病毒等，单细胞原核生物细菌、放线菌、立克次氏体、支原体、衣原体、蓝细菌等，真菌中的酵母菌、霉菌、担子菌等，以及单细胞原生生物藻类、原生动物等。微生物具有以下特点：

- ◆个体小。微生物的个体一般都比较小，它们的测量单位是微米，甚至是纳米，各类微生物之间的个体大小差异十分明显。真核生物、原核生物、非细胞微生物、生物大分子、分子和原子之间大小之比，一般按 10:1 的比例递减。杆状细菌的平均长度和宽度大约为 2μm 和 0.5μm，每毫克细菌大约有 10 亿～ 100 亿个。
- ◆种类多。目前已知微生物种类有 10 万种左右，据估计，目前最多只确定了 10% ～ 20%，而开发利用的微生物仅占大约 1%。微生物数量最多的地方是土壤，一般每克土壤中含有 20 亿个微生物。除土壤外，水域、空气、人体、动植物体内等均有微生物存在。
- ◆分布广。在自然界，微生物的分布十分广泛，上至天空、下至深海，包括各种极端环境如沙漠、极地、干旱区域和雨林地区，均分布有微生物。
- ◆繁殖快。微生物的繁殖是非常快的，在适宜条件下，大肠杆菌 20 ～ 30 分钟繁殖一代，24 小时就可以繁殖 72 代。当然，随着微生物不断繁殖，其代谢产物不断积累，繁殖条件也会不断变化。因此，微生物的繁殖是不可能永远达到上述水平的，但是它们的繁殖速度仍然比高等动物快上亿倍。
- ◆易培养。大多数微生物均能在常温常压下利用简单的营养物质生长，并在生长过程中积累代谢产物。微生物利用的营养来源广，原料粗放。
- ◆转化快。由于微生物个体微小，具有极大的比表面积，与外界环境之间可以迅速交换营养物质和废料，因此微生物的代谢强度远远高于高等动物。例如，酒精酵母 1kg 菌体一天可以发酵利用几千千克糖生成酒精。

◆易变异。微生物个体大多是单细胞，通常是单倍体，由于繁殖快、数量多，以及与外界环境直接接触等原因，即使变异的频率低，也可能在短时间内出现大量的变异后代。因此，微生物的变异性使其具有极强的适应能力，例如抗热、抗寒、抗盐、抗干燥、抗酸、抗辐射、抗高压等能力，这是微生物在漫长的进化过程中所经受各种复杂环境条件的影响和选择的结果。

中国白酒生产，是以淀粉为原料，酒曲为糖化发酵剂和生香剂，酒曲包括大曲、小曲和麸曲，酒曲是酿酒微生物栖息的地方，也是最好的酿酒微生物的培养基。酿酒微生物主要有细菌、放线菌、古菌、酵母菌和霉菌等。

第一节　细菌

细菌是生物的主要类群之一，属于细菌域。细菌是所有生物中数量最多的一类。细菌主要由细胞膜、细胞质、核糖体等部分构成，有的细菌还有荚膜、鞭毛、菌毛等特殊结构。绝大多数细菌的直径在 0.5 ～ 5μm。可根据其形状分为三类，即球菌、杆菌和螺旋菌（包括弧菌、螺菌、螺杆菌）。按细菌的生活方式来分类，可分为自养菌和异养菌，其中异养菌包括腐生菌和寄生菌。异养型腐生细菌是生态系统中重要的分解者，推动了碳循环的进行。部分细菌会进行固氮作用，使氮元素得以转换为生物能利用的形式。按细菌对氧气的需求来分类，可分为需氧（完全需氧和微需氧）和厌氧（不完全厌氧、有氧耐受和完全厌氧）细菌。

细菌属于原核生物。原核生物中还有另一类生物称作古细菌，是科学家依据演化关系而另辟的类别。为了区别，本类生物也被称作真细菌。细菌广泛分布于土壤和水中，或者与其他生物共生。也有部分种类分布在极端的环境中，例如温泉，甚至是放射性废弃物中，它们被归类为嗜极生物。细菌对人类活动有很大的影响。细菌是许多疾病的病原体，包括肺结核、淋病、炭疽病、梅毒、鼠疫、沙眼等疾病都是由细菌所引发的。然而，人类也时常利用细菌，例如酿酒造醋、乳酪及酸奶的制作、部分抗生素的制造、废水处理等，都与细菌有关。在生物科技领域中，细菌也有着广泛的运用。

一、细菌的形态和大小

（一）细菌的形态

细菌的基本形态有球状、杆状和螺旋状，分别称为球菌、杆菌和螺旋菌。

◆球菌：这种细菌单个存在时，呈圆球状或扁圆状。几个球菌联合在一起，其接触面常呈扁平状态。根据球菌分裂的方向及分裂后个体细胞排列的不同，又可分为小球菌、双球菌、链球菌、四联球菌、八叠球菌和葡萄球菌等。

◆杆菌：杆状的细菌称为杆菌。杆菌是细菌中种类最多的。杆菌长短、粗细形状差别很大。短而粗，近似球形的称为短杆菌；长而细，呈圆柱形或丝状的称为长杆菌；呈分枝状的称为分枝杆菌。杆菌的两端常呈各种不同形状，有半圆形的，有钝圆形的，有平端的，有略尖的。多数杆菌分散随机排列，有链状的，有呈“八”字形的，有呈栅状的。杆菌的形状和排列方式是分类的依据之一。

◆螺旋菌：呈螺旋状或弧形。弯曲不足一圈的称弧菌，弯曲超过一圈的称螺旋菌。

球菌、杆菌和螺旋菌是细菌的三种基本形态，自然界的细菌，杆菌最常见，球菌次之，螺旋菌最少。此外，细菌还有其他的形态，如柄状、三角状、方形、圆盘形、星形、梨形等。细菌的形态还受培养温度、培养时间、培养基组成等环境条件的影响。一般处于幼龄和适宜条件下，细菌的形态正常、整齐，表现出典型特征性的形态。在不正常条件下，细胞常呈异常形态。若将它们转移至条件适宜的培养基中或在条件适宜下培养，又可恢复正常形态。

（二）细菌的大小

细菌个体微小，其大小随细菌种类不同而异，可以用测微尺在显微镜下测量。量度细菌大小的单位是微米（μm），量度其亚细胞结构的单位则需要用纳米（nm）。

普通细菌大小范围：球菌以直径大小表示，一般为 0.5 ～ 1.0μm；杆菌以长和宽表示，一般长 1 ～ 5μm，宽 0.5 ～ 1.0μm；螺旋菌则测量其弯曲形长度，其直径为 0.5 ～ 1.0μm，长 1 ～ 50μm。目前，发现最大的细菌为纳米比亚嗜硫珠菌，细胞直径为 0.32 ～ 1.00mm；最小的细菌是纳米细菌，其直径只有 50nm。细菌细胞大小与所用的染色固定方法有关，经干燥固定的菌体长度比活菌体要缩短 1/4 ～ 1/3，因此细菌大小的测量值通常是平均值。影响细菌形态变化的因素，同样影响细菌的大小，一般幼龄菌比成熟的和衰老的细菌要大。

细菌细胞的重量为 10^{-9} ～ 10^{-10}mg，即每克细菌为 1 亿～ 10 万亿个细胞。细菌的体积虽小，但其表面积很大，有利于细胞吸收营养物质和加强代谢。

二、细菌的细胞结构

细菌的细胞结构可分为一般结构和特殊结构。一般结构是指细菌都会具有的结构，如细胞壁、细胞膜、细胞质和核区等；特殊结构是部分细菌才有的或在特殊环境条件下才形成的结构，如荚膜、鞭毛、菌毛、性毛和芽孢等（图 1-1）。

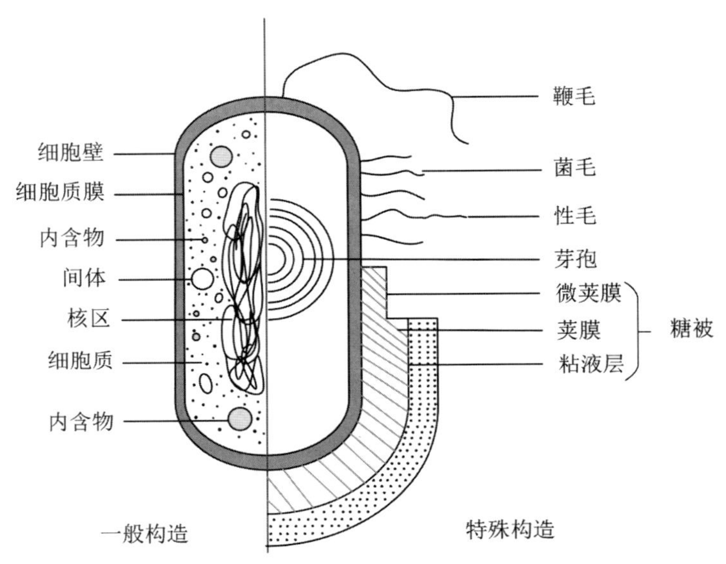

图 1-1 细菌细胞结构模式图

（一）细菌的一般结构

1. 细胞壁

细胞壁是位于细胞最外层的一层厚实、坚韧的外被，主要由肽聚糖构成，细菌的细胞壁占细菌干重的 10% ～ 20%，有固定细胞外形和保护细胞等多种生理功能。通过染色、质壁分离或制成原生质体后再在光学显微镜下观察，可证实细胞壁的存在；用电子显微镜观察细菌超薄切片等方法，更能确证细胞壁的存在。

细胞壁的化学组成主要是肽聚糖，还有磷壁酸、脂多糖、脂蛋白等成分，图 1-1 给出了细菌细胞结构模式图。

不同细菌的细胞壁的化学组成不完全相同，革兰氏阳性细菌和革兰氏阴性细菌的细胞壁成分有明显的差别。图 1-2 和表 1-1 分别是革兰氏阳性细菌和革兰氏阴性细菌细胞壁在构造和成分上的主要差别。

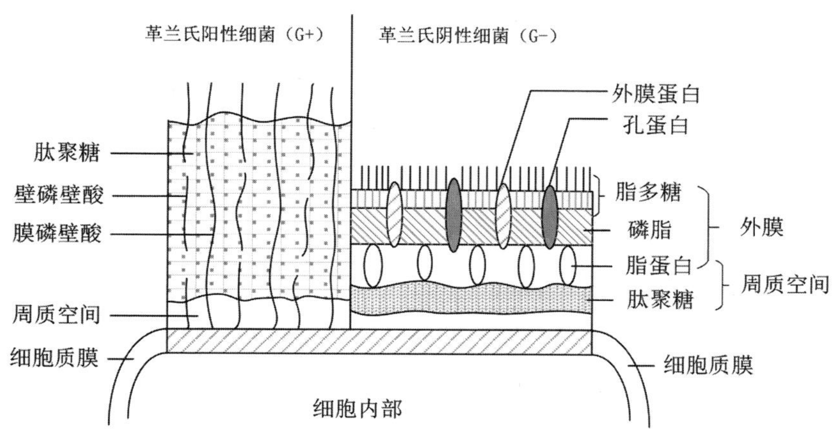

图 1-2 革兰氏阳性和阴性细菌细胞壁构造的比较

表 1-1 革兰氏阳性和阴性细菌细胞壁成分的比较

成分	占细胞壁干重的量（%）	
	革兰氏阳性细菌	革兰氏阴性细菌
肽聚糖	含量很高（50 ～ 90）	含量很低（10 ～ 20）
磷壁酸	含量较高（< 50）	无
类脂质	一般无（1 ～ 4）	含量较高（11 ～ 22）
蛋白质	无	含量较高

革兰氏阳性细菌细胞壁的特点是厚度大（20 ～ 80nm）、化学成分简单，一般只含 90% 肽聚糖和 10% 磷壁酸。革兰氏阴性细菌细胞壁的特点是厚度较革兰氏阳性菌薄，层次较多，也较复杂，肽聚糖层很薄（2 ～ 3nm），含量占细胞壁干重的 5% ～ 10%，故机械强度较革兰氏阳性细菌弱。

肽聚糖：细菌细胞壁中特有的成分。肽聚糖分子由肽与聚糖两部分组成，其中的肽有四肽尾和肽桥两种，聚糖则由 N- 乙酰葡糖胺和 N- 乙酰胞壁酸相互间隔通过 β-1,4- 糖苷键连接而成，呈长链骨架状。

磷壁酸：结合在革兰氏阳性细菌细胞壁上的一种酸性多糖，主要成分为甘油磷酸或核糖醇磷酸。磷壁酸可分两类，其一为壁磷壁酸，它与肽聚糖分子间进行共价结合，含量会随培养基成分而改变，一般占细胞壁总重量的10%，有时可接近50%。用稀酸或稀碱可以提取。其二为跨越肽聚糖层并与细胞膜相交联的膜磷壁酸，由甘油磷酸链分子与细胞膜上的磷脂进行共价结合后形成，其含量与培养条件关系不大。可用45%热酚水提取，也可用热水从脱脂的冻干细菌中提取。磷壁酸有五种类型，主要为甘油磷壁酸和核糖醇磷壁酸两类，前者在干酪乳杆菌等细菌中存在，后者在金黄色葡萄球菌和芽孢杆菌属等细菌中存在。

革兰氏染色的机制：革兰氏阳性和阴性细菌主要由于其细胞壁化学成分的差异而引起物理特性（脱色能力）的不同，正是这一物理特性的不同才决定了染色反应的不同。细菌通过结晶紫初染和碘液媒染后，在细胞膜内形成了不溶于水的结晶紫与碘的复合物。革兰氏阳性细菌由于其细胞壁较厚、肽聚糖网层次多和交联致密，故遇乙醇或丙酮作脱色处理时，因失水反而使网孔缩小，再加上它不含类脂，故乙醇处理不会溶出缝隙，因此能把结晶紫与碘复合物牢牢留在壁内，使其仍呈紫色。反之，革兰氏阴性细菌因其细胞壁薄、外膜层的类脂含量高、肽聚糖层薄和交联度差，遇脱色剂后，以类脂为主的外膜迅速溶解，薄而松散的肽聚糖网不能阻挡结晶紫与碘复合物的溶出，因此，通过乙醇脱色后细胞退成无色。这时，再经沙黄等红色染料进行复染，就能使革兰氏阴性细菌呈现红色，而革兰氏阳性细菌则仍保留紫色。

2. 细胞膜

它是紧贴细胞壁内侧包围细胞质的一层柔软而富有弹性的半透性薄膜。厚度为7～8nm，重量占细胞干重的10%，由磷脂（占20%～30%）和蛋白质（占50%～70%）组成。通过质壁分离、鉴别性染色或原生质体破裂等方法可在光学显微镜下观察到；用电子显微镜（或简称电镜）观察细菌的超薄切片，则可更清楚地观察到它的存在。电镜观察到的细胞质膜，是在上下两暗色层之间夹着一浅色中间层的双层膜结构。这是因为，组成细胞膜主要成分的磷脂，是由两层磷脂分子按一定规律整齐地排列而成的。其中每一个磷脂分子由一个带正电荷且能溶于水的极性头（磷酸端）和一个不带电荷、不溶于水的非极性尾（烃端）所构成。极性头朝向内外两表面，呈亲水性，而非极性端的疏水尾则埋入膜的内层，于是形成了一个磷脂双分子层。在极性头的甘油3C上，不同种微生物具有不同的R基，如磷脂酸、磷脂酰甘油、磷脂酰乙醇胺、磷脂酰胆碱、磷脂酰丝氨酸或磷脂酰肌醇等。在原核微生物的细胞质膜上多数含磷脂酰甘油，在革兰氏阴性细菌中，多数还含磷脂酰乙醇胺，在分枝杆菌中则含磷脂酰肌醇等。非极性尾由长链脂肪酸通过酯键连接在甘油的C_1和C_2位上组成，其链长和饱和度因细菌种类和生长温度而异，通常生长温度要求越高的种，其饱和度也越高，反之则低。

在常温下，磷脂双分子层呈液态，其中嵌埋着许多具运输功能、有的分子内含有运输通道的整合蛋白或内嵌蛋白，在磷脂双分子层的上面则“漂浮着”许多具有酶促作用的周边蛋白或膜外蛋白。它们都可在磷脂表层或内层作侧向移动，以执行其相应的生理功能。

间体（或中体）是一种由细胞质膜内褶而形成的囊状构造，其中充满着层状或管状的泡囊；多见于革兰氏阳性细菌。每个细胞含一个至几个，着生部位可在表层或深层，前者与某些酶（如青霉素酶）的分泌有关，后者与 DNA 的复制、分配以及与细胞分裂有关。

3. 细胞质及其内含物

细胞质是细胞膜包围的除核区外的一切半透明、胶状、颗粒状物质的总称。含水量为 70% ～ 80%。原核微生物的细胞质是不流动的，这一点与真核生物明显不同。细胞质的主要成分为核糖体（由 50*s* 大亚基和 30*s* 小亚基组成）、贮藏物、多种酶类、中间代谢物、质粒、各种营养物和大分子的单体等，少数细菌还有类囊体、羧酶体、气泡或伴孢晶体等。细胞质内形状较大的颗粒状构造称为内含物，包括各种贮藏物和气泡等。

核糖体：核糖体是细胞质内的一种核糖核蛋白的颗粒结构，是蛋白质合成的场所。核糖体由 50% ～ 70% 的 RNA 和 30% ～ 50% 的蛋白质组成，在细胞内可以呈单个游离的或呈链状的多聚核糖体状态。每个细菌有 1 万多个核糖体。原核微生物核糖体沉降系数均为 70*s*，由 30*s* 和 50*s* 两个亚基组成。链霉素、四环素、氯霉素等只对 70S 核糖体起作用，对人体的核糖体（80*s*）无影响，故可用于治疗细菌性疾病。

内含物：很多细菌细胞中含有各种较大的颗粒，包括糖原和淀粉类、聚 β- 羟基丁酸、硫粒、藻青素、藻青蛋白、异染粒等，主要功能是贮存营养物。颗粒的多少随菌龄及培养条件不同而有较大差异。

4. 核区和质粒

核区：细菌没有真正的细胞核，只有原核生物特有的无核膜结构、无固定形态的原始细胞核，又称核质体、原核、拟核或核基因组。用富尔根染色法染色后，可见到呈紫色的形态不定的核区。它是一个大型环状双链 DNA 分子，只有少量蛋白质与之结合，长度一般为 0.25 ～ 3mm。每个细胞所含的核区数与该细菌的生长速度有关，一般为 1 ～ 4 个。在快速生长的细菌中，核区 DNA 可占细胞总体积的 20%。细菌的核区除在染色体复制的短时间内呈双倍体外，一般均为单倍体。核区是细菌负载遗传信息的主要物质基础。核区的功能是储存和传递遗传信息，完成 DNA 复制、重组、转录、翻译及复杂的调控过程。

质粒：很多细菌细胞中存在染色体外的遗传因子，为环状 DNA 分子，称为质粒。质粒大小为 1 ～ 300kb，每个菌体可含一个或多个质粒，携带决定细菌某些遗传特性的基因，如致育性（F 因子）、抗药性（R 因子），以及产毒、致病、降解毒物，生物固氮，植物结瘤，气泡或芽孢形成，抗原获得、限制与修饰系统，形成原噬菌体，产生抗生素和色素等次生代谢产物等。

质粒能自我复制，其存在与否不影响细菌的生长繁殖。多数质粒可自行或经某种理化因子（如吖啶类化合物或丝裂霉素等）处理而消失，这一过程称为质粒的消除或自愈。有的质粒还能以附加体的形式整合到寄生菌的染色体中，在染色体控制下与染色体一起复制，并随寄主分裂传给子代菌体。有的质粒（如 F 因子）DNA 中还有插入序列或转座子，能在质粒与质粒之间、质粒与染色体之间转移，具有介导细菌之间基因交换与遗传重组的重要功能。

（二）细菌的特殊结构

细菌细胞除一般结构外，还有糖被、鞭毛、芽孢等特殊结构，它们在细菌的分类鉴定中有重要的意义。

1. 糖被

包被于某些细菌细胞壁外的一层厚度不定的胶状物质，称为糖被。糖被的有无、厚薄除与菌种的遗传性相关外，还与环境（尤其是营养）条件密切相关。糖被按其有无固定层次、层次厚薄又可细分为荚膜、微荚膜、黏液层和菌胶团。较厚、有明显的外缘和一定的形状，较紧密地结合于细胞壁外的称为荚膜；较薄、光学显微镜观察不到但可用血清学方法显示的称为微荚膜；量大且与细胞表面的结合比较松散、易变形、没有明显边缘、可扩散到周围环境中的称为黏液层。通常是一菌一膜，也有多菌共膜的，称为菌胶团。

细菌糖被与人类的科学研究和生产实践有着密切的关系。糖被的有无及其不同的性质可用于菌种鉴定，例如某些难以观察到的微荚膜的致病菌，只要用极为灵敏的血清学反应即可鉴定。在制药工业和试剂工业中，人们可以从肠膜状明串珠菌的糖被中提取葡聚糖以制备“代血浆”或葡聚糖生化试剂；利用野油菜黄单胞菌的黏液层可提取十分有用的胞外多糖黄原胶，它可用于石油开采中的钻井液添加剂，也可用于印染、食品等工业中；产生菌胶团的细菌在污水的微生物处理过程中具有沉降、吸附和分解有害物质的作用。当然，若不加防范，有些细菌的糖会给人类带来不利的影响。例如，肠膜状明串珠菌若污染制糖厂的糖汁，或是污染酒类、牛乳和面包，就会影响生产和降低产品质量；在工业发酵中，若发酵液被产糖被的细菌所污染，就会阻碍发酵过程正常进行和影响产物的提取；某些致病菌的糖被会对该病的防治造成严重障碍；由几种链球菌荚膜引起的龋齿更是全球范围内严重危害人类健康的高发病等。

2. 鞭毛

鞭毛是生长在某些细菌体表的长丝状、波浪形弯曲的蛋白质附属物，其数目通常为一至数十条，具有运动功能。鞭毛的长度一般为 15 ～ 20μm，直径为 0.01 ～ 0.02μm。用电子显微镜可以看到鞭毛。用特殊的鞭毛染色法使染料沉积在鞭毛上，加粗后的鞭毛也可用光学显微镜观察。

鞭毛的主要成分是蛋白质，有少量的多糖或脂类。鞭毛具有抗原性，常作为血清学鉴定的依据之一。

在各类细菌中，弧菌、螺菌类普遍都有鞭毛；杆状细菌中，假单胞菌类都长有极生鞭毛，其他的有的着生周生鞭毛，有的没有；球菌中，仅个别的属（例如动球菌属）的种才长鞭毛。鞭毛在细胞表面的着生方式多样，主要有单端鞭毛菌、端生丛毛菌、两端鞭毛菌和周毛菌等几种。

鞭毛的有无和着生方式在细菌的分类和鉴定工作中是一项十分重要的形态学指标。

原核微生物（包括古生菌）的鞭毛由基体、钩形鞘和鞭毛丝三部分组成。革兰氏阳性细菌和革兰氏阴性细菌的基体构造稍有区别。

鞭毛的功能是运动，这是原核生物实现其趋性，即趋向性的最有效方式。鞭毛菌的运动速度极快，例如螺菌鞭毛的转速可达每秒 40 周（超过一般电动机的转速）。极生鞭毛菌的运动速度明显高于周生鞭毛菌。一般速度在 20 ～ 80μm/s，最高可达 100μm/s（每分钟达到其体长的 3000 倍），超过陆地上跑得最快的动物——猎豹的速度（每分钟 1500 倍体长或每小时 110 千米）。

3. 菌毛和性毛

菌毛是一种长在细菌体表的纤细、中空、短直、数量较多的蛋白质类附属物，具有使菌体附着于物体表面的功能。它的结构较鞭毛简单，无基粒等复杂构造。它着生于细胞膜上，穿过细胞壁后伸展于体表（全身或仅两端），直径为 3 ～ 10nm。菌毛由许多菌毛蛋白亚基围绕中心作螺旋状排列，呈中空管状。每个细菌有 250 ～ 300 条菌毛。有菌毛的细菌一般以革兰氏阴性致病菌居多，借助菌毛可把它们牢固地黏附于宿主的呼吸道、消化道、泌尿生殖道等的黏膜上，进一步定植和致病，有的种类还可使同种细胞相互粘连而形成悬浮在液体表面上的菌醭等群体结构。

性毛又称性菌毛，其构造和成分与菌毛相同，但比菌毛长，数量仅一至少数几根。性毛一般见于革兰氏阴性细菌的雄性菌株（即供体菌）中，其功能是向雌性菌株（即受体菌）传递遗传物质。有的性毛还是 RNA 噬菌体的特异性吸附受体。

4. 芽孢

芽孢又称内生孢子，是一种细菌休眠体。在生长发育后期，某些细菌在其细胞内形成一个圆形或椭圆形、厚壁、含水量极低、抗逆性极强的芽孢休眠体。每一营养细胞内仅生成一个芽孢。芽孢是整个生物界中抗逆性最强的生命体，在抗热、抗化学药物、抗辐射和抗静水压等方面，更是首屈一指。一般细菌的营养细胞不能经受 70℃以上的高温，可是它们的芽孢却有惊人的耐高温能力。例如，肉毒梭菌的芽孢在 100℃沸水中要经过 5.0 ～ 9.5 小时才被杀死，至 121℃时，平均也要 10 分钟才被杀死。芽孢的抗紫外线能力是其营养细胞的 2 倍。巨大芽孢杆菌芽孢的抗辐射能力要比大肠杆菌的营养细胞强 36 倍。芽孢的休眠能力更是突出。在休眠期间，不能检查出任何代谢活力，因此称为隐生态。芽孢在常规条件下可保持几年至几十年的生活力。

能产芽孢的细菌属不多，主要是杆菌中好氧性的芽孢杆菌属和厌氧性的梭菌属。球菌中只有芽孢八叠球菌属产生芽孢，螺菌中的孢螺菌属也产芽孢。此外，还发现少数其他杆菌也可产生芽孢，如芽孢乳杆菌属、脱硫肠状菌属、考克斯氏体属、鼠孢菌属和高温放线菌属等。芽孢的有无、形态、大小和着生位置是进行细菌分类和鉴定的重要指标。

皮层在芽孢中占有很大体积（36% ～ 60%），内含大量为芽孢皮层所特有的芽孢肽聚糖，其特点是呈纤维束状、交联度小、负电荷强、可被溶菌酶水解。此外，皮层中还含有占芽孢干重 7% ～ 10% 的吡啶二羧酸钙盐，但不含磷壁酸。皮层的渗透压可高达 20 个大气压，含水量约 70%，略低于营养细胞（约 80%），但比芽孢整体的平均含水量（40% 左右）高出许多。芽孢的核心又称芽孢原生质体，由芽孢壁、芽孢质膜、芽孢质和核区四部分组成，它的含水量极低（10% ～ 25%），因而特别有利于抗热、抗化学药物（如 H_2O_2），并可避免酶的失活。除芽孢壁中不含磷壁酸以及芽孢质中含吡啶二羧酸钙外，核心中的其他成分与一般细胞相似。

产芽孢的细菌当其细胞停止生长（即环境中缺乏营养或有害代谢产物积累过多）时，就开始形成芽孢。在枯草芽孢杆菌中，芽孢形成过程约需 8 小时，参与的基因约有 200 个。在芽孢形成过程中，伴随着形态变化的还有一系列化学成分和生理功能的变化。

由休眠状态的芽孢变成营养状态细菌的过程，称为芽孢的萌发，该过程包括活化、发芽和生长三个具体阶段。在人为条件下，活化作用可由短期热处理或用低 pH、强氧化剂的处理而引起。例如，枯草芽孢杆菌的芽孢经 7 天休眠后，用 60℃处理 5 分钟即可促进其发芽。由于活化作用是可逆的，故处理后必须及时将芽孢接种到合适的培养基中去。有些化学物质可显著促进芽孢的萌发，称作萌发剂，例如 L- 丙氨酸、Mn^{2+}、表面活性剂（n- 十二烷胺等）和葡萄糖等。相反，D- 丙氨酸和重碳酸钠等则会抑制某些细菌芽孢的发芽。发芽的速度很快，一般仅需几分钟。这时，芽孢衣中富含半胱氨酸的蛋白质的三维空间结构发生可逆性变化，从而使芽孢的透性增加，随之促进与发芽有关的蛋白酶活动。接着，芽孢衣上的蛋白质逐步降解，外界阳离子不断进入皮层，于是皮层发生膨胀、溶解和消失。接着外界的水分不断进入芽孢的核心部位，使核心膨胀、各种酶类活化，并开始合成细胞壁。在发芽过程中，为芽孢所特有的耐热性、光密度和折射率等特性都逐步下降，吡啶二羧酸钙盐、氨基酸和多肽逐步释放，核心中含量较高的可防止 DNA 损伤的酸溶性芽孢蛋白迅速下降，接着开始其生长阶段。这时，芽孢核心部分开始迅速合成新的 DNA、RNA 和蛋白质，于是出现了发芽并很快变成新的营养细胞。当芽孢发芽时，芽管可以从极向或侧向伸出，这时，它的细胞壁还是很薄甚至不完整的，因此出现了很强的感受态，接受外来 DNA 而发生遗传转化的可能性增强了。

芽孢是少数属真细菌所特有的形态构造，它的存在和特点成了细菌分类、鉴定的重要形态学指标。由于芽孢具有高度耐热性，所以用高温处理含菌试样，可轻而易举地提高芽孢产生菌的筛选效率。由于芽孢的代谢活动基本停止，因此其休眠期特长，这就为产芽孢菌的长期保藏带来了极大的方便。由于芽孢具有高度耐热性和其他抗逆性，因此是否能消灭一些代表菌的芽孢就成了衡量各种消毒灭菌手段最重要的指标。例如，若对肉类原料上的肉毒梭菌灭菌不彻底，它就会在成品罐头中生长繁殖并产生极毒的肉毒毒素，危害人体健康。已知它的芽孢在 pH ＞ 7.0 时在 100℃下要煮沸 5.0 ～ 9.5 小时才能杀灭，如提高到 115℃进行加压蒸汽灭菌，也需 10 ～ 40 分钟才能杀灭，而在 121℃下则仅需 10 分钟。这就要求食品加工厂在对肉类罐头进行灭菌时，应掌握在 121℃下维持 10 分钟以上。在外科器材灭菌中，常以有代表性的产芽孢菌——破伤风梭菌和产气荚膜梭菌两种严重致病菌的芽孢耐热性作为灭菌程度的依据，即要在 121℃下灭菌 10 分钟或 115℃下灭菌 30 分钟。在实验室尤其是在发酵工业中，灭菌要求更高。原因是在自然界经常会遇到耐热性最强的嗜热脂肪芽孢杆菌的污染，一旦遭其污染，则经济损失和间接后果就十分严重。已知其芽孢在 121℃下须维持 12 分钟才能杀死，由此规定工业培养基和发酵设备的灭菌至少要在 121℃下保证维持 15 分钟以上。若用热空气进行干热灭菌，则芽孢的耐热性更高，因此规定干热灭菌的温度为 150 ～ 160℃下维持 1 ～ 2 小时。

三、细菌的繁殖方式

细菌一般进行无性繁殖，表现为细胞的横分裂，称为裂殖。裂殖后形成的子细胞与母细胞大小相等，形态和结构相同。

细菌的繁殖过程分为三步：首先是染色体复制，细胞核一分为二，同时细胞膜在菌体中以横切方向形成膈膜，将细胞质分为两部分；其次，细胞壁向内生长将横膈膜分为两层，横膈膜也形成两层，成为子细胞的细胞壁；最后，子细胞分裂成两个独立的菌体。

细菌分裂时，不同菌种形成的子细胞的排列方式不一样，有的单独存在，有的互相连接形成各种排列形式的群体。

四、细菌的培养特征

（一）菌落

单个微生物在适宜的固体培养基表面或内部生长、繁殖到一定程度可以形成肉眼可见的、有一定形态结构的子细胞生长群体，称为菌落。由一个细胞繁殖成的群体称为纯培养，也称克隆。各种细菌在一定培养条件下形成的菌落各具特征。

菌落的特征取决于组成菌落的细菌的细胞结构和生长行为。例如，有鞭毛的细菌能运动，其菌落大而扁平，边缘不规则；无鞭毛、不能运动的细菌形成的菌落较小、较厚、边缘圆整。有糖被的细菌所形成的菌落光滑、黏稠、透明，无糖被的细菌形成的菌落表面粗糙、多数较干燥。呈链状排列的细菌的菌落，表面粗糙、卷曲、边缘不整齐。有芽孢细菌由于芽孢引起折光率的变化，分裂后常呈链状排列，加上它们一般周生鞭毛，因此形成的菌落表面粗糙、多折叠、不透明、菌落边缘毛状突起。有的菌落有颜色，其色素有些是不溶解的，存在于细胞内，有的是可溶的，扩散于培养基中。同一种细菌在不同培养条件下形成的菌落也有差异。

细菌的菌落特征包括大小、形状、边缘情况、隆起形状、表面光泽、质地、颜色和透明度等，是细菌分类的重要依据。多数细菌的菌落呈圆形，小而薄，表面光滑、湿润、较黏稠、半透明，颜色多样色泽一致，质地均匀，易挑起，常有臭味，可与其他微生物菌落相区别。

菌落主要用于微生物的分离、纯化、鉴定、计数等研究和选种、育种等工作。

（二）菌苔

当固体培养基表面众多菌落连成一片时，便成为菌苔。不同微生物在特定培养基上生长形成的菌落或菌苔一般都具有稳定的特征，可以成为对该微生物进行分类、鉴定的重要依据。

（三）半固体培养基的培养特征

纯种细菌穿刺接种在半固体培养基中会出现许多特有的培养性状，有鞭毛的细菌可以从接种线向四周蔓延，无鞭毛的仅沿接种线生长，好氧的细菌在上层生长好，厌氧的细菌在底部生长好。这对鉴定细菌和纯培养识别等非常重要。若采用明胶半固体培养基，还可根据明胶液化形成的不同形状来判断细菌的特性。

（四）液体培养基的培养特征

在液体培养基中，细菌的流动性较大，一般分散在整个培养基中。不同的细菌在液体培养基中表现不一，大多数形成均匀一致的浑浊液；一些好氧细菌在表面形成菌环、菌膜或菌落；有的产生沉淀；有的产生气泡、分泌色素等。

五、主要的细菌

细菌是白酒酿造过程中主要的微生物之一，其参与白酒生产过程的糖化、发酵和生香作用。细菌分泌淀粉酶、蛋白酶、纤维素酶等水解淀粉等生物大分子的酶类，同时也分泌产生风味物质的酶类。白酒酿造过程中的细菌主要有醋酸菌、乳酸菌、己酸菌、芽孢杆菌、梭状芽孢杆菌、产甲烷菌等。

（一）醋酸菌

这类细菌在分类上属于不生芽孢、革兰氏阴性，好气性，分为两个菌群。一个菌群是周生鞭毛细菌，它将乙醇氧化生成醋酸，醋酸是最终产物；同时它能将葡萄糖氧化生成葡萄糖酸，一般称这一类菌为醋单胞菌（*Acetomonas*）或葡萄糖杆菌（*Gluconobacter*）。另一菌群为极生鞭毛细菌，这类醋酸菌不仅能将乙醇氧化为醋酸，而且能将产生的醋酸进一步氧化生成二氧化碳和水，这一类菌就叫醋酸杆菌。液化颗粒杆菌（*Gluconobacter lique-*

faciens）由葡萄糖生成2,5-二酮葡萄糖酸。弱氧化醋酸杆菌（*Acetobacter suboxydans*）由葡萄糖及各种糖醇生成对应的多种化合物。其中，有用的是由D-山梨醇生成L-山梨糖，或由D-甘露醇生成D-果糖，或由甘油产生二羟丙酮的反应。

（二）乳酸菌

自然界中有许多微生物能够代谢生成乳酸，白酒酿造体系中的乳酸主要由乳酸菌生成。乳酸菌不是一个生物学的标准分类，而是将一类能够利用碳源产生大量乳酸的细菌统称为乳酸菌。乳酸菌分布广泛，已发现共计有18个属，200多种。乳酸菌共有的生理生化特征为革兰氏染色阳性，过氧化氢酶实验呈阴性，无芽孢，细胞形态呈球形、杆状或棒状，大多数为厌氧或兼性厌氧菌，发酵终产物多为乳酸。此外，也有部分芽孢杆菌可以生成乳酸。

乳酸菌是白酒发酵过程中普遍存在的一类微生物，它能够产生乳酸、乙酸等代谢物质，随着发酵的进行，窖内pH逐步降低，乳酸菌的含量不断增加。酿造过程中的乳酸菌主要有类肠膜魏斯氏菌（*Weissella paramesenteroides*）、乳杆菌（*Lactobacillus* sp）、布氏乳杆菌（*Lactobacillus buchneri*）和耐酸乳杆菌（*Lactobacillus acetotolerans*）、棒状乳杆菌（*Lactobacillus coryniformis*）、乳酸片球菌（*Pediococcus acidilactici*）、面包乳杆菌（*Lactobacillus panis*）等，对维持白酒酿造微生物区系平衡具有重要意义。

乳酸菌中有些菌种发酵结果只产生乳酸，称为同型乳酸发酵；另一些菌种除生成乳酸外还生成醋酸、乙醇及二氧化碳，称为异型乳酸发酵。明串珠菌属（*Leuconostoc*）不仅能进行异型发酵，还能生成黏性物质——多糖。此菌是制糖工业的一种有害菌，常使糖汁黏稠而无法加工，但它却是制药工业生产右旋糖酐、多糖和人造血浆的重要菌。乳杆菌属（*Lactobacillus*）的德氏乳杆菌（*L.delbrueckii*）等菌株广泛用于乳制品工业和乳酸生产。

（三）己酸菌

己酸菌作为一种产生中链脂肪酸的细菌，在浓香型白酒发酵体系的窖泥中较多，目前从自然环境分离的己酸菌属有*Clostridium*，*Megasphaera*，*Caproiciproducens*，*Eubacterium*，*Rhodospirillum*，*Pseudoramibacter*，*Caproicibacterium*，*Rummeliibacillus*和*Enterococcus*。窖泥作为浓香型白酒发酵体系己酸菌的主要分离源，其表层己酸菌丰富。目前，从浓香型白酒发酵体系中分离纯化并鉴定的己酸菌株主要属于*Clostridium*，*Caproicibacterium*，*Enterococcus*和*Rummeliibacillus*。从浓香型白酒发酵体系分离的己酸菌株主要集中在梭菌科（*Clostridiaceae*）与颤螺菌科（*Oscillospiraceae*）。

从浓香型白酒发酵体系中分离的己酸菌株的代谢特征有所差异，*Oscillospiraceae* 菌株普遍适宜弱酸性 pH，其 pH 可低至 4.5，以乳酸、淀粉和葡萄糖为代谢底物，*Clostridiaceae*、*Planococcaceae* 与 *Enterococcaceae* 菌株适宜弱酸性或中性 pH，以乙醇和葡萄糖为底物。

窖泥的理化环境为适宜不同理化条件的己酸菌提供了生长环境，适宜在不同理化条件下生存的己酸菌群，包括乳酸、淀粉和葡萄糖等丰富多样的底物，为高效转化浓香型白酒发酵体系创造了生理生化条件。而且，随着窖池窖龄的增加，己酸菌的丰度逐渐增加，其合成己酸能力越来越强。

（四）芽孢杆菌

芽孢杆菌是高产淀粉酶和蛋白酶的产生菌，如枯草芽孢杆菌 BF7658 是生产淀粉酶的主要菌种，枯草芽孢杆菌 AS1.398 是生产中性蛋白酶和制造日本独特风味食品纳豆的主要菌种。它们还可用来生产多肽类抗生素、氨基酸、维生素 B12 及 2,3- 丁二醇、果胶酶等。

有研究从酱香型白酒制曲及酿造过程中分离得到的细菌主要是枯草芽孢杆菌、地衣芽孢杆菌、环状芽孢杆菌、短小芽孢杆菌、凝结芽孢杆菌、蜡状芽孢杆菌、巨大芽孢杆菌、迟缓芽孢杆菌、粟褐芽孢杆菌、坚强芽孢杆菌等。嗜热芽孢杆菌、枯草芽孢杆菌以及解淀粉芽孢杆菌等都有较强的水解淀粉和蛋白质的能力，是形成白酒风味的重要细菌。

采用稀释涂布法对酱香型高温大曲中的新曲、三个月的曲、六个月的曲进行分离计数，酱香型白酒大曲细菌数量较大，最高达到 10^8 数量级；酱香型高温大曲——黑曲中的细菌数量相对较少，黄曲中的细菌数量最多。根据细菌菌落形态、生理生化实验及分子生物学鉴定，主要是解淀粉芽孢杆菌、地衣芽孢杆菌、高地芽孢杆菌、枯草芽孢杆菌等。

对分离纯化筛选出的细菌分别进行产酶实验，分别测定其酸性蛋白酶活力、糖化酶活力、纤维素酶活力、果胶酶活力和脂肪酶活力等。筛选出的可培养细菌中有一半以上可以产生酸性蛋白酶，蛋白酶酶活力在 0 ～ 391μg；几乎都可以产生糖化酶，且糖化酶活力较高，最高达到 4435.45μg；几乎所有细菌都可以产生纤维素酶，但纤维素酶活力普遍较低，在 0 ～ 50μg。只有少数菌株产果胶酶，果胶酶活力较低；几乎所有筛选出来的细菌都能够产脂肪酶，脂肪酶酶活力相对较高，最高可达到 351.44μg。

（五）梭状芽孢杆菌

梭状芽孢杆菌是土壤中生芽孢的嫌气性杆菌，可由淀粉或糖发酵生产丁二醇、丙酮、丁醇、乙醇、某些有机酸及核黄素等。人们还利用耐热梭状芽孢杆菌和热解糖梭菌从纤维素和半纤维素中生产酒精。

（六）产甲烷菌

主要是甲烷杆菌（*Methanobacterium*）、甲烷八叠球菌（*Methanosarcina*）、甲烷球菌（*Methanococcus*）等，这些甲烷菌在有机废料甲烷发酵中起重要作用，在白酒酿造过程中，这些菌通常存在于窖泥中，与已酸菌共生。

第二节　放线菌

放线菌（Actinomycetes）因在固体培养基上呈辐射状生长而得名。放线菌是一类介于细菌和真菌之间的单细胞微生物。一方面，放线菌的细胞构造和细胞壁的化学组成与细菌相似，与细菌同属原核生物；另一方面，放线菌菌体呈纤细的菌丝状，而且分枝，又以外生孢子的形式繁殖，这些特征又与霉菌相似。放线菌菌落中的菌丝常从一个中心向四周呈辐射状生长，因此叫放线菌。放线菌是微生物的重要类群。它的细胞结构简单，细胞壁的化学成分和对噬菌体的敏感性与细菌相同，菌丝和孢子不具有完整的核，由一团 DNA 的小纤维构成，没有核膜、核仁、线粒体等。但在菌丝的形成和外生孢子繁殖方面则类似于真菌。放线菌的革兰氏染色呈阳性。放线菌主要用于生产抗生素，已经报道的抗生素产品，其中 70% 以上是由放线菌生产的。

放线菌大多数为腐生菌，少数为寄生菌。放线菌在自然界分布很广，在中性和偏碱性、有机质丰富的土壤中最多，每克土壤中其孢子有 10^7 个左右。泥土所特有的泥腥味主要是放线菌产生的土臭素引起的。

一、放线菌的形态结构

放线菌因菌落呈放射状而得名，放线菌的繁殖是靠菌丝断裂片段或孢子进行的。它具有生长良好的菌丝体，分为基内菌丝和气生菌丝两种。基内菌丝紧贴培养基表面，形成菌落，并分泌黄、橙、红、蓝、绿、灰、褐等水溶性或脂溶性色素。生长到一定阶段后，向空间长出气生菌丝，气生菌丝生长到一定阶段，在它上面生成孢子丝，然后形成孢子。孢子丝有直线形、波曲状、螺旋形、轮生之分。

（一）基内菌丝

基内菌丝又称营养菌丝或一级菌丝。基内菌丝生长在培养基内，较细，直径0.5～1.0μm，一般色淡，有的无色，有的产黄、橙、红、紫、蓝、绿、褐、黑等水溶性或脂溶性色素使培养基着色。基内菌丝具有吸收营养和排泄废弃物的功能。

（二）气生菌丝

气生菌丝又称二级菌丝。基内菌丝发育到一定时期长出培养基表面伸向空中的菌丝称为气生菌丝。一般颜色较深，较基内菌丝粗，直形或弯曲而分枝，有的产色素，其功能是多核菌丝生成横膈进而分化形成孢子丝。

（三）孢子丝

气生菌丝生长发育到一定阶段，大部分菌丝分化为可形成孢子的菌丝，这种菌丝称为孢子丝。孢子丝的形态和在气生菌丝上的着生方式随菌种而异。孢子丝的形状有直形、波浪弯曲、钩状、螺旋状，着生方式有互生、轮生或丛生等。螺旋状的孢子丝结构和长度都很稳定。螺旋数目、疏密程度、旋转方向等都是菌种的特征。各种链霉菌有不同形态的孢子丝，而且形状较稳定，是进行分类鉴定的重要依据。链霉菌的各种孢子丝见图 1-3。

（四）孢子

孢子丝长到一定阶段产生分生孢子。孢子形态多样，有球形、椭圆形、杆形、瓜子形、梭形和半月形。孢子的颜色有白、灰、黄、橙、红、蓝、绿等。其表面有的光滑，有的褶皱，有的有小疣、棘状或毛状物，刺还有粗细、大小、长短和疏密之分。因此，孢子表面的结构特征可作为鉴别菌种的依据。凡直或波曲的孢子丝都产生表面光滑的孢子，螺旋状的孢子丝有的产生光滑的孢子，有的产生刺状或毛发状的孢子。

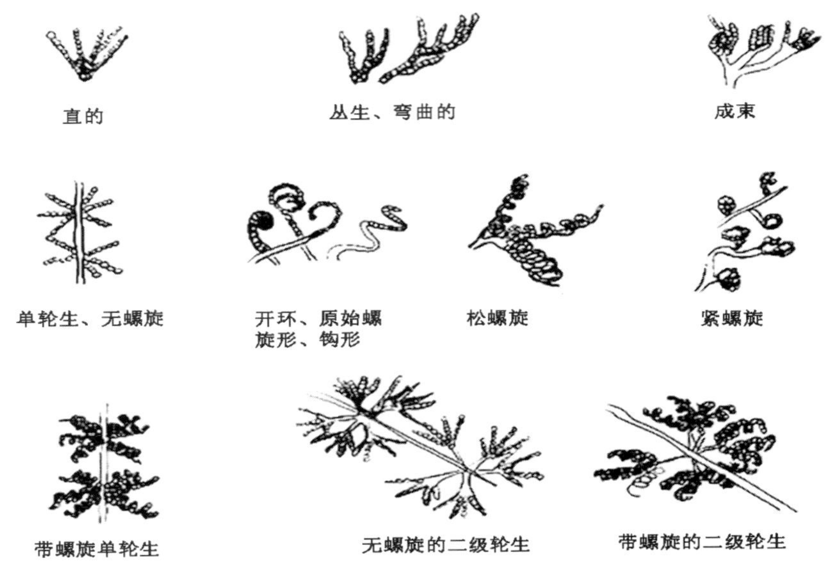

图 1-3　链霉菌的各种孢子丝形态

二、放线菌的繁殖方式

放线菌主要通过形成无性孢子的方式繁殖，也可以借助菌丝断裂片段繁殖。放线菌孢子的形成主要是横膈分裂方式，其通过两种途径实现分裂：一是细胞膜内陷，由外向内逐渐收缩，最后形成一个完整的横膈膜。通过这种方式可把孢子丝分隔成许多分生孢子。另一种是细胞壁和细胞膜同时内陷，逐步向内收缩，最终将孢子丝分隔成一串分生孢子。游动放线菌属和链霉菌属等放线菌可通过孢子丝盘卷形成包囊孢子，某些放线菌偶尔也会产生厚壁孢子。

放线菌孢子有较强的耐干燥能力，但不耐高温，60 ～ 65℃处理 10 分钟即失活。普通高温放线菌却产生耐热的孢子，它像细菌一样含有吡啶二羧酸。

三、放线菌的培养特征

放线菌的菌落由菌丝体组成。菌丝较细，生长缓慢，分枝相互交错缠绕，形成的菌落质地致密，表面呈紧密的丝绒状，坚实、干燥、多皱，不透明，菌落较小。孢子大量形成后，菌落表面呈絮状、粉末状或颗粒状。基内菌丝伸入培养基内，菌落与培养基结合紧密，不易挑起；即使挑起整个菌落，也不易破碎。菌丝与孢子常有色素，使得菌落正面和背面的颜色不同。正面是气生菌丝和孢子的颜色，背面是基内菌丝或它所产的色素颜色。少数低等的放线菌（如诺卡氏菌属等）缺少气生菌丝或气生菌丝不发达，其菌落外形与细菌接近。图 1-4 所示是分离自酱香型大曲中的放线菌。

图 1-4　分离自酱香型大曲中的放线菌

放线菌接种于液体培养基静置培养，在靠近瓶壁液面形成斑状或膜状菌苔，或沉于瓶底，不显浑浊；振荡培养基常形成由短菌丝构成的球状颗粒，很少形成孢子。各菌丝片段均可分枝。

四、主要的放线菌

放线菌作为抗生素的主要生产菌种，在其他领域的研究较为深入，对于传统白酒生产领域，有关放线菌的研究主要集中在白酒发酵过程中对酒醅、大曲、窖泥、发酵池、曲房和窖房空气中放线菌的分离及鉴定，少量文献对酿造相关的放线菌产生挥发性物质及代谢酶活性进行了研究。放线菌在白酒酿造过程中影响酒体的风味、风格，相对于细菌、酵母和丝状真菌等三大类微生物，还没引起足够的重视。

（一）链霉菌属

链霉菌属（*Streptomyces*）大多生长在含水量较低、通气较好的土壤中，有发育良好的分枝状菌丝体。菌丝无横膈，基内菌丝较细，直径 0.5 ～ 0.8μm，气生菌丝发达，较粗，比基内菌丝粗 1 ～ 2 倍。孢子丝为长链，单生、波曲或螺旋状，成熟时呈现各种颜色。孢子丝产生分生孢子。链霉菌属的种类很多，已鉴定的就有 500 多种，它们是抗生素工业生产所用放线菌最重要的属之一。

从酱香型白酒大曲中分离得到几株放线菌，分别是可可链霉菌（*Streptomyces cacaoi*）、沙阿霉素链霉菌（*Streptomyces zaomyceticus*）、孟加拉链霉菌（*Streptomyces bangladeshensis*）。可可链霉菌的菌落形状呈缺刻状圆形，基内菌丝淡黄色或淡灰色，气生菌丝白色，菌落凸起、干燥致密，无可溶性色素产生；沙阿霉素链霉菌的菌落形状呈椭圆形，基内菌丝淡黄色，气生菌丝白色，菌落中间凸起半干燥，无可溶性色素产生；孟加拉链霉菌的菌落形状呈圆形，基内菌丝棕黄色，气生菌丝灰白色，菌落平坦、干燥致密，无可溶性色素产生。

（二）诺卡氏菌属

诺卡氏菌属（*Nocardia*）主要分布在土壤中，与链霉菌属不同，菌丝有横膈，基内菌丝较细，直径 0.5 ～ 1.0μm。一般没有气生菌丝。当营养菌丝成熟后会以横膈分裂方式突然产生形状、大小较一致的杆状、球状和分枝杆状的分生孢子。菌落较小，表面崎岖多皱，致密干燥，颜色多样，一触即碎。它们主要用来生产抗生素或分解有机物。

（三）放线菌属

放线菌属（*Actinomyces*）多为致病菌。菌丝较粗，直径小于 1μm，有隔膜，可断裂成 V 形或 Y 形。不形成气生菌丝，不产生孢子，厌氧或兼性厌氧。它们的生长需要较丰富的营养，通常在培养基中加入血清或心、脑浸液等成分。

（四）小单胞菌属

小单胞菌属（*Micromonospora*）分布于土壤和水底淤泥中。菌丝纤细，直径 0.3 ～ 0.6μm，无膈膜、不断裂，不形成气生菌丝。孢子单生，无柄，直接从基内菌丝长出短孢子梗，顶端着生一个球形或椭圆形的孢子。菌落较小，多数好氧，少数厌氧。小单胞菌属是生产抗生素的重要菌种来源。

（五）链包囊菌属

链胞囊菌属（*Streptosporangium*）的特点是气生菌丝既可盘绕形成孢子囊，产生孢囊孢子，又可形成螺旋形的孢子丝，产生分生孢子。菌丝体与链霉菌属相似。基内菌丝多分枝，横膈稀少，直径 0.5 ～ 1.2μm，不断裂。气生菌丝成丛、散生或呈同心环状生长。这类放线菌也有不少因产生广谱抗生素而被重视。

第三节　古菌

古菌，又称古生菌，是近年来新命名的一类区别于细菌的原核生物。20 世纪 70 年代末，Woese 等利用 16*s* rRNA 等序列研究原核生物之间的相互关系时，发现存在两个不同的类群，于是提出原核生物还有另一种生命形式——古细菌，即古菌。

古菌多生活在一般生物难以生存的高温、低温、高酸、高碱、高盐、高压及高辐射等极端环境中。它们不仅在极端环境下能够很好生长，甚至为了更好地繁殖后代，需要这种极端环境。极端环境中微生物的生态、结构、分类、代谢、遗传等与一般环境中的微生物都有极大的区别，研究极端环境中的微生物有重要的学术价值和广阔的应用前景。

一、古菌的形态和大小

古菌的形态多样，有球形、杆形、螺旋形、方形、三角形、棒状、叶状等。古菌直径为 0.1 ～ 15μm，长度可达 200μm，有的需用电子显微镜才能观察清楚。

二、古菌的细胞结构特点

（一）细胞壁

在古菌中，除了热原体属没有细胞壁外，其余都具有与真菌类似功能的细胞壁。但从细胞壁的化学成分来看则差别甚大。它们的细胞壁中没有真正的肽聚糖，而是由多糖（假肽聚糖）、糖蛋白或蛋白质构成的。

假肽聚糖细胞壁：甲烷杆菌属古生菌的细胞壁是由假肽聚糖组成的。它的多糖骨架是由 N- 乙酰葡萄糖胺和 N- 乙酰塔罗糖胺糖醛酸以 β-1,3 糖苷键（不被溶菌酶水解）交替连接而成，连接在后一氨基糖上的肽尾由 L-glu、L-ala 和 L-lys 三个 L 型氨基酸组成，而肽桥则由一个 L-glu 氨基酸组成。

独特多糖细胞壁：甲烷八叠球菌的细胞壁含有独特的多糖，并可染成革兰氏阳性。这种多糖含半乳糖胺、葡糖醛酸、葡萄糖和乙酸，不含磷酸和硫酸。

硫酸化多糖细胞壁：极端嗜盐古生菌——盐球菌属的细胞壁是由硫酸化多糖组成的。其中含葡萄糖、甘露糖、半乳糖和它们的氨基糖，以及糖醛酸和乙酸。

糖蛋白细胞壁：极端嗜盐的古生菌——盐杆菌属的细胞壁是由糖蛋白组成的，其中包括葡萄糖、葡萄糖胺、甘露糖、核糖和阿拉伯糖，而它的蛋白部分则由大量酸性氨基酸尤其是天冬氨酸组成。这种带强负电荷的细胞壁可以平衡环境中高浓度的 Na^+，从而使其能很好地生活在 20% ～ 25% 高盐溶液中。

蛋白质细胞壁：少数产甲烷菌的细胞壁是由蛋白质组成的。但有的是由几种不同蛋白组成，如甲烷球菌和甲烷微菌，而另一些则由同种蛋白的许多亚基组成，例如甲烷螺菌属。

近年来的研究发现，几乎所有古菌的细胞壁都形成类结晶表面层（S 层），这是一种由蛋白质或糖蛋白等组成的六角形对称结构，由小单体拼接而成。

（二）细胞膜

古菌的细胞膜与细菌、真核生物有明显差异。虽然其质膜本质上也是由磷脂组成的，但它比细菌或真核生物具有更显著的多样性。

在古菌的细胞膜中，亲水性的甘油分子与疏水性的异戊二烯衍生物（如植烷四聚体、鲨烯六聚体等）通过稳定的醚键共价连接，形成甘油二醚或二甘油四醚等特殊结构；相比之下，真细菌和真核生物的膜脂则是通过酯键将甘油与脂肪酸连接。

古菌的细胞质膜中存在独特的单分子层膜或单、双分子层混合膜，而细菌或真核生物的细胞质膜都是双分子层。当磷脂为二甘油四醚时，连接两端两个甘油分子间的两个植烷侧链间会发生共价结合，形成二植烷，这时就形成了独特的单分子层膜。目前发现，单分子层膜多存在于嗜高温的古菌中，其原因可能是这种单分子层膜的机械强度要比双分子层质膜更高。

在甘油的 C_3 位分子上，可连接多种与细菌和真核生物细胞质膜上不同的基团，如磷酸酯基、硫酸酯基以及多种糖基等。细胞质膜上含多种独特脂类，仅嗜盐菌类即已发现有细菌红素、α- 胡萝卜素、β- 胡萝卜素、番茄红素、视黄醛和萘醌等。

（三）细胞质

古菌的细胞质和内含物与细菌的基本相同，如没有细胞器、核糖体 70S 等。

三、古菌的遗传学特征

古菌的一些遗传特征与细菌相似，染色体都是单个共价闭合环状 DNA 分子，但某些古菌的基因组比一般细菌的基因组小很多。例如，大肠杆菌的 DNA 约 2.5×10^9Da，而嗜酸热原体的 DNA 约为 0.8×10^9Da。詹氏甲烷球菌的整个基因组已经测序，共有 1738 个基因，其中大约 56% 与细菌和真核生物不同，古菌的 DNA（G+C）mol% 的范围较大，为 21% ～ 68%，古菌中只有少数种有质粒。

古菌的 RNA 聚合酶类似于真核生物而不同于细菌。古菌的 RNA 聚合酶亚基数有 8 ～ 12 个，比细菌多 4 个。古菌的核糖体大小与细菌相同，为 70*s*，但蛋白质合成开始的氨基酸与真核生物一样为甲硫氨酸，而细菌是甲酰甲硫氨酸，对抑制蛋白质合成的抗生素的敏感性等均与细菌不同而类似于真核生物。由此可见，古菌是一类 16*s* rRNA 及其他细胞成分在分子水平上与细菌和真核生物均有所不同的特殊生物类群。古菌、细菌和真核生物的主要特性差异比较见表 1-2。

表 1-2　古菌、细菌和真核生物的主要特性差异比较

项目	古菌	细菌	真核生物
核膜	无	无	有
染色体 DNA	共价闭合环	共价闭合环	线状
细胞壁中的胞壁酸	无	有	无
膜脂结构	醚键（二醚或四醚）	酯键	酯键
核糖体	70*s*	70*s*	80*s*
tRNA 起始密码子	甲硫氨酸	甲酰甲硫氨酸	甲硫氨酸
操纵基因	有	有	无
mRNA 的剪切加帽加尾	无	无	有
质粒	有	有	罕见
核糖体对白喉毒素	敏感	不敏感	敏感
RNA 聚合酶	多个（含 8 ～ 12 个亚基）	单个（含 4 个亚基）	3 个（12 ～ 14 个亚基）
对抑制蛋白质合成抗生素	不敏感	敏感	不敏感
对多烯类抗生素	不敏感	不敏感	敏感
产甲烷	能	不能	不能
还原硫生成硫化氢	能	能	不能
生物固氮	能	能	不能
叶绿素光合作用	无	有	有
细胞质中的甾醇	无	无	有

四、古菌的主要类型

（一）产甲烷菌

这是一类严格厌氧的极端微生物，在形态和生理方面差别很大。主要有甲烷杆菌属、甲烷球菌属、甲烷八叠球菌属、甲烷螺菌属等18个属，其共同点是能以氢气、甲酸或乙酸等还原CO_2并产生甲烷。产甲烷菌主要分布在有机质厌氧分解的环境中，如沼泽、湖泥、污水和垃圾处理场、动物的瘤胃及消化道和沼气发酵池中。包括革兰氏阳性和阴性，自养和异养，形态有球状、杆状、丝状、螺旋状等多种类型。

产甲烷菌有独特的代谢机制，它们不能直接利用碳水化合物、蛋白质等复杂有机物，但能利用其他微生物降解的有机废弃物、污水等有机物产生的乙酸、甲酸、H_2和CO_2等转化为甲烷。

（二）嗜盐微生物

它们能在含盐20%～30%甚至饱和盐水中生活，严格好氧，革兰氏染色阴性，二分裂繁殖，不产生孢子，无休眠状态，大多数不运动，但能有机营养，常以蛋白质、氨基酸等为碳源和能源，一般因具有类胡萝卜素而呈红、橙等颜色。紫膜是嗜盐微生物细胞结构的一个重要特征，除具有光合作用外，还具有光能转换等特性。在厌氧、有光条件下，它们能合成细菌视紫红质并嵌入细胞膜中，利用光能将H^+泵出细胞膜，利用由此产生的质子梯度，在ATP合酶的催化下合成ATP。嗜盐微生物主要分布在盐湖和晒盐场中。

根据16*s* rRNA序列分析并结合其他生物学性状，极端嗜盐菌分为盐杆菌属、盐球菌属、盐深红菌属、富盐菌属、盐盒菌属、嗜盐碱杆菌属和嗜盐碱球菌属等15个属。

（三）嗜热微生物

这是一类依赖硫、能耐高温（80～100℃）的特殊类群，形态有球状、杆状、圆盘状。绝大多数专性厌氧，以硫作电子受体，进行化能有机营养或无机营养的厌氧呼吸产能代谢，主要生活在含硫的温泉、泥沼地、火山口、燃烧后的煤矿及含硫的水中。嗜热微生物可分为5类：耐热菌，最高45～55℃，最低<30℃；兼性耐热菌，最高50～65℃，最低<30℃；专性耐热菌，65～70℃，最低42℃；极端耐热菌，最高>70℃，最适>65℃，最低>40℃；超嗜热菌，最高>113℃，最适80～110℃，最低>55℃。由于生物的氧化作用，富硫的、热的水体及周围环境往往呈酸性，pH=5左右，有的低于pH=1。主要的极端嗜热菌多生活在弱酸性的高热区。嗜热菌在科学研究和生产实践中有广阔的应用前景。

（四）嗜冷微生物

嗜冷微生物能在 0℃或更低的温度下生长，最适生长温度低于 15℃，最高生长温度低于 20℃。它们生长在雪山、冻土、冰窖、冷藏库等低温环境中，短暂暴露在室温下也会死亡。嗜冷微生物在自然界和人工环境中广泛分布反映了其代谢能力的多样性，它们在自然界的物质循环中起重要作用。

（五）嗜酸微生物

嗜酸微生物是指能在 pH=0.5 ～ 4.5 环境中生长的一类微生物，它们在 pH=5.5 以上不能生长；而极端嗜酸微生物是指生长 pH 上限为 3.0、最适生长 pH 在 2.5 以下的微生物。嗜酸微生物一般分布在酸性矿物质水、生物滤沥堆、酸性热泉和酸性土壤等酸性环境中。一些嗜酸微生物被广泛应用于铜、金等金属浸矿。

（六）嗜碱微生物

嗜碱微生物多数生活在盐碱湖、碱湖、碱池和盐碱土中，生活环境在 pH=11.5 以上，最适 pH=8 ～ 10。专性嗜碱微生物可在 pH=11 ～ 12 条件下生长，但在中性条件下却不能生长。大多数嗜碱微生物是好氧菌，有些同时是嗜盐菌或中度嗜盐菌。除碱性环境外，几乎所有嗜碱芽孢杆菌的生长、发芽及芽孢形成都需要 Na^+；许多嗜碱菌需要多种营养，少数嗜碱芽孢杆菌还能在含甘油、谷氨酸、柠檬酸等简单的基础培养基上生长。

第四节　酵母菌

酵母菌不是分类学上的名词，它是一类以出芽繁殖为主的单细胞真菌的统称。它不形成有分枝的菌丝体，常以芽殖和裂殖进行无性繁殖，少数可产生子囊孢子进行有性繁殖。已知的酵母菌有 500 多种，共有 56 属，分属于子囊菌亚门、担子菌亚门和半知菌亚门。

酵母菌通常分布于含糖量较高和偏酸的环境中，如水果、蔬菜、花蜜以及植物叶片上，尤其是果园、葡萄园的上层土壤中较多，空气及一般土壤中较少见。有些酵母可以利用烃类物质，在油田和炼油厂附近的土壤中可以分离到这类酵母。

酵母菌是人类利用最早的微生物之一。酵母菌的用途广泛，除酿酒、做面包和馒头外，还可以用于生产有机酸、甘油、甘露醇，提取酶和维生素，配制药物，石油脱蜡，生产菌体蛋白、调味汁等。同时，酵母菌也是分子生物学、遗传学等研究的重要材料。少数酵母可引起人及动物、植物的病害。

酵母菌的特点：个体多以单细胞状态存在；多数芽殖，也有裂殖；能发酵糖类产能；细胞壁常含甘露聚糖；嗜好在含糖量较高的偏酸环境中生长。

一、酵母菌的形态与结构

（一）酵母菌的形态和大小

酵母菌为单细胞，通常呈圆形、卵形或椭圆形，少数呈柠檬形、锥形、瓶形等。有的酵母菌细胞分裂后，亲代和子代细胞的细胞壁仍然以狭小面积相连，这种藕节状的细胞串常称为假菌丝。

酵母菌的大小不同种类间差别较大。一般宽度 2 ～ 5μm，长度 5 ～ 30μm，最长可达 100μm，典型的酿酒酵母的细胞宽度 2.5 ～ 10μm，长度 4.5 ～ 21μm。酵母菌的大小、形态与菌龄、环境有关。一般成熟的细胞大于幼龄细胞，液体培养的细胞大于固体培养细胞。有的种的细胞大小、形态极不均匀，而另一些种则较为均一。

（二）酵母菌的细胞结构

酵母菌的细胞结构与其他真核微生物相似，有细胞壁、细胞膜、细胞核、细胞质、线粒体、内质网、液泡和核糖体等结构，有些种还具有荚膜、菌毛等。

1. 细胞壁

酵母菌细胞壁的厚度为 25 ～ 70nm，重量约占细胞干重的 25%，主要成分为葡聚糖、甘露聚糖、蛋白质和几丁质，另有少量脂质。它们在细胞壁上自外至内的分布次序是甘露聚糖、蛋白质、葡聚糖。

葡聚糖位于细胞壁的内层，是赋予酵母细胞机械强度的主要物质基础。它分为两类：一类占含量的 85%，分子量为 240kDa，称 β-(1 → 3)- 葡聚糖，呈长扭曲的链状结构；另一类为含量较低、呈分枝的网状分子，是以 β-(1 → 6) 方式连接的葡聚糖。甘露聚糖是甘露糖分子以 α-(1 → 6) 相连的分枝状聚合物，位于细胞壁外侧，呈网状，若把它去除后，细胞仍维持正常形态。蛋白质夹在葡聚糖和甘露聚糖中间，呈“三明治”状，它常与甘露聚糖通过共价结合而形成复合物。蛋白质含量一般仅占甘露聚糖的1/10。它们除少数为结构蛋白外，多数是起催化作用的酶，如葡聚糖酶、甘露聚糖酶、蔗糖酶、碱性磷酸酶和酯酶等。几丁质在酵母细胞壁中的含量很低，仅在其形成芽体时合成，然后分布于芽痕的周围。

不同种、属酵母菌的细胞壁成分差异也很大，且并非各种酵母都含有甘露聚糖。例如，点滴酵母和荚膜内孢霉的细胞壁成分以葡聚糖为主，只含少量甘露聚糖；一些裂殖酵母则仅含葡聚糖而不含甘露聚糖，取代甘露聚糖的是含有较多的几丁质的葡聚糖。

2. 细胞质膜

细胞质膜紧贴于细胞壁内侧，厚约7.5nm，外表光滑。结构与细菌的细胞膜相似，分内、中、外三层，主要由蛋白质（约占细胞膜干重的50%）和类脂（约占细胞膜干重的50%）以及少量的糖类组成，有的酵母菌的细胞膜中含有固醇，如酿酒酵母，细胞质膜的主要功能是控制细胞内外物质的交换，参与细胞壁和部分酶的合成。

3. 细胞核

细胞核为球形，直径约2μm，在细胞中央与液泡相邻，有核膜、核仁和染色体。核膜是双层膜，在细胞生殖周期保持完整，外层与内质网紧密相连，核膜上有许多直径为40～70nm的核膜孔，这是细胞核与细胞质交换大分子物质的通道，能让核内合成的核糖核酸转移到细胞质中，为蛋白质的合成提供模板。核内有核仁和染色质。核仁粒状，表面无膜，富含蛋白质和RNA，是合成核糖体RNA和装配核糖体的场所。核膜外有中心体，可能与出芽和有丝分裂有关。酵母菌细胞核是遗传信息的主要贮存库，在代谢和繁殖中起重要作用。酿酒酵母的单倍体细胞含17条染色体，其基因组测序已经于1996年完成，基因总长度12052kb，约有6500个具有功能的基因，是第一个完成基因组测序的真核生物。真核微生物的DNA量比原核微生物高10倍左右。除细胞核含有DNA外，在酵母菌的线粒体和质粒中也含有少量的DNA。

4. 细胞质

细胞质是一种透明、黏稠、流动的胶体溶液。幼龄细胞的细胞质稠密均匀，老龄细胞的细胞质则出现较大的液泡和多种贮存物质，它是细胞进行新陈代谢的场所，也是代谢物贮存和运输的环境。

细胞质内有大量的核糖体、异染颗粒、肝糖粒、脂肪滴、质粒等。酵母菌的核糖体沉降系数为80*s*，由40*s*和60*s*亚基组成，大多数核糖体形成多聚核糖体，是合成蛋白质的场所。异染颗粒的主要成分为高能磷酸盐，对碱性染料有极大的亲和力，老龄细胞中形成较大颗粒，折光性强，为细胞的营养贮存物。肝糖粒为糖类的贮存物，是一种白色无定形碳水化合物，可被淀粉酶水解为葡萄糖，用碘液染色呈红褐色。营养良好生长旺盛的幼龄细胞内可看到大量肝糖粒，营养缺乏时肝糖粒消失。肝糖粒在子囊孢子生成时积累在子囊内，子囊孢子成熟时被孢子吸收。多数酵母细胞含有折光性很强的、大小不一的脂类颗粒，在电子显微镜下呈透明状，用苏丹黑或苏丹红染色时分别呈蓝黑色或蓝红色。有的酵母细胞积累的脂类物质可达细胞干重的 50%。有些种类的酵母细胞积累大量的蛋白质、多糖和脂类物质。

5. 线粒体

线粒体呈杆状或球状，长 1.5 ～ 3.0μm，直径 0.5 ～ 1.0μm，一般位于核膜及中心体表面，数量从数十至数百不等。线粒体具有双层膜，内膜向内卷曲折叠成嵴，嵴上有许多排列整齐的圆形颗粒，称基粒，它是线粒体上传递电子的基本功能单位。线粒体是能量转化的场所，也是氧化还原的中心，含呼吸所需要的各种酶。线粒体含一个长达 25μm 的环状双链 DNA 分子，它的复制过程相对独立。线粒体 DNA 编码 13 种呼吸链相关的蛋白亚基，包括复合物 I、III、IV 和 V 的核心部分。在有氧条件下或葡萄糖过多时，线粒体的生成被阻遏，只形成简单的无嵴线粒体，且线粒体变小，数量显著减少，没有氧化磷酸化功能。

6. 内质网

内质网是一个由膜围成的管状或囊状结构组成的复杂的双层膜系统，两层膜之间的间隔为 20nm。内质网外与细胞膜相连，内与核膜相通。内质网起物质传递和通信联络作用，还有合成脂类和脂蛋白的功能，供给细胞质中所有细胞器的膜。内质网上附有 80*s* 核糖体，是合成蛋白质的场所。

7. 液泡

酵母细胞有一个或几个大小不一的多为球形、透明的液泡。幼龄细胞的液泡很小，老龄细胞的液泡较大，位于细胞中央，外具一层液泡膜。液泡内有盐类、糖类、脂类、氨基酸，有的种类还含有蛋白酶、酯酶、核糖核酸酶。液泡是离子和代谢产物的交换、贮存场所。

二、酵母菌的繁殖方式

酵母菌的繁殖有无性繁殖和有性繁殖两种方式，以无性繁殖为主（图 1-5）。

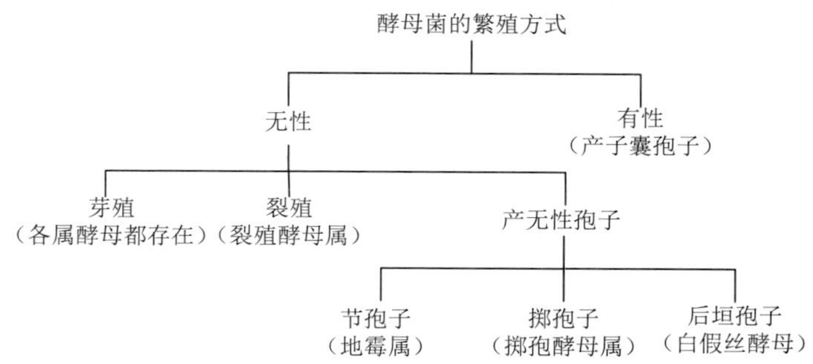

图 1-5 酵母菌的繁殖方式

（一）无性繁殖

酵母菌无性繁殖方式主要是芽殖，少数为芽裂，个别为裂殖。

1. 芽殖

出芽繁殖是酵母菌常见的繁殖方式。芽殖开始时，母细胞核下的液泡中产生一根小管，同时在细胞表面形成一个小突出体，小管穿过液泡进入突出体。母细胞的细胞核分裂成两个子核，其中一个随同母细胞的细胞质进入突出体内，当芽细胞长大到接近母细胞大时，两者接触处的细胞壁收缩，使芽细胞脱离母细胞。如果此时酵母菌生长旺盛，芽细胞尚未自母细胞脱离前，又在芽细胞上生出新的芽细胞，如此继续出芽，形成串生细胞或假菌丝。

2. 芽裂

有的酵母菌在细胞一端出芽，并在芽基较宽的颈部形成横膈，将母细胞与子细胞分开。子细胞呈瓶状。这种在出芽的同时又产生横膈膜的方式称为芽殖或半裂殖。

3. 裂殖

少数酵母菌以细胞分裂方式进行繁殖，称为裂殖。其过程是细胞延长，核分裂为二，细胞中央出现膈膜，将细胞横分为两个具有单核的子细胞，快速生长时细胞没有形成隔膜而核分裂，或者形成膈膜而子细胞暂时不分开，形成细胞链，类似于菌丝，最后细胞仍然要分开。

（二）有性繁殖

凡能进行有性繁殖的酵母菌称为真酵母，归属于子囊菌，尚未发现有性繁殖的称为假酵母，暂归于半知菌亚门。真酵母以形成子囊孢子的方式进行有性繁殖。

酵母菌发育到一定阶段，两个性别不同的邻近部位各伸出一个小突起而相接触，接触处的细胞壁溶解并形成一个管道，两个细胞内的细胞质通过管道融合，称为质配。随后两个单倍体的核移至融合管道中形成二倍体的核，称为核配。二倍体接合子可在融合管的垂直方向出芽，然后二倍体核移入芽内。此二倍体芽体可以从融合管脱离，再以二倍体营养细胞的形式出芽繁殖。很多酵母菌的二倍体细胞均可进行多代的营养生长繁殖。因此，酵母菌的单倍体、二倍体细胞都可以独立存在。通常，二倍体营养细胞较大且生命力强。在适宜条件下，接合子的核进行减数分裂，成为4个或8个核（一般形成4个核），以核为中心的原生质浓缩，在其表面形成一层孢子壁成为孢子。原来的接合子称为子囊，其内的孢子称为子囊孢子。子囊破裂，子囊孢子释放出来，可萌发成单倍体营养细胞。

酵母菌子囊孢子的形成需要一定的条件：生长旺盛的幼龄细胞容易形成孢子，老龄细胞不易形成孢子；适宜的培养基和生长条件；适当的温湿度。酵母菌产生的子囊孢子有球形、椭圆形、半球形、帽子形、柑橘形、柠檬形、肾形、镰刀形、针形等。孢子表面有平滑的、刺状的，孢子的皮膜有单层的、双层的。这些都是酵母菌分类的依据。

三、酵母菌的培养特征

大多数的酵母菌是单细胞的非菌丝体。在固体培养基上形成的菌落与细菌相似。菌落表面光滑、湿润、黏稠、容易挑起，质地均匀、颜色均一，但较细菌的菌落大而且厚。有的酵母菌菌落因培养时间较长而皱缩。大多数酵母菌菌落不透明，乳白色，少数红色。不生成假菌丝的酵母菌所形成的菌落表面隆起，边缘圆整；生成假菌丝的酵母菌所形成的菌落较扁平，表面和边缘粗糙。酵母菌菌落因由乙醇发酵，一般都有酒香味。菌落的颜色、光泽、质地、表面和边缘等特征均为酵母菌菌种鉴定的依据。在液体培养基中，不同酵母菌的生长情况不同，有的产生沉淀，有的在液体中均匀生长，有的则在液体表面生长形成菌膜或菌醭，有假菌丝的酵母菌所形成的菌醭较厚，有些酵母菌形成的菌醭很薄，干而变皱。菌醭的形成具有分类意义。图1-6是分离自酱香型大曲中的酵母菌。

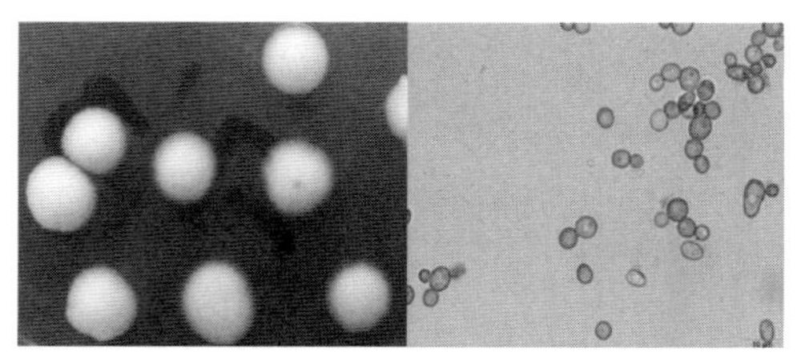

图1-6　分离自酱香型大曲中的酵母

四、主要的酵母菌

（一）酿酒酵母

酿酒酵母在麦芽汁固体培养基上生长形成的菌落呈乳白色，表面有光泽，形态平坦，边缘整齐。该菌能发酵葡萄糖、麦芽糖、半乳糖、蔗糖及 1/3 棉子糖，但不能发酵乳糖和蜜二糖，也不同化硝酸盐。酿酒酵母广泛分布在各种水果的表皮、发酵果汁、土壤和酒曲等环境中。

酿酒酵母是发酵工业常用酵母，按照细胞的长与宽的比例可将其分为三组：①细胞多为圆形或卵形，长与宽之比值为 1 ～ 2。这类酵母除用于酿造饮料酒和制作面包外，还用于酒精发酵。②细胞形状以卵形和长卵形为主，也有圆形或短卵形，长宽比值通常为 2，常形成假菌丝，但不发达也不典型。这类酵母主要用于酿造葡萄酒和果酒，也可酿造啤酒、蒸馏酒和生产酵母。葡萄酒行业称为葡萄酒酵母。③大部分长宽比值大于 2，以 F396 酵母为代表，其特点是耐高渗透压，可忍受高浓度的盐，常用于糖蜜酒精的生产。

（二）卡尔斯伯酵母

卡尔斯伯酵母分离自丹麦卡尔斯伯啤酒厂，细胞为圆形或卵圆形，直径 5 ～ 10μm，是啤酒酿酒中典型的下面酵母（卡尔斯伯酵母）。麦芽汁固体培养基上的菌落为浅黄色，质地较软，具光泽，有细微的皱纹，边缘呈锯齿状，孢子形成困难。能发酵葡萄糖、麦芽糖、半乳糖、蔗糖及全部棉子糖，不同化硝酸盐。它与酿酒酵母外形上的区别是卡尔斯伯酵母的细胞壁有一平端，另外，温度对这两类酵母的影响也不同，在高温下，酿酒酵母比卡尔斯伯酵母生长得快，但在低温下，卡尔斯伯酵母生长较快，酿酒酵母繁殖速度最高时温度为 35.7 ～ 39.8℃，而卡尔斯伯酵母是 31.6 ～ 34℃。

（三）异常汉逊氏酵母

细胞为圆形（直径 4 ～ 7μm）、椭圆形或腊肠形（宽为 2.5 ～ 5μm，长为 4.5 ～ 20μm），甚至有长达 30μm 的，多边芽殖。液体培养时，液面有白色菌醭，培养基浑浊，有菌体沉于底部。生长在麦芽汁固体培养基上，菌落平坦、乳白色、无光泽，边缘呈丝状。能发酵葡萄糖、麦芽糖、半乳糖、蔗糖、棉子糖，不能发酵乳糖和蜜二糖，不同化硝酸盐。

异常汉逊氏酵母产生乙酸乙酯，常用于食品风味加强，如白酒、酱油增香。它氧化烃类的能力较强，能利用煤油，能以乙醇和甘油为碳源，还能积累 L- 色氨酸。

（四）汉氏德巴利氏酵母

汉氏德巴利氏酵母细胞呈圆形或短卵形，直径 2.8 ～ 6.2μm，多边芽殖，不发酵，液体培养液面有白色、无光泽而多皱的菌醭，固体培养菌落平坦、乳白色、无光泽，边缘有缺刻。不发酵葡萄糖、麦芽糖、半乳糖、蔗糖、棉籽糖、乳糖和蜜二糖，不同化硝酸盐。在含糖的液体培养基中能产生核黄素，能分解杨梅苷。

（五）假丝酵母属

细胞为圆形、卵形或长形。无性繁殖为多边芽殖，形成假菌丝，也有真菌丝。有多种类具有酒精发酵能力，有多种能生产蛋白质，也有多种可产脂肪酶，此外有多种可致病。

产朊假丝酵母：细胞为圆形、椭圆形或圆柱形，宽为 3.5 ～ 4.5 μm，长为 7 ～ 13 μm，无菌醭，管底有菌体沉淀，能发酵。麦芽汁固体培养基中呈乳白色、平滑、有光泽或无光泽，边缘整齐或菌丝状。对葡萄糖、蔗糖、棉籽糖能发酵，麦芽糖、半乳糖、乳糖、蜜二糖不发酵。不分解脂肪，能同化硝酸盐。能利用五碳糖和六碳糖，可生产菌体蛋白。

热带假丝酵母：细胞为卵形或球形，宽为 4 ～ 8 μm，长为 5 ～ 11 μm，液体培养液面有菌醭或无菌醭，有环，菌体沉淀。麦芽汁固体培养菌落呈白色到奶油色，无光泽或稍有光泽，软而平滑或部分有皱纹，培养久时，菌落变硬并呈菌丝状。对葡萄糖、麦芽糖、半乳糖、蔗糖能发酵，对乳糖、蜜二糖、棉籽糖不发酵。不同化硝酸盐，不分解脂肪。氧化烃类能力强，可利用石油生产单细胞蛋白，也可利用农副产品生产酵母做饲料。

解酯假丝酵母解酯变种：细胞为卵形到长形，卵形细胞大小宽为 3 ～ 5 μm，长为 5 ～ 11 μm，长形细胞长可达 20 μm。液体培养有菌醭生成，有沉淀，不能发酵。麦芽汁固体培养菌落呈乳白色、黏湿、无光泽。有些菌株的菌落有褶皱或表面菌丝状，边缘不整齐。不发酵任何糖，分解脂肪，不同化硝酸盐。可氧化烃类，也可产柠檬酸和生产脂肪酸。

（六）毕赤酵母属

细胞具有不同形状，多边芽殖，多数菌种形成假菌丝。子囊孢子为球形、帽形或土星形，子囊孢子表面光滑，有的孢子壁外层有疣状突起。每囊中有 1 ～ 4 个孢子。发酵或不发酵，不同化硝酸盐，对烃类氧化能力较强，有些种能生产麦角固醇、苹果酸、磷酸、甘露聚糖等。

（七）球拟酵母属

细胞为球形、卵形或略长形，多边芽殖，在液体培养基内有沉淀及环，有时生菌醭，有的种有发酵能力，有的种没有发酵能力。某些种能产生不同比例的甘油、赤藓醇、阿拉伯糖醇，有时还有甘露醇。在适宜条件下，能将40%的葡萄糖转化为多元醇。此属中还有氧化烃类的菌株，也有的种可产生有机酸、油脂等，还能产柠檬酸。

（八）红酵母属

细胞为圆形、卵形或长形，多边芽殖，有明显的红色或黄色色素，很多种因生荚膜而形成黏质状菌落。红酵母属的菌种均不能发酵，但能同化某些糖类，该属包含多个优良的产脂菌种，可由菌体中提取大量脂肪。部分菌种对烃类有氧化作用，并能合成β-胡萝卜素。

第五节 霉菌

霉菌不是分类学的名词，而是一类丝状真菌的总称。凡在固体培养基质上生长，形成绒毛状、蜘蛛网状或棉絮状菌丝体的真菌称为霉菌。在分类学上，霉菌分属于鞭毛菌亚门、接合菌亚门、子囊菌亚门和半知菌亚门，有近9万种。

霉菌在自然界分布广泛，大量存在于土壤、水域、空气、动植物体内及体外等，与人类生产、生活密切相关，是人类认识和利用最早的微生物之一。霉菌应用于传统酿酒、制酱、酿醋、腐乳制作等方面，主要用于淀粉糖化和蛋白质水解。霉菌还用于生产酒精、有机酸、抗生素、酶等发酵产品。霉菌除被利用来满足人类的需求，还给人类带来危害，如农副产品发霉损坏、植物病害、产生霉菌毒素等。

一、霉菌的形态与结构

（一）霉菌的形态

霉菌菌体是由分枝或不分枝的菌丝构成。菌丝是霉菌营养体的基本单位。许多菌丝分枝连接，交织在一起所构成的结构称为菌丝体。菌丝可以是单细胞，即没有膈膜，但大多数霉菌是多细胞，即有分隔的。没有膈膜的细胞一般含有许多核，而有膈膜的细胞一般含有 1 ～ 2 个核。菌丝直径一般为 2 ～ 10μm，比细菌、放线菌宽几倍到几十倍，与酵母菌相似。

霉菌的菌丝由孢子发芽而成，长在培养基内，以吸收营养为主的菌丝称为营养菌丝，也称基内菌丝，伸出培养基长在空气中的称为气生菌丝。在一定生长阶段，部分气生菌丝分化成为繁殖菌丝，有繁殖功能，称为繁殖菌丝。有些霉菌菌丝会聚集成团，构成一种坚硬的休眠体，该结构称为菌核。对外界环境具有较强的抵抗力，在适宜条件下它可萌发出菌丝。有的菌丝产生色素，呈现不同的颜色。图 1-7 是分离自酱香型大曲中的霉菌。

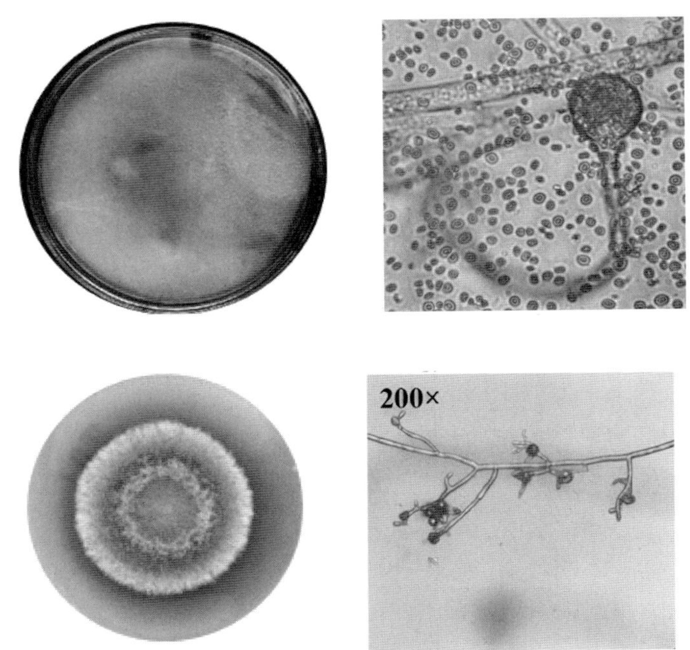

图 1-7　分离自酱香型大曲中的霉菌

（二）霉菌的细胞结构

霉菌的细胞结构与其他真核生物基本相同。霉菌菌丝也是由细胞壁、细胞膜、细胞质、细胞核及各种内含物（糖原、脂滴、异染颗粒等）构成的，含有线粒体、核糖体等细胞器，老龄细胞中可见液泡。

细胞壁厚 100 ～ 250nm，除少数低等水生霉菌的细胞含纤维素外，大部分霉菌的细胞壁主要由几丁质构成（占细胞干重的 2% ～ 26%）。几丁质由数百个 N- 乙酰葡萄糖胺分子，以 β-1,4- 糖苷键连接而成。几丁质和 β- 菌聚糖构成高等霉菌细胞的骨架结构，而纤维素则是低等霉菌细胞壁的主要成分。可用蜗牛消化酶等细胞壁裂解酶处理，在 30℃下 30 分钟内获得完整的原生质体。

细胞质膜厚 7 ～ 10nm，其结构与功能与酵母菌细胞相同。细胞核的直径为 0.7 ～ 3.0μm，有核膜、核仁和染色体。核膜上有直径为 40 ～ 70nm 的核膜孔，核仁直径大约为 3nm。有丝分裂时，核膜、核仁不消失，这是与其他高等生物的不同之处。霉菌细胞中有与高等生物相似的线粒体和核糖体，其他结构与酵母菌细胞基本相同。

二、霉菌的繁殖方式

霉菌的繁殖能力很强，且方式多样，除菌丝片段可以长出新的菌丝体外，还可产生许多无性孢子和有性孢子。霉菌孢子小、轻、干、多，休眠期长，抗逆性强，其形态常有球形、卵形、椭圆形、帽形、土星形、肾形、线形、针形及镰刀形等。霉菌的繁殖方式分为无性孢子繁殖、有性孢子繁殖和菌丝断裂繁殖三种方式（图 1-8）。

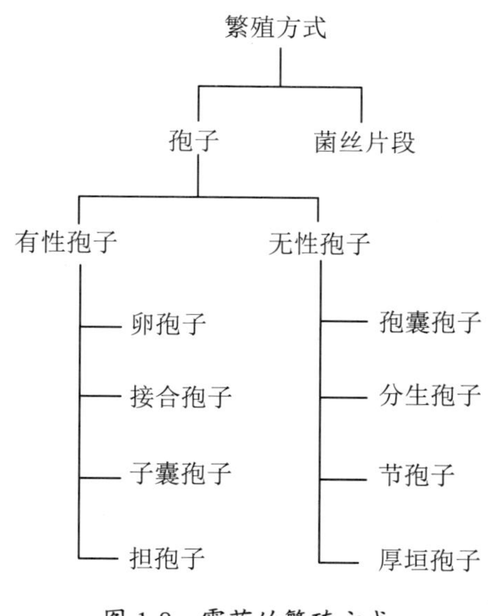

图 1-8 霉菌的繁殖方式

（一）无性孢子繁殖

霉菌无性孢子的繁殖不经两性细胞配合，只是营养细胞的分裂或营养菌丝的分化（切割）而形成新个体的过程。霉菌主要以无性孢子进行繁殖，无性孢子有孢囊孢子、分生孢子、厚垣孢子、节孢子等。菌丝没有膈膜的霉菌一般形成孢囊孢子，菌丝有膈膜的霉菌多数产生分生孢子。

1. 孢囊孢子

孢囊孢子是一种内生孢子，为藻状菌纲的毛霉、根霉、犁头霉等所具有。形成过程：菌丝发育到一定阶段，气生菌丝的顶端细胞膨大成圆形、椭圆形或梨形的孢子囊，然后膨大部分与菌丝间形成膈膜，囊内的原生质分化成许多小块（内含 1 ～ 2 个核），每一个小块的周围形成一层膜，将原生质包起来，如此形成许多孢囊孢子。顶端形成孢子囊的菌丝称为孢囊梗，孢囊梗伸入孢子囊内的部分，称为囊轴。孢子囊成熟后破裂，散出孢囊孢子，遇适宜环境萌发形成菌丝体。

2. 分生孢子

这是霉菌中最普遍的一类无性孢子，大多数霉菌以此方式繁殖。分生孢子是由菌丝顶端细胞或局部分化的分生孢子梗的顶端细胞分割、收缩形成的单个或成簇的孢子。这类孢子生于细胞外称为外生孢子。外生孢子可借空气传播，其形状、大小、结构及着生方式多种多样。红曲霉属、交链孢霉属等的分生孢子着生在菌丝或其分支的顶端，单生、成链或成簇排列，分生孢子梗的分化不明显。曲霉属和青霉属具有明显的分化的分生孢子梗，分生孢子着生情况两者各不相同，曲霉属的分生孢子梗顶端膨大成顶囊，顶囊的表面着生一层或两层呈辐射状排列的小梗，小梗末端形成分生孢子链。青霉属的分生孢子梗顶端多次分枝呈扫帚状，分枝顶端着生小梗，小梗上形成串生的分生孢子。木霉属的分生孢子梗是多分枝的，镰刀霉的分生孢子还有大小之分。

3. 节孢子

节孢子又叫粉孢子，是由菌丝断裂形成的孢子。形成过程：菌丝生长到一定阶段出现许多横膈膜，然后横膈膜处断裂，产生许多短柱状、筒状或两端呈钝圆形的节孢子。例如，白地霉的幼龄菌多细胞、丝状，老龄菌丝出现许多横膈膜，然后自横膈膜处断裂，形成成串的节孢子。

4. 厚垣孢子

这种孢子有很厚的壁，又叫厚壁孢子，很多霉菌都能形成这类孢子。形成过程：在菌丝中间或单独的个别细胞膨大，原生质浓缩，变圆，类脂物质密集，然后再在四周生出厚壁或者原来的细胞壁加厚，形成圆形、纺锤形或长方形的厚垣孢子。它是霉菌抗热与干燥等不良环境的一种休眠体，寿命较长，菌丝体死亡后厚垣孢子还活着，条件适宜就萌发成菌丝体。有的种在营养丰富条件下也能形成厚垣孢子。这可能与其遗传特性有关。

（二）有性孢子繁殖

经过两个性细胞结合而产生新个体的过程称为有性繁殖。霉菌的有些孢子的形成过程分为三个阶段，质配、核配和减数分裂。霉菌形成有性孢子有不同的方式：一种方式是经过核配以后，含有双倍体核的细胞直接发育形成有性孢子。这种孢子的核处于二倍体阶段，它在萌发的时候才进行减数分裂，卵孢子和接合孢子都属于此种情况。另一种方式是在核配以后，双倍体的核进行减数分裂，然后再形成有性孢子，这种有性孢子处于单倍体阶段，子囊孢子就是这种情况。还有一种方式是两个性细胞结合形成合子后，直接侵入寄主组织，形成休眠体孢子囊，囊内的双核在萌发时才进行核配和减数分裂。

霉菌的有性孢子繁殖不如无性孢子繁殖普遍，大多数发生在特定条件下。霉菌的有性孢子有卵孢子、接合孢子、子囊孢子和担孢子等。前两类孢子产生于藻状菌中，后两类分别为子囊菌和担子菌的有性孢子。

1. 卵孢子

卵孢子是由两个大小不同的配子囊结合发育形成。形成过程：先在菌丝顶端生成雄器和藏卵器，小的配子囊称为雄器，大的配子囊称为藏卵器，藏卵器中的原生质与雄器配合前收缩成一个或数个原生质团，成为单核卵球。当雄器与藏卵器交配时，雄器中的细胞质和细胞核通过受精管进入藏卵器，与卵球配合，此后卵球生出外壁，即成卵孢子。

2. 接合孢子

接合孢子是由菌丝生出形态相同或略有不同的配子囊接合而成。两个相邻的菌丝相遇，各自向对方伸出极短的侧枝，称为原配子囊。原配子囊接触后，顶端各自膨大并形成配子囊，相接触的两个配子囊之间的横膈消失，细胞质与细胞核相互结合，形成一个深色、厚壁和较大的接合孢子。同一菌丝体上的两个菌丝接触而形成的接合孢子，称为同宗配合；两种具有亲和力的不同质菌丝相接触而形成的接合孢子，称为异宗配合。

3. 子囊孢子

子囊孢子产生于子囊中，子囊是一种囊状结构，有球形、棒状或圆筒形。子囊孢子的形成过程较复杂，首先是同一或相邻的两个菌丝细胞分化，形成两个异形配子囊（产囊器和雄器），产囊器和雄器配合后，经过一系列复杂的质配和核配过程，最终发育形成子囊。子囊中子囊孢子的数目通常是 2 的幂指数倍数，一般为 8 个（即 2^3 个）。子囊孢子有很多类型，其形状、大小、颜色、纹饰等为子囊菌的分类依据。包含子囊的结构称为子囊果。按照子囊在子囊果的排列情况，子囊菌又分为不正子囊菌、盘菌和核菌。

4. 担孢子

担孢子是担子菌独有的特征。它是一种外生孢子，经过两性细胞核配合后产生的，因其生长在担子上，故称为担孢子。

霉菌的生活史。霉菌的生活史是指霉菌从一种孢子开始，经过一定时期的生长和发育，最后又产生同一孢子为止，包括有性阶段和无性阶段。典型的霉菌生活史：霉菌的菌丝体在适宜条件下产生无性孢子，无性孢子萌发形成新的菌丝体，如此重复多次，这是霉菌生活史的无性阶段。霉菌生长发育后期，开始发生有性阶段，即从菌丝体上形成配子囊，经过质配、核配而形成双倍体的细胞核。最后经减数分裂，形成单倍体的孢子，孢子萌发形成新的菌丝。如葡枝根霉的生活史，见图 1-9。

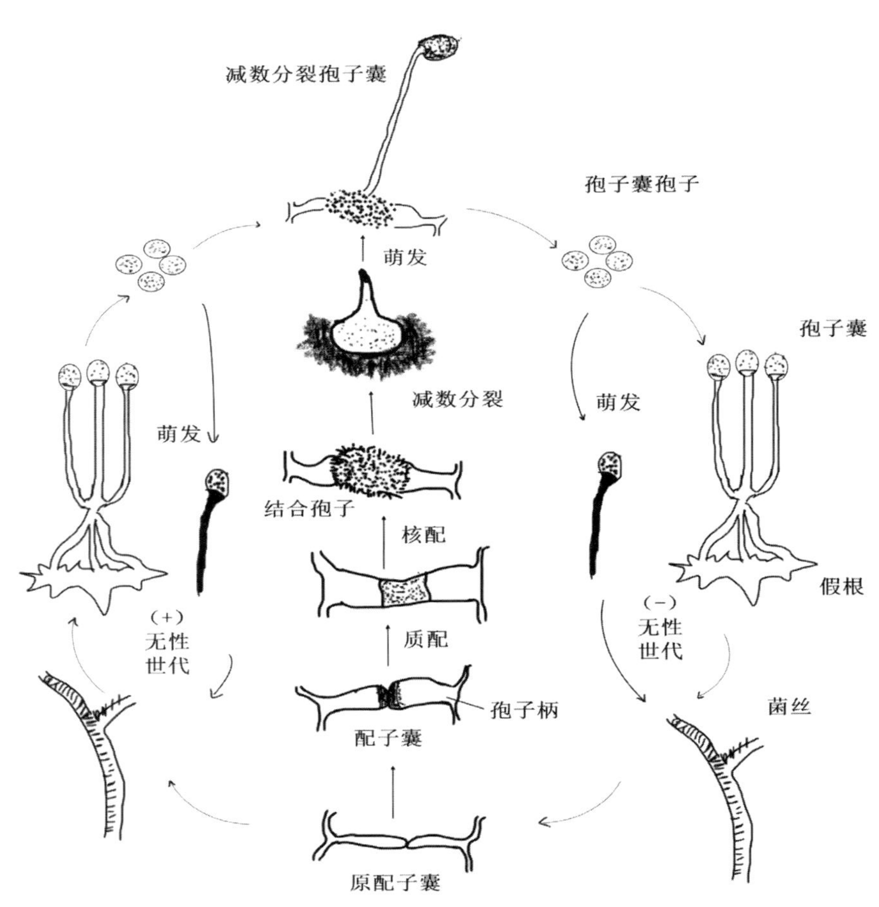

图 1-9　霉菌（葡枝根霉）的生活史

霉菌的无性孢子通常较能抗干燥和辐射，但不耐高温，不是休眠体，只要条件适宜就能萌发。霉菌的有性孢子一般能休眠，较能耐热，经活化后才能萌发。

三、霉菌的培养特征

霉菌的菌丝较粗且较长，菌丝体较疏松，形成的菌落呈绒毛状、棉絮状和蜘蛛网状，圆形、呈辐射状向四周扩展，干燥，不透明，与培养基结合紧密，不易挑起，有的表面有水滴状分泌物，有霉味，一般比细菌和放线菌菌落大几倍至几十倍。少数霉菌（如根霉、毛霉）生长很快，菌丝生长没有局限，可在固体培养基表面蔓延甚至扩展到整个培养皿，看不到单独菌落。多数霉菌菌丝的蔓延有一定局限，所形成的菌落也有局限，在培养皿内可以清楚地看到霉菌菌落。在固体培养基上菌落最初呈浅色或白色，当菌落产生各种颜色的孢子后，菌落表面往往呈现不同结构和颜色，如绿、青、黄、棕、橙、黑等，这是由于孢子形状、构造与颜色所致。有的霉菌的营养菌丝分泌脂溶性色素留在菌丝中，有的分泌水溶性色素可扩散到培养基中，使得菌落背面与正面呈现不同颜色。一些生长较快的霉菌菌落，处于菌落中心的菌丝菌龄较大，位于边缘的菌丝菌龄较小。菌落中心与边缘颜色不同，一般菌龄越大颜色越深。

同一种霉菌，在不同培养基和不同条件下培养，形成的菌落特征有所变化，但各种霉菌在一定的培养基上和一定培养条件下形成的菌落大小、形状、颜色等相对稳定。故菌落特征是鉴定霉菌的依据，通常根据菌落特征可以辨认到属。现将细菌、放线菌、酵母菌和霉菌的细胞和菌落特征做比较，以利于识别和利用（表 1-3）。

表 1-3　四大类微生物的细胞和菌落特征比较

特征		单细胞微生物		菌丝状微生物	
		细菌	酵母菌	放线菌	霉菌
细胞	相互关系	单个分散或有一定排列发生	单个分散或呈假菌丝	菌丝体交织	菌丝体交织
	形态特征（高倍镜观察）	小，内部结构不可见，个别有芽孢	大，可见内部模糊结构	细，内部结构不可见	粗，可见内部模糊结构

续表

特征		单细胞微生物		菌丝状微生物	
		细菌	酵母菌	放线菌	霉菌
菌落	含水状态	很湿或较湿润	较湿润	干燥或较干燥	干燥
	外观形态	小而突起或大而平坦	大而突起	小而紧密	大而疏松
	透明度	透明或稍透明	稍透明	不透明	不透明
	与培养基结合	不结合	不结合	结合牢固	结合较牢固
	颜色	多样，正反面及边缘与中心相同	单调，正反面及边缘与中心相同	十分多样，正反面及边缘与中心不同	十分多样，正反面及边缘与中心不同
	边缘状态（低倍镜观察）	一般看不到细胞	可见球形或卵球形细胞	有时可见细丝状细胞	可见粗丝状细胞
	生长速度	一般很快	较快	慢	较快
	气味	一般有臭味	大多带酒香味	常有泥腥味	往往有霉味

四、主要的霉菌

（一）毛霉属

毛霉菌的菌丝发达，呈棉絮状，由许多分枝菌丝构成。菌丝无横膈，有多个核，为单细胞真菌，大多腐生。以孢囊孢子繁殖，孢囊梗直接由菌丝体长出，无假根及匍匐菌丝，单生。孢囊孢子呈球形，囊壁上常见针状的草酸钙结晶，囊内有囊轴，基部无囊托，孢子为球形或椭圆形，无色，无条纹，表面光泽。有些种能产厚垣孢子。有性繁殖产生接合孢子（图 1-10）。

常见的毛霉菌如下：

◆鲁氏毛霉。最初从我国小曲中分离出来，最早用于阿明诺法制造酒精，能糖化淀粉且能生成少量酒精，还能产生蛋白酶，有分解大豆蛋白的能力，故我国常用来制作腐乳。

◆高大毛霉。多出现在畜禽的粪便上，能产生 3- 羟基丁酮、脂肪酶，还能产生大量的琥珀酸，能转化甾族化合物，有 C-6β、C-11α 羟化能力。

◆总状毛霉。在毛霉中分布最广，几乎在各地土壤、一些生霉材料、空气和各种粪便上都能找到，酒曲中常见。能产生 3- 羟基丁酮，能对甾族化合物起 C-9α 羟化作用，我国四川的豆豉用此菌制成。

◆爪哇毛霉。土壤、酒曲中常见，能糖化淀粉并生成少量酒精，能产生蛋白酶，有分解大豆蛋白的能力，多用来做腐乳，能产生果胶酶，能转化甾族化合物，有 C-6β、C-11α 羟化能力。

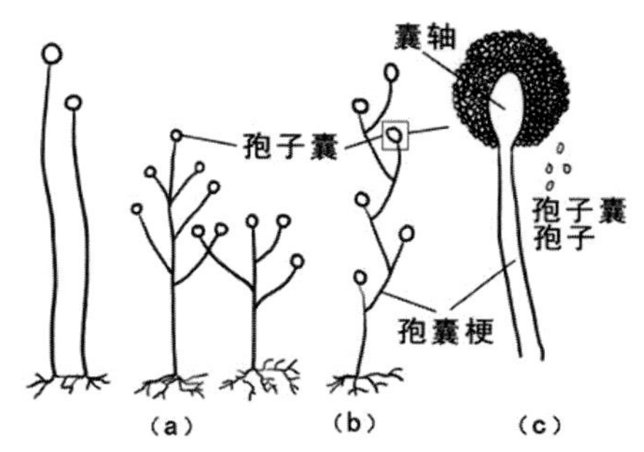

（a）单轴式孢囊梗（b）假轴式孢囊梗（c）孢子囊结构

图 1-10　毛霉菌体形态

（二）根霉属

根霉与毛霉同属毛霉目，根霉菌丝分枝，白色，无膈膜，为单细胞真菌。根霉气生性强，菌丝体呈棉絮状。在固体培养基上生长，匍匐于培养基表面的气生菌丝为匍匐菌丝，匍匐菌丝有节，接触培养基处向下分枝成假根。从假根处向上丛生直立、不分枝的孢囊梗，顶端膨大形成球形孢子囊，囊轴明显，囊轴与梗相连处有囊托，孢子囊成熟后孢囊壁消解，释放出大量孢囊孢子。孢子呈球形或卵形，有棱角和条纹，灰色、蓝色或浅褐色。在一定条件下根霉也能以有性繁殖方式产生接合孢子（图 1-11）。

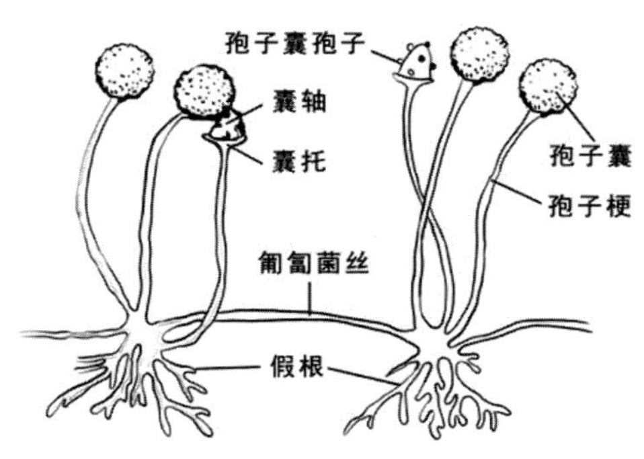

图 1-11　根霉的菌体形态

常见的根霉如下：

◆葡枝根霉。异名黑根霉。葡枝根霉能产生反丁烯二酸、丁烯二酸、果胶酶，对甾族化合物骨架 C-6β 和 C-11α 具有羟化能力，转化孕酮为 C-11α 羟基孕酮更具特色，是微生物转化甾族化合物的重要真菌，常用来发酵豆类和谷类食品，它还常出现在一些生霉材料上，尤其是生霉食品上，常引起瓜果、蔬菜等在运输和贮藏中腐烂，甘薯腐烂就是其造成的。

◆米根霉。在我国酒药和酒曲中常看到，在土壤、空气中也常见，产 L(+)- 乳酸量 70% 左右，能发酵豆类和谷类食品，淀粉酶活力相当强，能转化蔗糖，多用作糖化菌。能产生脂肪酶。在资料中常看到一些其他名称的根霉，如河内根霉、结节根霉、甘薯根霉、小麦曲根霉、代氏根霉等，其形状与米根霉非常近似，生理性状有差异，所以有人把它们归入米根霉群系，或认为是米根霉的异名。

◆华根霉。多出现在我国酒药和酒曲中，耐高温（45℃能生长），淀粉酶液化力强，有溶胶性，能产生酒精、芳香脂类、乳酸及反丁烯二酸，能转化甾族化合物。

◆无根根霉。能产生乳酸、反丁烯二酸、丁烯二酸，常用来发酵豆类和谷类食品，能产生脂肪酶，能对甾族化合物骨架的 C-6β 和 C-11α 起羟化作用。

（三）曲霉属

曲霉发达的菌丝体由具有膈膜的多核分枝菌丝构成，通常是无色的，成熟后呈浅黄色至褐色。活力旺盛时，菌丝体产生大量分生孢子梗。分生孢子梗由分化为厚壁的足细胞长出，大多无膈膜、不分枝、大多膨大成顶囊，一般呈球形。在顶囊周围长满辐射状小梗，有的初生小梗上又产生次生小梗，小梗顶端分生孢子成串生长。菌落绒状，孢子呈绿、黄、橙、褐、黑等颜色，使菌落呈现不同色彩。曲霉属中仅有极少数进行有性繁殖，有性阶段产生闭囊壳，内生圆球状子囊，子囊内有 8 个子囊孢子。由于曲霉很少产生有性世代，因此在真菌学中将曲霉归入半知菌亚门（图 1-12）。

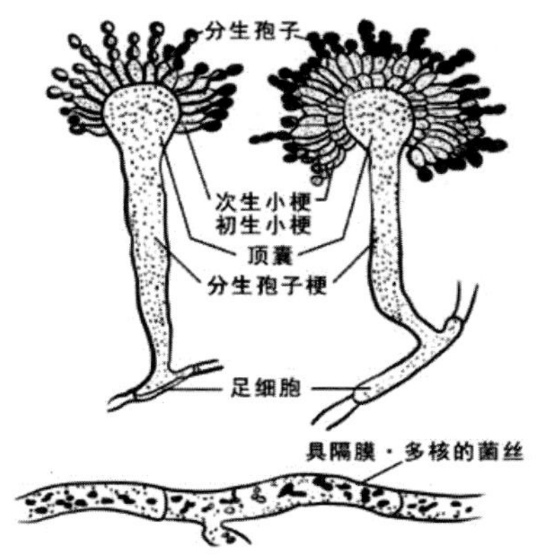

图 1-12　曲霉的菌体形态

常见的曲霉如下：

◆黑曲霉。有多种活性强大的酶系，如淀粉酶、糖化酶、耐酸性蛋白酶、果胶酶、柚苷酶和橙皮苷酶、葡萄糖氧化酶、纤维素酶（C_x 酶），还可利用黑曲霉作为发酵饲料，能分解有机质产生有机酸，如抗坏血酸、柠檬酸、葡萄糖酸、没食子酸等，能转化甾族化合物，使 C-11α 起羟化作用；能将羟基孕甾酮转化为雄烯二酮，还可用来测定锰、铜、钼、锌等微量元素。

◆紫色红曲霉。此菌常出现在乳或乳制品中，能发酵纤维二糖生酸，不能发酵蔗糖、果糖等，产生糊精酶、糖化酶、麦芽糖酶等，用它水解淀粉最终产物为葡萄糖。

◆烟色红曲霉，酱香型白酒酒醅中数量较多，能发酵纤维二糖、果糖、蔗糖、山梨醇、D- 阿拉伯糖等生成醇，培制的红曲可作中药、食品添加剂、红酒、醋等。

◆米曲霉和黄曲霉。能产生曲酸，可用作杀虫、杀菌剂以及胶片的脱尘剂，分解 DNA 产生脱氧核苷酸，能产生淀粉酶、蛋白酶、果胶酶等，有的已制成酶制剂，但某些菌系能产生黄曲霉毒素，引起家禽、家畜严重中毒以至死亡，使人致癌。

（四）青霉属

青霉属与曲霉属相似，菌丝有膈膜，多核，多分枝，但无足细胞和顶囊。菌丝发育成直立的分生孢子梗，分生孢子梗的上部产生对称或不对称的小梗，小梗顶端产生成串的蓝绿色分生孢子。孢子穗形如扫帚，称帚状枝。帚状枝依其部位不同分别称为副枝、梗基、小梗，少数种产生闭囊壳或菌核。菌落呈絮状。

常见的青霉如下：

◆橘青霉。能产生脂肪酶、葡萄糖氧化酶和凝乳酶，还有的菌系产生 5’- 磷酸二酯酶，可用它生产 5’- 核苷酸，如从酵母 RNA 生产 5’- 鸟苷酸和 5’- 肌苷酸等。肌苷酸和鸟苷酸用于调味有很强的增鲜作用。在大米上生长引起黄色病变，并产生毒素。

◆产黄青霉。能产生多种酶类及有机酸，在工业生产上用以生产葡萄糖氧化酶或葡萄糖酸，还能产生柠檬酸和抗坏血酸，特别是应用非常广泛的青霉素生产菌就得自此系，青霉素发酵后的菌丝废料含丰富的蛋白质、矿物质和 B 族维生素，可作为家禽的代饲料。

◆娄地青霉。具有分解油脂和蛋白质的能力，可用于制造干酪，其菌丝含有多种氨基酸，主要是天冬氨酸、谷氨酸、丝氨酸等，该菌孢子能将甘油三酯氧化为甲基酮。

◆展开青霉。异名荨麻青霉，主要用于产生灰黄霉素，它是一种有效的可口服抗生素，用于治疗真菌性皮肤病、痢疾及灰指甲病。

（五）其他霉菌

常见的其他霉菌如下：

◆粗糙链孢霉。微生物遗传学的重要研究材料，粗糙链孢霉的孢子所产色素中含有多量的 β- 胡萝卜素，是维生素 A 的研究材料。

◆阿舒氏假囊霉和棉病假囊霉。都是植物病原菌，前者雌雄异株，后者雌雄同体，但互为近缘菌种，通常为维生素 B2 产生菌。

◆白地霉。异名乳卵孢霉，其菌体蛋白营养价值很高，可供食用及饲用，也可提取核酸，还可合成脂肪，在糖厂、酒厂、淀粉厂、饮料厂、豆腐厂、制药厂等的废料和废水综合利用方面很有前途。

◆红曲霉。菌落初期为白色，老熟后为浅粉色、紫红色或灰黑色，主要用于制备红曲色素，用作酿酒、腐乳、醋的着色剂，也是白酒中酯香的来源。

第六节　微生物的营养与生长

微生物需要不断从外部环境吸收所需要的各种营养物质，通过新陈代谢获得能量和合成细胞生长所需要的物质，同时排除代谢产物，使机体能够正常生长和繁殖。满足微生物生长和繁殖需要的物质是微生物的营养物质。微生物利用营养物质，以满足细胞生长和繁殖的需要。

一、微生物的营养要求

（一）微生物细胞的化学组成

微生物细胞分析结果表明，微生物细胞是由碳、氢、氧、氮、磷、硫、钾、镁、钙、铁、锰、硼、氯、铜、钴、钼、硒等化学元素组成。其中，碳、氢、氧、氮、磷、硫等六种元素占菌体细胞干重的97%。微生物细胞中这些元素主要以水、有机物和无机盐的形式存在（表 1-4）。

表 1-4 微生物细胞中主要干物质含量（单位：%）

微生物	蛋白质	碳水化合物	脂肪	核酸	无机元素
细菌	50 ～ 80	5 ～ 25	5 ～ 20	15 ～ 25	10 ～ 20
酵母菌	40 ～ 70	25 ～ 60	15 ～ 60	5 ～ 10	5 ～ 10
霉菌	20 ～ 35	20 ～ 40	8 ～ 40	2 ～ 8	6 ～ 12

微生物细胞的水分。水是微生物细胞中含量最多的成分，不同种类的微生物含水量不同。细菌细胞游离水含量为 75% ～ 85%，酵母菌为 70% ～ 80%，霉菌为 85% ～ 90%。同一种微生物的含水量随发育阶段和生活条件不同也有差别。一般衰老细胞较幼龄细胞含水量少，休眠体含水量较营养细胞少得多，细菌芽孢的游离水含量约为 40%，霉菌孢子含水量仅为 38% 左右。微生物细胞的游离水含量可采用低温真空干燥、红外线快速干燥或高温烘干等方法测定。

微生物细胞的有机物质。微生物细胞的干物质中 90% 以上是有机物，主要是蛋白质、核酸、碳水化合物、脂类、维生素及其降解产物。根据其作用可分为三类：一是结构物质，是细胞壁、细胞膜、细胞核、细胞质和细胞器等的主要结构成分；二是贮藏物质，主要是脂类和多糖；三是代谢底物和产物，包括存在于细胞内的糖、氨基酸、核苷酸、有机酸、维生素和激素等，各种有机物的含量随微生物种类和生活条件的不同而异。

微生物细胞的矿物元素。微生物的细胞干物质中有 3% ～ 10% 的矿物元素。其中磷的含量最高，占矿物元素的 50% 左右，其次为硫、钙、镁、钾、铁等，它们的含量也较高，与碳、氢、氧、氮一起称为大量营养元素（表 1-5）。

表 1-5　微生物细胞中几种主要元素的含量（单位：% 干重）

元素	细菌	酵母菌	霉菌
碳	46 ～ 52	46 ～ 52	45 ～ 55
氮	10 ～ 15	6 ～ 8.5	4 ～ 7
氢	8	6.7	6.7
氧	20	31.1	40.2
磷	3	1.0 ～ 2.5	
硫	1	0.1 ～ 0.5	

铜、锌、锰、硼、钴、钼、镍、硒等的含量极少，称为微量营养元素。它们含量虽少，但又有特殊作用，也是微生物不可缺少的。这些矿物元素大多数参与细胞的结构组成，少数游离存在。采用无机化学的常规分析方法可测定微生物中各种矿物元素的含量。

微生物细胞化学元素的组成量与它们对营养元素的需求量是一致的，所以配制微生物培养基时应包含组成细胞的各种营养物质。

（二）微生物的营养物质

微生物需要从外界获得营养物质，而这些营养物质主要以有机和无机化合物的形式为微生物所利用，也有小部分以分子态的气体形式提供。根据营养物质在机体中生理功能的不同，可将它们分为碳源、氮源、能源、无机盐、生长因子和水六大类。

1. 碳源

碳源是在微生物生长过程中为其提供碳素来源的物质。碳源物质在细胞内经过一系列复杂的化学变化后成为微生物自身的细胞物质（如碳水化合物、脂、蛋白质等）和代谢产物，碳可占一般细菌细胞干重的一半。同时，绝大部分碳源物质在细胞内生化反应过程中还能为机体提供维持生命活动所需的能源，因此碳源物质通常也是能源物质。但是有些以 CO_2 作为唯一或主要碳源的微生物生长所需的能源则并非来自碳源物质。

微生物利用碳源物质具有选择性，糖类是一般微生物较容易利用的良好碳源和能源物质，但微生物对不同糖类物质的利用也有差别。例如，在以葡萄糖和半乳糖为碳源的培养基中，大肠杆菌首先利用葡萄糖，然后利用半乳糖，前者称为大肠杆菌的速效碳源，后者称为迟效碳源。目前，在微生物工业发酵中所利用的碳源物质主要是单糖、饴糖、糖蜜、淀粉、麸皮、米糠等。为了节约粮食，人们已经开展了代粮发酵的科学研究，以自然界中广泛存在的纤维素作为碳源和能源物质来培养微生物。

不同种类微生物利用碳源物质的能力也有差别。有的微生物能广泛利用各种类型的碳源物质，而有些微生物可利用的碳源物质则比较少。例如，假单胞菌属中的某些种可以利用 90 种以上的碳源物质，而一些甲基营养型微生物只能利用甲醇或甲烷等一碳化合物作为碳源物质。微生物利用的碳源物质主要有糖、有机酸、醇、脂类、烃、CO_2 及碳酸盐等。

2. 氮源

氮源物质为微生物提供氮素来源，这类物质主要用来合成细胞中的含氮物质，一般不作为能源，只有少数自养微生物能利用铵盐、硝酸盐同时作为氮源与能源。在碳源物质缺乏的情况下，某些厌氧微生物在缺氧条件下可以利用某些氨基酸作为能源物质。能够被微生物利用的氮源物质包括蛋白质及其不同程度的降解产物（胨、肽、氨基酸等）、铵盐、硝酸盐、分子氮、嘌呤、嘧啶、脲、胺、酰胺、氰化物等。

常用的蛋白质类氮源包括蛋白胨、鱼粉、蚕蛹粉、黄豆饼粉、花生饼粉、玉米浆、牛肉浸膏、酵母浸膏等。微生物对这类氮源的利用具有选择性。例如，利用玉米浆比利用黄豆饼粉和花生饼粉的速度快，这是因为玉米浆中的氮源物质主要以较易吸收的蛋白质降解产物形式存在，降解产物特别是氨基酸可以通过转氨基作用直接被机体利用，而黄豆饼粉和花生饼粉中的氮主要以大分子蛋白质形式存在，需进一步降解成小分子的肽和氨基酸后才能被微生物吸收利用，因而对其利用的速度较慢。因此玉米浆为速效氮源，黄豆饼粉和花生饼粉作为迟效氮源，前者有利于菌体生长，后者有利于代谢产物的形成。

微生物吸收利用铵盐和硝酸盐的能力较强，NH_4^+ 被细胞吸收后可直接被利用，因而 $(NH_4)_2SO_4$ 等铵盐一般称为速效氮源，而 NO_3^- 被吸收后需进一步还原成 NH_4^+ 后再被微生物利用。许多腐生型细菌、肠道菌、动植物致病菌等可利用铵盐或硝酸盐作为氮源，例如大肠杆菌、产气肠杆菌、枯草芽孢杆菌、铜绿假单胞菌等均可利用硫酸铵和硝酸铵作为氮源，放线菌可以利用硝酸钾作为氮源，霉菌可以利用硝酸钠作为氮源。以 $(NH_4)_2SO_4$ 等铵盐为氮源培养微生物时，由于 NH_4^+ 被吸收会导致培养基 pH 下降，因而将其称为生理酸性盐；以硝酸盐（如 KNO_3）为氮源培养微生物时，由于 NO_3^- 被吸收会导致培养基 pH 升高，因而将其称为生理碱性盐。为避免培养基 pH 变化对微生物生长造成不利影响，需要在培养基中加入缓冲物质。

3. 能源

能源是提供微生物生命活动所需能量的物质。绝大多数微生物的能源物质是化学物质

（有机化合物和无机化合物），只有光合细菌利用光作为能源。但微生物生长过程中所涉及的能量主要是ATP形式的化学能。即使是光合细菌，也要将光能转换成ATP形式的化学能后才可利用。

4. 无机盐

无机盐是微生物生长必不可少的一类营养物质，它们在机体中的生理功能主要是作为酶活性中心的组成部分、维持生物大分子和细胞结构的稳定性、调节并维持细胞的渗透压平衡、控制细胞的氧化还原电位和作为某些微生物生长的能源物质等。

微生物生长所需的无机盐一般有磷酸盐、硫酸盐、氯化物以及含有钠、钾、钙、镁、铁等金属元素的化合物。

在微生物的生长过程中还需要一些微量元素，微量元素是指那些在微生物生长过程中起重要作用，而机体对这些元素的需要量极其微小的元素，通常需要量在10^{-6}～10^{-8}mol/L（培养基中含量）。微量元素一般参与酶的组成或使酶活化。

如果微生物在生长过程中缺乏微量元素，会导致细胞生理活性降低甚至停止生长。由于不同微生物对营养物质的需求不尽相同，因此微量元素这个概念也是相对的。微量元素通常混杂在天然有机营养物、无机化学试剂、自来水、蒸馏水、普通玻璃器皿中，如果没有特殊原因，在配制培养基时没有必要另外加入微量元素。值得注意的是，许多微量元素是重金属，如果它们过量，就会对机体产生毒害作用，而且单独一种微量元素过量产生的毒害作用更大，因此有必要将培养基中微量元素的量控制在正常范围内，并注意各种微量元素之间保持恰当的比例。

5. 生长因子

生长因子通常指那些微生物生长所必需且需要量很小，而且微生物自身不能合成或合成量不足以满足机体生长需要的有机化合物。不同微生物需求的生长因子的种类和数量是不同的。

根据生长因子的化学结构和它们在机体中的生理功能的不同，可将生长因子分为维生素、氨基酸、嘌呤与嘧啶三大类。最早发现的生长因子在化学本质上是维生素，目前发现的许多维生素都能起到生长因子的作用。虽然一些微生物能合成维生素，但许多微生物仍然需要外界提供维生素才能生长。维生素在机体中所起的作用主要是作为酶的辅基或辅酶参与新陈代谢；有些微生物自身缺乏合成某些氨基酸的能力，因此必须在培养基中补充这些氨基酸或含有这些氨基酸的小肽类物质，微生物才能正常生长。

6. 水

水是微生物生长所必不可少的。水在细胞中的生理功能主要有：

◆起到溶剂与运输介质的作用，营养物质的吸收与代谢产物的分泌必须以水为介质才能完成；

◆参与细胞内一系列化学反应；

◆维持蛋白质、核酸等生物大分子稳定的天然构象；

◆因为水的比热高，是热的良好导体，能有效地吸收代谢过程中产生的热并及时地将热散发到体外，从而有效地控制细胞内温度的变化；

◆保持充足的水分是细胞维持自身正常形态的重要因素；

◆微生物通过水合作用与脱水作用控制由多亚基组成的结构，如酶复合体、微管、鞭毛及病毒颗粒的组装与解离。

（三）微生物对营养物质的吸收

营养物质能否被微生物利用的一个决定性因素是这些营养物质能否进入微生物细胞。只有营养物质进入细胞后才能被微生物细胞内的新陈代谢系统分解利用，进而使微生物正常生长繁殖。影响营养物质进入细胞的因素主要有三个：

一是营养物质本身的性质。分子量、溶解性、电负性、极性等都会影响营养物质进入细胞的难易程度。

二是微生物所处的环境。温度通过影响营养物质的溶解度、细胞膜的流动性及运输系统的活性来影响微生物的吸收能力。pH 和离子强度通过影响营养物质的电离程度来影响其进入细胞的能力。当环境中存在诱导物质运输系统形成的物质时，有利于微生物吸收营养物质。而环境中存在的代谢过程抑制剂、解偶联剂以及能与原生质膜上的蛋白质或脂类物质等成分发生作用的物质（如巯基试剂、重金属离子等）都可以在不同程度上影响物质的运输速率。另外，环境中被运输物质的结构类似物也会影响微生物细胞吸收被运输物质的速率。

三是微生物细胞的渗透屏障。所有微生物都具有一种保护机体完整性且能限制物质进出细胞的渗透屏障，渗透屏障主要由原生质膜、细胞壁、荚膜及黏液层等组成。荚膜与黏液层的结构较为疏松，对细胞吸收营养物质的影响较小。革兰氏阳性细菌由于细胞壁结构较为紧密，对营养物质的吸收有一定的影响，分子量大于 10kDa 的葡聚糖难以通过这类细菌的细胞壁。真菌和酵母菌细胞壁只允许分子量较小的物质通过。与细胞壁相比，原生质膜在控制物质进入细胞的过程中起着更为重要的作用，它对跨膜运输的物质具有选择性。

根据物质运输过程的特点，可将物质的运输方式分为单纯扩散、促进扩散、主动运输与基团转移。

二、微生物培养基

培养基是为人工培养微生物而制备的营养基质，能够提供微生物生长所需的合适营养条件。由于微生物种类、营养类型以及使用目的的多样性，故培养基的配方和种类很多，但是培养基的制备仍需遵循一定原则和规律。

（一）配制培养基的原则

目标明确、营养协调、条件适宜、经济合理和及时灭菌处理是制备培养基的基本原则。

目标明确。所谓“目标明确”就是根据培养的对象和目的，如培养何种微生物，获得何种产物，用于实验室还是大规模生产，以及作种子培养用还是发酵用等目的来制备培养基。

营养协调。培养基应含有维持微生物最适生长所必须的一切营养物质。更重要的是，营养物质浓度与配比要合适，就是要做到培养基营养协调。对大多数异养微生物来说，它们所需各种营养要素的比例大体是：水 > 碳源 > 氮源 >P、S>K、Mg> 生长因子。其中，碳源与氮源的比例（即 C:N）尤为重要。严格地说，C:N 是指培养基所含碳源中的碳原子摩尔数与氮源中的氮原子摩尔数之比，但也有用还原糖与粗蛋白含量之比的情况。不同微生物要求不同的 C:N，如细菌和酵母菌培养基中的 C:N 约为 5:1，霉菌培养基中的 C:N 约为 10:1。为获得微生物细胞或制备种子培养基，通常用较低的 C:N，如所要代谢产物中含碳量较高，则 C:N 要高些；如要代谢产物中含氮量较高，C:N 要低些。此外，还须注意培养基中无机盐的量以及它们之间的平衡。很多无机盐在低浓度时为微生物最适生长所必需，但在超出其生长范围的高浓度时则变为抑制因子。

条件适宜。微生物的生长除了取决于营养之外，还受 pH、氧气、渗透压等物理化学因素的影响，而微生物的生长反过来又会影响环境条件。为使微生物良好地生长、繁殖或积累代谢产物，必须为其创造最适宜的生长条件。

调节培养基 pH 的原因之一是各大类群微生物都有适合各自生长的 pH 范围。一般来说，细菌生长的最适 pH 范围在 7.0 ～ 8.0，放线菌在 7.5 ～ 8.5，酵母菌在 3.8 ～ 6.0，而霉菌则在 4.0 ～ 5.8。具体到每一种微生物还有其特定的最适生长 pH 范围。

绝大多数微生物适宜在等渗透压溶液中生长。一般培养基的渗透压都是适合的，但培养嗜盐微生物（如嗜盐细菌）和嗜渗透压微生物（如高渗酵母）时就要提高培养基的渗透压。培养嗜盐微生物常加适量 NaCl，海洋微生物的最适生长盐度约 3.5%。培养嗜渗透压微生物时要加接近饱和量的蔗糖。

培养好氧的微生物，特别是产酸的自养细菌（如亚硝化单胞菌属与硝化杆菌属等），可向培养基中加 $CaCO_3$，它不仅能提供 CO_2，而且是极佳的缓冲剂。此外，要根据微生物的不同特性提供不同条件，如培养好氧微生物时必须提供足够的氧气，培养严格厌氧微生物时要把培养基和周围环境中的氧气驱除掉。

经济合理。经济合理原则也是不可忽视的，尤其是在设计、制备大规模生产用的培养基时更应如此，在保证微生物生长与积累代谢产物需要的前提下，更应做到经济合理。大量的农副产品或制品，如麸皮、米糠、玉米浆、酵母浸膏、酒糟、豆饼、花生饼、蛋白胨等都是常用的发酵工业原料。

（二）培养基类型及应用

培养基种类繁多，根据其物理状态、成分、用途可将培养基分成多种类型。

根据培养微生物类群与营养类型区分：细菌、放线菌、酵母菌、霉菌培养基和自养微生物、异养微生物培养基。

根据物理状态划分：根据培养基中凝固剂的有无及含量的多少，可将培养基划分为固体培养基、半固体培养基和液体培养基三种类型。

根据成分不同划分：

天然培养基：这类培养基主要以化学成分还不清楚或化学成分不恒定的天然有机物组成，牛肉膏蛋白胨培养基和麦芽汁培养基就属于此类。

合成培养基：合成培养基是由化学成分完全了解的物质配制而成的培养基，也称化学限定培养基。合成培养基具有配制重复性高的特点，但与天然培养基相比存在成本较高、微生物生长速度较慢的局限，因此主要适用于实验室研究，包括微生物营养需求分析、代谢研究、分类鉴定、生物量测定、菌种选育及遗传分析等方面。

根据用途划分：

基础培养基：基础培养基是含有一般微生物生长繁殖所需的基本营养物质的培养基。

牛肉膏蛋白胨培养基是常用的基础培养基。基础培养基也可以作为一些特殊培养基的基础成分，再根据某种微生物的特殊营养需求，在基础培养基中加入所需营养物质。

加富培养基： 加富培养基也称营养培养基，即在基础培养基中加入某些特殊营养物质制成的一类营养丰富的培养基，这些特殊营养物质包括血液、血清、酵母浸膏、动植物组织液等。加富培养基一般用来培养营养要求比较苛刻的异养型微生物，还可以用来富集和分离某种微生物。

鉴别培养基： 鉴别培养基是用于鉴别不同类型微生物的培养基。在培养基中加入某种特殊化学物质，某种微生物在培养基中生长后能产生某种代谢产物，而这种代谢产物可以与培养基中的特殊化学物质发生特定的化学反应，产生明显的特征性变化，根据这种特征性变化，可将该种微生物与其他微生物区分开来。鉴别培养基主要用于微生物的快速分类鉴定，以及分离和筛选产生某种代谢产物的微生物菌种。

选择培养基： 选择培养基是用来将某种或某类微生物从混杂的微生物群体中分离出来的培养基。根据不同种类微生物的特殊营养需求或对某种化学物质的敏感性不同，在培养基中加入相应的特殊营养物质或化学物质，抑制不需要的微生物的生长，有利于所需微生物的生长。

三、微生物的生长与纯培养

微生物生长是细胞物质有规律地、不可逆地增加，导致细胞体积扩大的生物学过程，这是微生物的个体生长。繁殖是微生物生长到一定阶段，由于细胞结构的复制与重建并通过特定方式产生新的生命个体，即引起生命个体数量增加的生物学过程。微生物的生长与繁殖是两个不同但又相互联系的概念。生长是一个逐步发生的量变过程，繁殖是一个产生新的生命个体的质变过程。通常由于测定微生物生长方法的局限，我们常以微生物群体生长即细胞群体总质量的增加作为衡量微生物生长的指标。

（一）微生物生长的测定

有许多测定微生物生长的方法。有的方法直接测定细胞的数量或重量，有的方法通过细胞组分的变化和代谢活动等间接描述细胞的生长。对于单细胞微生物，既可取细胞数，也可用细胞重量作为生长的指标，但对于多细胞微生物，则常以菌丝生长的长度或菌丝的重量作为生长指标。

1. 直接法

显微计数法：用血球计数板直接进行微生物的计数，将一定稀释浓度的细胞菌悬液加到固定体积的血球计数板的计数小室内，在显微镜下观测小室内细胞的个数，计算出样品中细胞的浓度。该方法简便、快速，广泛应用于单细胞微生物的测定，但不适宜多细胞微生物。该方法一般不能鉴别菌体死活，但可通过在细胞菌悬液中加入染料进行染色而分辨死活细胞。该方法适宜测定细胞含量较低的样品。

比色法（比浊法）：这是测定菌悬液中细胞数量的快速简单的方法。菌体不透光，在一定的浓度范围内，菌悬液中单细胞数量与光密度成正比。通常采用分光光度计，选择600 ～ 700nm 的某一波长进行比色测定。但应注意培养基成分和培养产物不能在所选用的波长范围内有吸收。该方法不适宜多细胞微生物的生长测定。

干重测定法：将细胞培养液离心或过滤，洗涤除去培养基成分后转到适宜容器，置105℃干燥箱或真空干燥至恒重，称重。该方法要求培养基中没有细胞外的固体颗粒，一般细胞干重为湿重的 10% ～ 20%。以细菌为例，一个细胞重为 10^{-13} ～ 10^{-12}g。若是固体培养基，可以加热溶解、过滤、洗涤菌丝、干燥后称重。该法适合单细胞和多细胞微生物的生长测定。

平皿菌落计数：将微生物培养液稀释后涂布在固体培养基上，也可将灭菌的培养基冷却到 45 ～ 50℃与稀释到一定浓度和体积的菌液混合后置于平板上，凝固后培养适当时间，统计菌落形成的数量。涂布方法容易造成菌落分布不均匀，而混合凝固在培养基内的菌落可能因太小而无法计数，从而影响菌落计数。常规样品应设置三个平行样，计算菌落数的平均值，稀释度以 9cm 培养皿中能生长 30 ～ 300 个 CFU 为宜。

2. 间接法

一是根据细胞组分含量进行估算。每种细胞中核酸和蛋白质等组分的含量有一定的比例，根据样品中这些物质的含量可以间接地估算出细胞含量。但在微生物细胞分批培养的不同生长阶段，这些细胞组成所占比例可能有变化。虽然数期、菌体生长速度稳定，细胞组分恒定，但是在延迟期和衰亡期，细胞组分常有变化，其中 RNA 的变化最大。DNA 在各种细胞内的含量最为稳定，它不会因加入营养物而发生变化。

二是根据培养基成分的消耗来估算。选择一种不用于合成代谢产物的培养基成分为检测对象，如磷酸盐、硫酸盐、硝酸盐或镁离子。从这些成分的消耗量可以间接估算出菌体的生长速度。若发酵的主要产物是菌体本身，也可从碳源或氧的消耗来估算。此外，通过细胞代谢产物、发酵液黏度、发酵热等均可间接估算细胞生长情况。

（二）微生物的群体生长规律

微生物在不受限制的情况下，生长的理想状态可以用数学方法来描述。当微生物细胞重量或细胞数量倍增的间隔恒定时，微生物细胞数量呈对数增加，且细胞各成分按比例增加。因此，微生物的生长可用以下数学模型表示。

$$\frac{\mathrm{d}N}{\mathrm{d}t}=\mu N\left(\frac{\mathrm{d}M}{\mathrm{d}t}=\mu M\text{或}\frac{\mathrm{d}E}{\mathrm{d}t}=\mu E\right)$$

式中：

N：每毫升培养液中细胞的数量；

M：每毫升培养液中细胞物质的量；

E：每毫升培养液中其他细胞物质的量；

μ：比生长速率，即每单位数量的细菌或物质在单位时间（h）内增加的量；

t：培养时间（小时）。

对 $\mathrm{d}N/\mathrm{d}t=\mu N$ 积分，得

$$\ln N_t–\ln N_0=\mu(t_1–t_0)$$

将上式转换成以 10 为底的对数，得

$$\log N_t-\log N_0=\frac{\mu\left(t_1-t_0\right)}{2.303}$$

上式中 N_t 与 N_0 分别代表时间 t 和 t_0 时的细胞数量。因此，只要测定从 N_0 增加到 N_t 所用的时间和 N_0 与 N_t 的量，就可以由上式求出该条件下的 μ。例如，t_0 时每毫升培养液中的细胞数为 10^4，经过 4 小时后该培养液中细胞数量增加到每毫升 $10^8(N_t)$，则此条件下该菌的比生长速率为

$$\mu=\left(\log N_t-\log N_0\right)\times\frac{2.303}{t}-t_0=\left(8-4\right)\times\frac{2.303}{4}=2.303$$

说明该细菌在此条件下，细菌数量以每小时比上一时刻数量增加 2.303 倍的比生长速率繁殖。

在细菌个体生长过程中，每个细菌分裂繁殖一代所需的时间为世代时间；在群体生长过程中，细菌数量增加一倍所需的时间称为倍增时间，通常以 G 表示。根据上述公式可以求世代时间与比生长速率之间的关系。

$$G=t-t_0 N_t=2N_0$$

$$G=\frac{\ln N_t-\ln N_0}{\mu}=\frac{\ln\left(\frac{N_t}{N_0}\right)}{\mu}=\ln\frac{2}{\mu}$$

微生物生长速度可以用倍增时间 G 或比生长速率 μ 来描述。

以上数学表述仅仅是理想状态下的微生物群体生长。实际上，由于微生物种类、培养条件及所处生长阶段的不同，微生物群体有较大的差异。

在一个封闭系统中，微生物接种到均匀的液体培养基后，不补充营养物质或移去培养物，保持整个培养液体积不变时，以时间为横坐标，以菌数为纵坐标，那么根据不同培养时间里细菌数量的变化，可以作出一条反映细菌在整个培养期间菌数变化规律的曲线，这种曲线称为生长曲线。一条典型的生长曲线至少可以分为延迟期、对数期、稳定期和衰亡期等四个生长时期。

延迟期：细菌接种到新鲜培养基便进入到一个新的生长环境，一段时间里并不马上分裂，细菌的数量维持恒定，或增加很少。此时细胞内的 RNA、蛋白质等物质含量有所增加，相对地此时的细胞体积也最大，说明细菌并不是处于完全静止的状态。产生迟缓期的原因，可认为是微生物接种到一个新的环境，暂时缺乏足够的能量和必需的生长因子，种子老化（即处于非对数生长期）或未充分活化，接种时造成了损伤等。

对数期：又称指数生长期。细菌经过迟缓期进入对数生长期，并以最大的速率生长和分裂，导致细菌数量呈对数增加，而且细菌内各成分按比例有规律地增加，很明显此时期的细菌生长是平衡生长。对数生长期细菌的代谢活性、酶活性高而稳定，大小比较一致，生命力强，因而它被广泛地在生产上用作种子或在科研上作为理想的实验材料。

稳定期：由于营养物质消耗、代谢产物积累和 pH 等环境变化，逐渐不适宜细菌生长，导致细菌的生长速率降低直至零（即细菌分裂增加的数量等于细菌死亡数），结束对数生长期，进入稳定生长期。稳定生长期的活细菌数最高并维持稳定。

衰亡期：培养体系中营养物质耗尽和有毒代谢产物的大量积累，细菌死亡速率逐步增加，活细菌逐步减少，标志着细菌进入衰亡期。该时期细菌代谢活性降低，细菌衰老并出现自溶。该时期细菌的死亡数量呈对数增长，但在衰亡后期，部分细菌因产生抗性而使死亡率下降。

（三）微生物纯培养的分离方法

1. 固体培养基纯培养的分离方法

大多数细菌、酵母菌，以及许多真菌和单细胞藻类能在固体培养基上形成孤立的菌落，采用适宜的平板分离法很容易得到纯培养。所谓平板，即培养平板的简称，它是指固体培养基倒入无菌平皿，冷却凝固后，盛固体培养基的平皿。这种方法包括将单个微生物分离和固定在固体培养基表面或里面。固体培养基是用琼脂或其他凝胶物质固化的培养基，每个孤立的活微生物体生长、繁殖形成菌落，所形成的菌落便于移植。常用的分离、培养微生物的固体培养基是琼脂固体培养基平板。

稀释倒平板法：这是常用的纯种分离方法。先将待分离的材料用无菌水作一系列的倍比（如 10 倍）稀释，然后分别取不同稀释液少许，与已熔化并冷却至 50℃左右的琼脂培养基混合，摇匀后，倾入灭菌后的培养皿中，待琼脂凝固后，制成可能含菌的琼脂平板，保温培养一定时间即可出现菌落。如果稀释得当，在平板表面或琼脂培养基中就可出现分散的单个菌落，这个菌落可能是由一个细菌细胞繁殖形成的。随后挑取该单个菌落，或重复以上操作数次，便可得到纯培养。

涂布平板法：由于将含菌材料先加到比较烫的培养基中再倒在平板上，易造成某些热敏感细菌的死亡，而且采用稀释倒平板法也会使一些严格好氧菌因被固定在琼脂中缺乏氧气而影响其生长，因此在微生物学研究中更常用的纯种分离方法是涂布平板法。其做法是先将已熔化的培养基倒入无菌平皿，制成无菌平板，冷却凝固后，将一定量的某一稀释度的样品悬液滴加在平板表面，再用无菌玻璃涂棒将菌液均匀分散至整个平板表面，经培养后挑取单个菌落。

平板划线法：用接种环以无菌操作蘸取少许待分离的材料，在无菌平板表面进行平行划线、扇形划线或其他形式的连续划线（图 1-13），微生物细胞数量将随着划线次数的增加而减少，并逐步分散开来。如果划线适宜的话，微生物能一一分散，经培养后，可在平板表面得到单菌落。

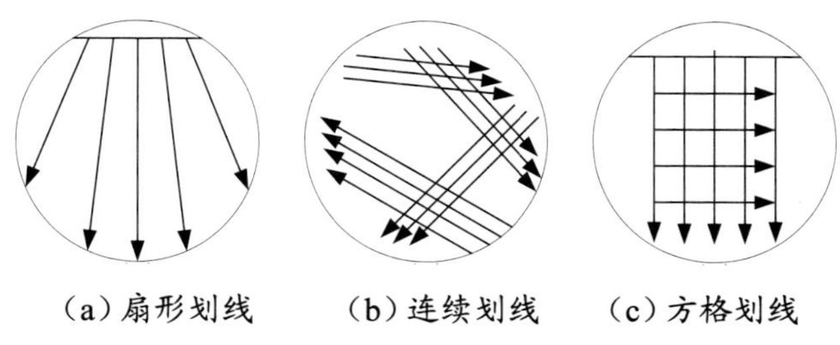

（a）扇形划线　　（b）连续划线　　（c）方格划线

图 1-13　平板划线分离法

稀释摇管法：用固体培养基分离严格厌氧菌有它特殊的地方。如果该微生物暴露于空气中而不立即死亡，可以采用通常的方法制备平板，然后置放在封闭的容器中培养，容器中的氧气可采用化学、物理或生物的方法清除。对于那些对氧气更为敏感的厌氧性微生物，纯培养的分离则可采用稀释摇管培养法进行，它是稀释倒平板法的一种变通形式。先将一系列盛有无菌琼脂培养基的试管加热，使琼脂熔化后冷却并保持在 50℃左右，再将待分离的材料用这些试管进行梯度稀释，并将试管迅速摇动均匀。冷凝后，在琼脂柱表面倾倒一层灭菌液体石蜡和固体石蜡的混合物，将培养基和空气隔开。培养后，菌落在琼脂柱的中部形成。进行单菌落的挑取和移植时，需先用一只灭菌针将液体石蜡（石蜡盖）取出，再用毛细管插入琼脂和管壁之间，吹入无菌无氧气体，将琼脂柱吸出并置于培养皿中，用无菌刀将琼脂柱切成薄片，以便观察和移植菌落。

2. 液体培养基的分离纯培养

对于大多数细菌和真菌，用平板法分离通常是可行的，因为它们的大多数种类在固体培养基上长得很好。截至目前，并不是所有的微生物都能在固体培养基上生长，例如一些细胞大的细菌、许多原生动物和藻类等，这些微生物仍需要用液体培养基分离来获得纯培养。

通常采用的液体培养基分离纯化法是稀释法。接种物在液体培养基中进行顺序稀释，以得到高度稀释的效果，使一支试管中分配不到一个微生物。如果经稀释后的大多数试管中没有微生物生长，那么有微生物生长的试管得到的培养物可能就是纯培养物。如果经稀释后的试管中有微生物生长的比例提高了，得到纯培养物的概率就会急剧下降。因此，采用稀释法进行液体分离，必须在同一个稀释度的许多平行试管中，大多数（一般应超过 95%）表现为不生长。

3. 单细胞（孢子）分离

稀释法有一个重要缺点，它只能分离出混杂微生物群体中占数量优势的种类，而在自然界，很多微生物在混杂群体中都是少数。这时，可以采取显微分离法从混杂群体中直接分离单个细胞或单个个体进行培养以获得纯培养，称为单细胞（或单孢子）分离法。单细胞分离法的难度与细胞或个体的大小成反比，较大的微生物（如藻类、原生动物）较容易，个体很小的细菌则较难。

（四）环境因素对微生物生长的影响

微生物与环境密切相关，环境因素影响微生物的生长繁殖，同时微生物的生长也影响环境。环境条件的变化可引起微生物的形态、生长、繁殖等性状的改变，甚至导致微生物死亡。适宜的环境可以促进有益微生物的生长，而不利的条件可以抑制有害微生物的生长。

1. 物理因素对微生物生长的影响

温度：细菌、放线菌、酵母菌和霉菌，它们绝大多数是中温菌，最适生长温度一般在20～40℃。温度对酶的活性、生化反应速率、微生物的代谢调控机制、菌体代谢产物的合成方向等均会有不同程度的影响。所以，温度会影响细胞生长、产物形成。

不同微生物的最适生长温度差异很大，根据微生物的最适生长温度，可将微生物分成嗜冷微生物、中温微生物、嗜热微生物和超嗜热微生物。能在0℃以下生长的微生物是嗜冷微生物，可分为专性嗜冷微生物和兼性嗜冷微生物。专性嗜冷微生物的最适生长温度为15℃左右，最高生长温度20℃。兼性嗜冷微生物生长的温度范围较广，最适温度在20℃左右，最高生长温度35℃左右。嗜冷微生物的酶活在低温有活性，但在30～40℃时酶会失活。其细胞膜含较高比例的不饱和脂肪酸，能在低温下保持膜的半流动性，从而保证细胞膜的通透性，有利于微生物的生长。绝大多数微生物是中温微生物，其最适生长温度20～40℃，最低生长温度10～20℃，最高生长温度40～50℃，低于10℃则微生物蛋白质合成过程不能启动。中温微生物生长速率高于嗜冷微生物。适宜生长温度为45～50℃的微生物是嗜热微生物，低于40℃便不能繁殖。最适生长温度高于80℃的微生物是超嗜热微生物，大多数属于古菌。

水：微生物的生命活动离不开水。微生物生长环境中水的有效性常以水活度值（water activity，a_w）表示，水活度值是指在一定的温度和压力条件下，溶液的蒸汽压力与同样条件下纯水蒸气压力之比，即

$$a_w=P_w/PO_w$$

式中 P_w 代表溶液蒸汽压力，PO_w 代表纯水蒸气压力。纯水的 a_w 为1.00，溶液中溶质

越多，a_w 越小。微生物一般在 a_w 为 0.60 ～ 0.99 的条件下生长，对某种微生物而言，α_w 过低时，微生物生长的迟缓期延长，比生长速率和总生长量减少。微生物不同，其生长的最适 a_w 不同（表 1-6）。一般而言，细菌生长最适 a_w 较酵母菌和霉菌高，而嗜盐微生物生长的最适 a_w 则较低。

表 1-6　几类微生物生长最适 a_w

微生物	一般细菌	酵母菌	霉菌	嗜盐细菌	嗜盐真菌	嗜高渗酵母
a_w	0.91	0.88	0.80	0.76	0.65	0.60

辐射：辐射是能量通过空间传播的一种物理现象。能量借波动传播的现象称为电磁辐射，与微生物有关的电磁辐射主要有可见光和紫外光。而能量借原子或亚原子粒子高速传递的现象称为微粒辐射。与微生物有关的微粒辐射有 X、α、β 和 γ 射线，它们均能引起被作用物的电离，所以也称为电离辐射。电离辐射可使微生物死亡，因而具有杀菌作用。

此外，表面活性剂、高压、超声波等均可影响微生物的生长和繁殖。

2. 化学因素对微生物生长的影响

氢离子浓度：氢离子浓度通常以 pH 表示。环境的 pH 对微生物生命活动影响极大。pH 可引起细胞膜电荷的变化，从而影响微生物对营养物质的吸收；pH 影响酶的活性。每种微生物都有其生长最适的 pH 范围。有些微生物能在低 pH 条件下生长，称嗜酸性微生物，如氧化硫硫杆菌。在中性条件下生长的微生物称为嗜中性微生物。有些微生物能在高 pH 条件下生长，称嗜碱性微生物，如巴斯德芽孢杆菌能在 pH=11 的环境中生长。微生物外环境 pH 变化很大，但细胞内 pH 相当稳定，一般都接近于中性。这避免了 DNA、ATP、菌绿素、叶绿素、RNA、磷脂等重要成分被酸碱破坏。胞内酶的最适 pH 一般为中性，位于周质空间的酶和分泌到胞外的酶的最适 pH 则接近于环境的 pH。嗜酸及嗜碱微生物都具有维持细胞内 pH 接近中性的能力。嗜酸微生物在酸性环境中，细胞膜可以阻止氢离子进入细胞。嗜碱微生物在碱性条件下，可以阻止钠离子进入细胞。

一方面，pH 会影响微生物的生长繁殖，pH 超过一定范围时甚至可引起死亡。强酸、强碱都具有杀菌作用，弱酸、弱碱有抑菌作用。因此，某些有机酸（如苯甲酸）可作防腐剂。面包和食品中常加入丙酸防霉，酸菜、饲料的青贮利用了发酵产生乳酸抑制腐败菌生长的原理。另一方面，微生物的代谢活动也会改变环境的 pH。许多细菌和真菌分解碳水化合物产酸，使环境变酸性；有些微生物分解蛋白质时产氨，使环境变碱性。环境的 pH

因微生物代谢而产生变化，反过来又会影响微生物的生长繁殖。因此，在培养微生物时要采取相应的措施控制环境的 pH。

氧化还原电位：氧化还原电位（用 Eh 表示）代表环境中氧化剂的相对强度。氧化还原电位与氧分压有关，也与 pH 有关。氧分压高，氧化还原电位高。pH 高，氧化还原电位低；pH 低，氧化还原电位高。氧化还原电位主要影响微生物细胞中许多酶的活性，也影响细胞的呼吸作用。好氧微生物的 Eh 值在 0.1V 以上，最适为 0.3 ～ 0.4V。厌氧微生物只能在 0.1V 以下生长，以 −0.1V 为宜。兼性厌氧微生物在 0.1V 以上进行好氧呼吸，在 0.1V 以下进行发酵或无氧呼吸。微生物生长可能改变环境的氧化还原电位，故常在培养基中通入空气或加入氧化剂来提高氧化还原电位，以培养好氧微生物。在培养基中加入还原性物质降低氧化还原电位，以培养厌氧微生物。

根据微生物与氧的关系，可将微生物分为 5 类，分别为专性好氧微生物、专性厌氧微生物、兼性微生物、微需氧微生物和耐氧微生物。专性好氧微生物缺氧时不能生长，培养好氧微生物必须保证通气良好，通常采用振荡、搅拌等手段供氧。专性厌氧微生物能在无氧的环境中生长，氧对它们会产生毒害而导致死亡，必须提供严格厌氧环境才能保证其生长。兼性厌氧微生物范围较广，种类较多，在有氧和无氧的环境下均能生长，它们有两套酶系统，可以保证微生物在有氧的情况下进行有氧呼吸，在无氧的情况下进行无氧呼吸而获得能量。它们在有氧环境下生长更好。微需氧微生物只能在氧浓度很低（氧分压 1×10^3 ～ 3×10^3Pa）的条件下才能生长。耐氧微生物是一类在有氧条件下进行厌氧生活的厌氧菌，没有呼吸链，靠发酵获得能量，细胞内有超氧化物歧化酶和过氧化物酶，但无过氧化氢酶，生长不需要氧，分子氧对它们也无害。

重金属及其化合物：重金属及其化合物都有杀菌作用，最强的是 Hg、Ag 和 Cu。重金属离子带正电，容易与带负电的菌体蛋白结合使其凝固变性，或者它们进入细胞后与酶的 -SH 基结合使酶失活。重金属盐类是蛋白质的沉淀剂，能产生抗代谢作用，或与细胞内主要代谢产物发生螯合作用，或取代细胞结构中的主要元素，使正常的代谢物变为无效化合物，抑制微生物生长或导致死亡。$HgCl_2$、$AgNO_3$ 和 $CuSO_4$ 都是常用的重金属化合物。

卤素及其化合物：卤族元素的杀菌能力强弱的排序为 F>Cl>Br>I，其中 Cl 和 I 最常用。碘是强杀菌剂，将含碘 3% ～ 7% 与含乙醇 70% ～ 83% 的两种溶液混合配制成的碘酊、或含碘 5% 与含碘化钾 10% 的两种溶液混合都是有效的皮肤消毒剂。氯气和次氯酸钙常用于饮水消毒，其杀菌机理是氯与水结合产生了次氯酸（HClO），次氯酸易分解产生新生态氧［O］，［O］的杀菌力较强。

有机化合物：酚、醇、醛是常用的杀菌剂。低浓度的酚可破坏细胞膜组分，高浓度酚可凝固菌体蛋白。酚还能破坏结合在膜上的氧化酶与脱氢酶，引起细胞迅速死亡。常用的酚类有苯酚和甲酚。醇是脱水剂，也是脂溶剂，它能溶解细胞膜中的类脂，破坏细胞膜的结构，并能使蛋白质脱水变性，损害细胞膜而具有杀菌力。常用 70% ～ 75% 的乙醇进行表面消毒。醛类的作用主要是使蛋白质烷基化，破坏蛋白质的氢键或氨基，改变酶或蛋白质的活性，使细菌的生长受到抑制或死亡。常用的醛类有甲醛、戊二醛等。

染料：特别是碱性染料，低浓度就可抑制细菌生长，如孔雀绿、亮绿、结晶紫等。革兰氏阳性细菌比革兰氏阴性细菌更敏感，其杀菌抑菌机理可能是碱性染料离子干扰了细胞的氧化过程。碱性染料的阳离子能与细胞蛋白氨基酸的羧基或核酸上的磷酸基结合，形成弱电离的化合物，使细胞蛋白失去活性，妨碍菌体的正常代谢，抑制生长。

第二章　酱香型白酒酿造微生物

微生物是酱香型白酒发酵生产的内在动力，是酱香型白酒乙醇生成和风味物质形成的根本因素。参与酱香型白酒发酵产酒、生香的微生物种类有很多，包括细菌、放线菌、酵母、丝状真菌等。酱香型白酒生产是一个开放的系统，各种微生物进入酿酒发酵体系，做出不同的贡献。根据酱香型白酒酿造微生物来源不同，微生物可以分为酿造原辅料来源微生物、酱香型高温大曲来源微生物、酿造用水来源微生物、生产环境空气来源微生物、酿酒工器具来源微生物等。目前有关酱香型白酒酿造微生物的研究，主要集中在酱香型高温大曲的微生物、堆积发酵过程的微生物、不同轮次发酵酒醅的微生物以及生产环境空气来源微生物的研究等方面。因此有关酱香型白酒酿造微生物，我们主要介绍和讨论酱香型高温大曲、酱香型酒醅、酱香型白酒生产环境中的微生物。

第一节　酱香高温大曲中的微生物

在20世纪60年代的茅台试点总结中，从茅台酒酱香型高温大曲中分离得到了细菌、霉菌、酵母等微生物，发现嗜热芽孢杆菌有更为关键的作用。在整个高温制曲过程中，细菌数量占绝对优势，一般都占三大类微生物总数的90%以上。出房干曲中，细菌占99%左右，霉菌占1%，酵母则检测不出。早在20世纪80年代，贵州省轻工业科学研究所就开始采用传统可培养分离技术，对茅台酱香高温大曲中的微生物进行分离，共得到95种微生物，其中细菌47株、霉菌29株、酵母菌19株，通过菌株纯种及混种制曲实验，发现嗜热芽孢杆菌、曲霉、毛霉、红曲霉等为酱香高温大曲中的有益菌类，而各类微生物的菌落计数结果也初步证实酱香高温大曲中微生物菌群的分布呈现出细菌数量最多，霉菌次之，酵母菌数量最少的规律。在茅台酱香高温大曲制曲过程中，对各阶段微生物种类的动态进行监测，研究者总结出在整个制曲过程的前期以细菌为主，中后期霉菌类群占据一定优势的大曲微生物消长规律。在此研究基础上，利用可培养分离法对不同培养阶段的茅台酱香大曲中的微生物菌群进行系统性的分析和分离培养，共从茅台酱香高温大曲中分离出

200种以上的菌株，明确细菌在酱香大曲整个制作过程中为优势微生物类群，确立了以芽孢杆菌属为主，醋酸菌属、乳酸菌属和梭菌属所组成的酱香大曲细菌菌群结构；以曲霉属为主，毛霉属、根霉属、红曲霉属和木霉属所组成的霉菌菌群结构，以及以酿酒酵母属为主的酵母菌菌群结构。研究还发现，在酱香高温大曲曲块的不同位置，细菌、酵母菌、霉菌三大类微生物类群的分布也呈现差异。

一、酱香高温大曲中的微生物

酱香高温大曲中的微生物主要有细菌、霉菌、酵母、放线菌等。酱香高温大曲被普遍认为是细菌曲，其细菌的含量有10^8CFU/g，远远高于霉菌和酵母含量3～4个数量级。细菌被称为“生香动力”。用传统可培养方法从酱香高温大曲中分离细菌，通过形态特征和生理生化试验鉴定分离筛选得到的细菌，芽孢杆菌属（*Bacillus* sp.）是酱香高温大曲中的优势菌，有很强的耐热能力，在酒醅发酵体系中能够大量生成高温型淀粉酶、蛋白酶等水解酶类，促进酿酒原料的降解，同时能够代谢产生多种游离氨基酸，经过发酵体系中的美拉德反应，产生酱香风味，是酱香型白酒风味形成的重要微生物。茅台酱香高温酒曲中分离到芽孢杆菌属产淀粉酶的优良菌株，习酒酱香高温酒曲中也分离到产淀粉酶的芽孢杆菌。从酱香高温大曲中分离得到的芽孢杆菌属菌株，还能增加游离氨基酸的种类和数量，促进美拉德反应迅速发生，有利于酱香型白酒香味物质的形成。从酱香高温大曲中分离得到了产酱香的细菌，经液体培养发现其发酵液在6天后呈现明显的酱香，并在发酵液中检测到了乙偶姻、四甲基吡嗪以及呋喃酮。研究证实，四甲基吡嗪是由功能菌株转化前体物质乙偶姻生成的。

采用高通量测序技术对酱香高温大曲中细菌类菌群的多样性进行分析，确定酱香型大曲细菌的主体类群组成为厚壁菌门（Firmicutes）。其中，芽孢杆菌科（Bacillaceae）和高温放线菌科（Thermoactinomycetaceae）是酱香型高温大曲细菌的优势种类。

霉菌在酿酒过程中具有产酶、产香及产色素等多种功能。霉菌是酿酒生产前期发酵原料中淀粉、蛋白质等生物大分子物质降解的主要动力，在霉菌产生的丰富酶系中，糖化酶和蛋白酶是霉菌主要分泌的酶，它们对酿造原料具有良好的降解功能，分解后的产物可被其他微生物利用，对产酒具有积极的促进作用；从酱香高温大曲中分离得到的霉菌经过香气成分分析，确定曲霉属、木霉属、根霉属、红曲霉属等能为酱香型白酒独特风味的形成提供曲香、酯香和果香，同时在生长代谢过程中还产生一些呈香物质，组成酱香型白酒独特的风味。

酱香型白酒的酿造离不开酱香高温大曲中酵母菌的发酵作用。酵母功能的研究主要包括产酒和产香。粟酒裂殖酵母（*Schizosaccharomyces pombe*）、酿酒酵母（*Saccharomyces cerevisiae*）、*Kazachstania exigua*、白地霉（*Geotrichum candidum*）、东方伊萨酵母（*Issatchenkia orientalis*）、*Candida krusei* 等酵母都能表现出较好的发酵能力。产香酵母能够产生以酯香为主的多种香味，这些香味物质对赋予酱香型白酒酒体浓郁的芳香及促进酒体完美和丰满具有重要作用。从酱香高温大曲中分离得到的产香功能酵母能够产生多种香味物质。研究发现，东方伊萨酵母（*Issatchenkia orientalis*）能产生有机酸类和高级醇类香味物质，卡斯特假丝酵母（*Candida casterllani*）能产生乙酸乙酯、异丁醇等香味物质。本课题组也从酱香型高温大曲中分离出了多株产乙酸乙酯、异戊醇、乙酸苯乙酯等香味物质的酵母。

放线菌在白酒酿造过程中可能产生影响白酒酒体风味的物质，但相对于其他三大类微生物，对放线菌的研究还没有引起人们足够的重视。我们的课题组从酱香高温大曲中分离筛选到不同的放线菌，经鉴定分别为可可链霉菌（*Streptomyces cacaoi*）、沙阿霉素链霉菌（*Streptomyces zaomyceticus*）、孟加拉链霉菌（*Streptomyces bangladeshensis*），这些放线菌均是从酱香高温大曲中发现并分离纯化的。在酱香高温大曲中通过采用有效的分离方法对放线菌进行分离培养，并对其酶活性质及发酵代谢产物进行分析，对了解放线菌在酱香高温大曲中的作用是非常必要的，也为放线菌在酱香型白酒酿造中的地位和作用研究奠定了基础。

酱香高温大曲是微生物资源的宝库。这些微生物经高温、高酸等特殊环境下生存、繁殖和驯化，具有特异的生存能力，对乙醇、高温、高酸等条件的耐受性增强，可产生多种生物酶及次生代谢产物，不仅为白酒的酿造，更为现代酶制剂、药物、饲料、香料、食品等产业提供了丰富的微生物菌种资源。

二、酱香高温大曲中的未培养微生物

酱香高温大曲中的微生物十分复杂，许多微生物不能采用传统方法分离培养。本课题组利用荧光定量 PCR 方法测定酱香高温大曲中的细菌含量在 10^9copies/g，真菌含量在 10^5 ～ 10^6copies/g。高通量测序技术作为现代生物技术，可用于分析酱香高温大曲中的微生物多样性和菌群结构，有助于相关研究。高通量测序技术不断进步，已被广大研究者用于探究酱香高温大曲中的微生物多样性和菌群结构。

（一）酱香高温大曲中细菌的多样性和菌群结构

酱香高温大曲是细菌曲，其细菌含量及种类非常复杂。目前，人们对酱香高温大曲的研究通常采用高通量测序技术来分析和解析酱香高温大曲中的细菌多样性和菌群结构。从目前的研究来看，以芽孢杆菌属（*Bacillus* sp.）、高温放线菌属（*Thermoactinomyces* sp.）、耐热魏斯氏属（*Thermo-Weissella* sp.）、乳球菌属（*Lactococcus* sp.）、魏斯氏菌属（*Weissella* sp.）等为代表的细菌类群在酱香高温大曲中广泛存在。对酱香高温大曲来说，其制作过程中的发酵温度超过60℃，相对细菌生长温度来说极高。在这样的环境下，这些具有较强耐热性的微生物能够更好地生存和繁衍。

对酱香高温大曲中的细菌研究，目前研究最为透彻的是芽孢杆菌属（*Bacillus* sp.）微生物，对于酱香高温大曲的产香作用，该类微生物扮演着核心角色。在制曲过程中，芽孢杆菌属微生物不仅能在高温环境条件下生存，还能通过自身的代谢活动产生一系列重要的酶类、多种游离氨基酸以及吡嗪等风味组分，而这些风味物质最终在酱香风味的形成中发挥了重要作用。对不同地区及不同季节制作的酱香高温大曲而言，其中的芽孢杆菌属微生物在种类及丰度方面也会存在一定的差异，进而造成各地酱香高温大曲品质的差异。由此可见，芽孢杆菌属微生物类群在酱香高温大曲的生产中具有不可忽视的作用。通过深入研究芽孢杆菌属类群的生长代谢机制及其与大曲风味组分形成的相互关系，可以为提高酱香高温大曲的品质提供科学数据。

此外，近年来有关酱香高温大曲的研究逐步揭示了酱香高温大曲中高温放线菌属（*Thermoactinomyces* sp.）、耐热魏斯氏属（*Thermo-Weissella* sp.）、魏斯氏菌属（*Weissella* sp.）等细菌类群也是酱香高温大曲细菌微生物群落的重要成分，因此探究这些细菌微生物类群在酱香高温大曲中的潜在功能特性也成为今后该领域研究需要重点关注的问题。

（二）酱香高温大曲中酵母的多样性和菌群结构

过去普遍认为酱香高温大曲是细菌曲，酵母在酱香高温大曲中很少或者没有，但我们课题组研究及现代许多文献报道证实，酵母菌也是酱香高温大曲中一类关键微生物，是酿造过程中发酵动力的来源之一，更是乙醇发酵的核心微生物类群，具备产酒、产香两方面的能力。在酱香高温大曲制曲过程中，酵母微生物类群在低温培菌期占据一定的优势地位，后续随着制曲温度的升高，大部分酵母微生物类群会逐渐消亡，但仍有少部分酵母微生物会维持一定的数量并转变为休眠状态，在后续酱香高温大曲的利用过程中发挥作用。

酱香高温大曲中发现较多的酵母微生物菌群包括酿酒酵母（*Saccharomyces cerevisiae*）以及假丝酵母（*Candida* sp.）、伊萨酵母（*Issatchenkia* sp.）、扣囊覆膜酵母（*Saccharomycopsis fibuligera*）、毕赤酵母（*Pichia* sp.）等酵母微生物类群，同时酱香高温大曲中的酵母属微生物菌株也具有一定的耐高温特性，许多分离自酱香高温大曲中的酵母属微生物菌株在45℃以上仍然能够较好地生长。

从功能上分析，酱香高温大曲中以酿酒酵母为代表的酵母微生物类群主要展现出极强的产酒精能力，而假丝酵母、扣囊覆膜酵母、毕赤酵母等酵母微生物类群则主要具备代谢合成醇、酸、酯类等风味组分的功能；同时，酱香高温大曲中也会富集一定量的以兼具良好的产酒、产香能力为特征的粟酒裂殖酵母（*Schizosaccharomyces pombe*）、伊萨酵母（*Issatchenkia* sp.）等酵母微生物。

目前针对酱香高温大曲中酵母微生物类群的研究依然较少，但从已有的研究来看，酱香高温大曲中部分酵母微生物类群依然能够对酱香高温大曲香气物质的形成产生影响，因此，关于酱香高温大曲中酵母微生物类群功能及其与酱香高温大曲品质关联的研究也是今后重要的研究方向。

（三）酱香型高温大曲中霉菌的多样性和菌群结构

在酱香高温大曲中，霉菌是一类具有糖化降解作用的微生物。目前的研究显示，酱香高温大曲中的霉菌种类繁多，它们在生物大分子物质降解方面的能力比较突出。曲霉属（Aspergillus sp.）、热子囊菌属（*Thermoascus* sp.）、根霉属（*Rhizopus* sp.）与横梗霉属（*Lichtheimia* sp.）等为酱香高温大曲中较为普遍的霉菌属，其中又以热子囊菌属与曲霉属微生物最为丰富。这些霉菌微生物通过多种功能性酶的分泌代谢，对淀粉、纤维素等碳水化合物降解过程具有明显的促进作用，也能够在一定程度上决定酱香高温大曲的发酵品质特征。除了具备很强的酶代谢功能外，霉菌在风味组分代谢生成方面的能力也在近些年被发掘出来，如从酱香高温大曲中分离到的阿姆斯特丹散囊菌（*Eurotium amstelodami*）、红曲霉（*Monascus purpureus*）被证实具备合成高级醇、酮类和呋喃类等风味组分的能力，而黑曲霉（*Aspergillus niger*）、嗜热真菌属（*Thermomyces* sp.）也拥有发酵代谢酚类、醇类和呋喃类等香气组分的特点，这些研究无疑在不断改变学术界对酱香高温大曲中霉菌微生物类群功能特性的认识。

三、酱香高温大曲中的可培养微生物

经典的微生物分离培养鉴定方法为可培养技术，该技术就是利用合适的选择培养基有效地对样品中能够培养的微生物进行分离、培养和鉴定，根据菌落与显微镜下的形态观察、生理生化特性等鉴定指标对微生物进行归类，再通过分子鉴定技术进一步确定微生物种类。此方法操作简单、成本低，普遍应用于企业技术人员和科研机构的学者对初期样品中微生物的分离鉴定以及消长规律的研究。只有通过分离培养微生物，才能对其进行功能研究，可培养的分离纯化技术也是研究功能微生物的关键。

（一）细菌

酱香高温大曲被普遍认为是细菌曲，细菌的含量有 10^8 CFU/g，远远高于霉菌和酵母 3 ～ 4 个数量级。用传统可培养方法从大曲中分离细菌，通过形态特征和生理生化试验鉴定细菌，大量研究表明，芽孢杆菌属是大曲中的优势菌，有很强的耐热能力，在发酵体系中能够生产大量高温型淀粉酶和蛋白酶，促进酿酒原料的降解，同时能够代谢产生多种游离氨基酸，经过发酵体系中的美拉德反应，产生酱香风味。

课题组从贵州不同酱香高温大曲中分离得到很多细菌株，经简单染色后，在光学显微镜下观察，对得到的部分菌株进行初步鉴定，结果如下：

Bacillus amyloliquefaciens（解淀粉芽孢杆菌）：细胞呈杆状、单生，细胞直径 0.8 ～ 3.0μm，有芽孢产生，革兰氏阳性。

Bacillus licheniformis（地衣芽孢杆菌）：细胞呈杆状、单生，细胞直径 1.0 ～ 3.0μm，有芽孢产生，革兰氏阳性。

Bacillus subtilis（枯草芽孢杆菌）：细胞呈杆状，很少成链，鞭毛侧生，内生孢子，0.8×1.5 ～ 0.8×2.5μm，有芽孢产生，革兰氏阳性。

Bacillus methylotrophicus（甲基营养芽孢杆菌）：细胞呈细短杆状，有芽孢形成，细胞直径 1.0 ～ 2.0μm，革兰氏阳性。

Acinetobacter baumannii（鲍氏不动杆菌）：细胞呈粗短杆状，无鞭毛，不形成芽孢，细胞直径 1.0 ～ 2.0μm，静止时呈球状，革兰氏阴性。

Acinetobacter calcoaceticus（醋酸钙不动杆菌）：细胞呈短杆状，无鞭毛，不形成芽孢，细胞直径 1.0 ～ 2.5μm，革兰氏阴性。

Pseudomonas aeruginosa（铜绿假单胞菌）：细胞呈杆状，细胞直径 (0.5 ～ 0.8)×

(1.5 ～ 3.0)μm，成对或成短链，细胞能运动。

Exiguobacterium aurantiacum（金橙黄微小杆菌）：细胞呈杆状，细胞直径 1.1 ～ 2.2 μm，革兰氏阳性，细胞能运动。

Staphylococcus aureus（金黄色葡萄球菌）：细胞呈球状，细胞直径 0.8 ～ 1.0μm，细胞单个、成对和多于一个平面分裂成不规则的堆团，细胞不运动。

对分离纯化得到的细菌进行生理生化实验，其结果与初步鉴定结果一致。

采用 16*s* rDNA 测序方法对分离得到的菌株进行分子鉴定，并对 DNA 序列进行扩增，将所得测序结果输入 NCBI 中进行 BLAST 比对，用 Neighbor-Joining 法构建目标菌的系统发育树，比对结果显示它们的相似性达到 99%，结合菌落形态及生理生化实验，将其鉴定。

细菌作为酱香高温大曲的三大微生物类群之一，在酿造过程中呈现出种类多、功能多的特点，是发酵生香的动力来源，细菌多样性和丰富度高的大曲，对酱香型白酒良好风味特征的形成具有重要影响。

分离鉴定出的细菌株，分属于不同的属，酱香高温大曲中的细菌属主要由芽孢杆菌属组成。其中地衣芽孢杆菌（*Bacillus licheniformis*）和解淀粉芽孢杆菌（*Bacillus amyloliquefaciens*）在酱香高温大曲中的含量都比其他细菌多，是典型的嗜热芽孢杆菌，也是酱香高温大曲中产酱香功能的细菌，在发酵体系中能产生大量淀粉酶以及蛋白酶。

酱香高温大曲中的细菌种类繁多，主体类群结构相似。温度为酱香高温大曲细菌群落形成的重要因素，通过 40 余天的固态发酵培养，从 45℃升温期到 65℃高温期再回落到 45℃的降温期，酱香高温大曲细菌类群均呈现一定程度的增长，成熟期品温接近环境温度时，细菌总量趋于稳定。

（二）高温放线菌属

使用现代测序技术方法进行试验，对酱香高温大曲中微生物的多样性和菌群结构组成有了更全面的了解，分析发现酱香高温大曲中高温放线菌属（*Thermoactinomyces* sp.）丰度高，相对含量占比 34.40%，高于芽孢杆菌属。课题组建立了一种在酱香高温大曲中有效分离筛选高温放线菌的方法，开展了高温放线菌的分离筛选及特性研究，初步揭示出高温放线菌具有一定的功能性作用，因而开展了针对酱香高温大曲中以高温放线菌为代表的微生物资源的发掘，具有很好的科学意义和实际应用价值。

以改良高氏培养基分离筛选高温放线菌，所有菌株的筛选均采用平板涂布分离法，根据高温放线菌在培养基上的菌落形态特征挑选出目标菌株，接入改良的高氏培养基上进行多轮次菌株的分离纯化，最终得到纯种菌株，分离得到的高温放线菌菌株保藏于贵州大学发酵工程与生物制药重点实验室。这些高温放线菌的具体形态特征如下：

FBKL4.005：菌落呈圆形，基内菌丝为淡黄色，气生菌丝为白色至乳脂色，菌落凸起、干燥致密，难挑起，孢子为灰白色，无可溶性色素产生，菌落直径 8 ～ 10mm；基内菌丝由有分支的长菌丝组成，菌丝直径约 500nm，气生菌丝由长菌丝及长度为 1 ～ 2μm 的短菌丝组成，孢子链成直链状，孢子呈圆形，直径约 1.79μm。

FBKL4.006：菌落呈菊花状，基内菌丝为淡黄色，气生菌丝为白色至乳脂色，菌落凸起、半干燥，易挑起，孢子为白色，无可溶性色素产生，菌落直径 15 ～ 17mm；由长菌丝和分支菌丝组成，长菌丝直径 345nm，分支菌丝中短菌丝约 551nm，分支菌丝中长菌丝约 121μm，孢子链成直链状，孢子呈圆形和椭圆形，直径约 4.13μm。

FBKL4.007：菌落呈菊花状，基内菌丝为淡黄色，气生菌丝为白色至乳脂色，菌落凸起、半干燥，难挑起，孢子为白色，无可溶性色素产生，菌落直径 3 ～ 5mm；由长菌丝和分支菌丝组成，长菌丝直径约 466nm，分支菌丝直径约 362nm，断裂的菌丝片段长约 2.69μm，孢子链成直链状和 Y 字形，孢子链长度最长约 18.92μm，孢子呈圆形，直径约 1.38μm，菌丝直径约 2.01μm。

FBKL4.008：菌落呈圆形，基内菌丝为淡黄色，气生菌丝为白色至乳脂色，菌落凸起、半干燥，难挑起，孢子为灰白色，无可溶性色素产生，菌落直径 7 ～ 9mm；由长菌丝和分支菌丝组成，长菌丝直径约 496nm，分支菌丝长约 1.16μm，直径约 302nm，孢子链的形状有直链状、弯曲状、V 字形、T 字形等，孢子呈圆形，直径约 2.47μm。

FBKL4.009：菌落呈菊花状，基内菌丝为淡黄色，气生菌丝为白色至乳脂色，菌落凸起、半干燥，难挑起，孢子为白色，无可溶性色素产生，菌落直径约 4 ～ 6mm。由长菌丝和短菌丝组成，长菌丝直径约 535nm，短菌丝长约 1.10μm，孢子链直链状和弯曲状，孢子呈圆形，直径约 2.50μm。

FBKL4.010：菌落呈缺刻圆形，中间隆起、有褶皱，气生菌丝及分生孢子均为白色，气生菌丝较为发达，基内菌丝颜色相近且均无可溶性色素产生，菌丝体主要呈棒状，以形成球状的分生孢子为特征，菌丝体由长棒状菌丝构成，形成的分生孢子呈枝丫状分布在菌丝体上。

FBKL4.011：菌落呈圆形，菌落外形褶皱不明显且存在菌环，气生菌丝及分生孢子均为白色，气生菌丝较为发达，基内菌丝颜色相近且均无可溶性色素产生，菌丝体均主要呈棒状，以形成球状的分生孢子为特征，菌丝体由长棒状菌丝构成，孢子直接着生于菌丝体末端。

FBKL4.012：菌落呈缺刻圆形，菌落外形上存在隆起和褶皱，气生菌丝及分生孢子均为白色，气生菌丝较为发达，基内菌丝颜色相近且均无可溶性色素产生，菌丝体则由短棒状菌丝构成，形成大串的孢子直接着生于菌丝体上，分生孢子密度很大，孢子梗很短。

经分子生物学鉴定，再结合菌株单菌落形态特征、电子显微镜特征、生理生化特征及伯杰氏细菌鉴定手册，FBKL4.005、FBKL4.006、FBKL4.009 三株菌鉴定为嗜温高温放线菌（*Thermoactinomyces thalpohillus*），FBKL4.008、FBKL4.010、FBKL4.012 鉴定为甘蔗莱斯氏菌（*Laceyella sacchari*），FBKL4.007 鉴定为甘蔗高温放线菌（*Thermoactinomyces sacchari*）。

FBKL4.011 是一株新种，进一步对 FBKL4.011 进行多项分类学研究，通过菌株表型、生理生化特征、生物化学分类特征及基因型特征等方面多项分类学数据的分析，FBKL4.011 为 *Thermoflavimicrobium* 属下的新菌种，同时根据新型原核生物命名原则将该菌株命名为 *Thermoflavimicrobium daqui* FBKL4.011。

（三）酵母

早前研究认为，酱香高温大曲制曲发酵过程中品温逐渐升高，在中后期的高温环境下酵母不适合生长，因此在发酵中后期仅能少量或不能检出酵母。后来，许多研究者对酱香高温大曲制曲发酵过程中微生物的分离筛选进行研究，发现了假丝酵母（*Candida* sp.）、丝孢酵母（*Trichosporon* sp.）、汉逊酵母（*Hansenula* sp.）、异常汉逊酵母（*HansenμLa anomala*）、毕赤酵母（*Pichia* sp.）、红酵母（*Rhodotorula* sp.）等不同酵母。课题组采用传统分离筛选方法也从酱香高温大曲中分离到了异常毕赤酵母（*Pichia anomala*）、*Candida kruisii*、*Trichosporon dermatis*、扣囊复膜酵母（*Saccharomycopsis fibuligera*）、东方伊萨酵母（*Issatchenkia orientalis*）、酿酒酵母（*Saccharomyces cerevisiae*）、汉逊德巴利酵母（*Debaryomyces hansenii*）、伯顿毕赤酵母（*Pichia burtonii*）、*Trichosporon terricola* 等，并且从酱香高温大曲成品曲中检出的酵母菌数量在 10^3 ～ 10^5CFU/g，低于细菌数量 2 ～ 3 个数量级。此外，卡斯特假丝酵母（*Candida casterllani*）、*Zygosacharomyces cidrci*、*Hypophichia burtonii*、*Pichia galeiformis*、费比恩毕赤酵母（*Pichia fabianii*）、拜耳结合酵母（*Zygosaccharomyces bailii*）、*Stephanoascusciferrii*、*Pichia meyerae*、*Cryptococcus neoformans*、*Trichosporon jirovecii*、*Trichomonascus ciferrii* 等也在酱香高温大曲中分离发现，说明在酱香高温大曲中仍然存在一定数量的酵母。

课题组对不同酱香高温大曲中可培养的酵母菌进行分离筛选，分离培养了不同的酵母菌株，分别如下：

异常威克汉姆酵母（*Wickerhamomyces anomalus*），无假菌丝、芽殖，有子囊孢子。

扣囊复膜酵母（*Saccharomycopsis fibuliqera*），有假菌丝、芽殖，有子囊孢子。

胶红酵母（*Rhodotorula mucilaginosa*），无假菌丝、芽殖，有子囊孢子。

阿氏丝孢酵母（*Trichosporon asahii*），有假菌丝、芽殖，有子囊孢子。

伯顿毕赤酵母（*Hyphopichia burtonii*），有假菌丝、芽殖，有子囊孢子，细胞呈圆形、卵圆形。

长孢洛德酵母（*Lodderomyces elongisporus*），有假菌丝、芽殖，有子囊孢子，细胞呈圆形、卵圆形。

Issatchenkia，假菌丝、芽殖，有子囊孢子，细胞呈圆柱形、椭圆形、卵圆形。

Rhodosporidium fluviale，有假菌丝、芽殖，有子囊孢子，细胞呈圆形、卵圆形。

光滑假丝酵母（*Candida glabrata*），无假菌丝、芽殖，有子囊孢子，细胞呈椭圆形、卵圆形。

汉逊德巴利酵母（*Debaryomyces hansenii*），无假菌丝、芽殖，有子囊孢子，细胞呈圆形。

新型线黑粉菌（*Filobasidiella neoformans*），无假菌丝、芽殖，无子囊孢子，细胞呈圆形。

将不同酱香高温大曲中分离筛选的可培养酵母构建系统发育树，各酵母测序数据在 GenBank 数据库中进行同源序列搜索，试验菌株与已知菌株序列之间的最高同源性均 ≥ 99%，并结合生理生化实验和细胞形态特征，对上述酵母进行了鉴定。

在分离筛菌过程中，扣囊复膜酵母（*Saccharomycopsis fibuligera*）出现最多。扣囊复膜酵母和异常毕赤酵母（*Pichia anomala*）在酱香高温大曲中处于优势地位。长孢洛德酵母（*Lodderomyces elongisporus*）、红冬孢酵母（*Rhodosporidium fluviale*）、新型隐球酵母（*Cryptococcus neoformans*）均属首次从酱香高温大曲中分离筛选到的酵母。

（四）霉菌

酱香高温大曲中霉菌的含量大约有 10^5CFU/g。由于霉菌特殊的细胞结构及生长特性，如耐热的孢子，其营养体适合在潮湿、多氧的环境条件下生长繁殖，因而在整个酱香高温大曲制作过程中，前期霉菌的数量和种类会大量持续增加，到中期会出现最大值。课题组对酱香高温大曲中霉菌进行研究，曾分离得到青霉、拟青霉、伞枝梨头霉、蓝色梨头霉、微小毛霉、总状毛霉、球形毛霉、米根霉、黑曲霉、黄曲霉、构巢曲霉、紫红曲霉、红色红曲霉、烟色红曲霉、*Monascus pilosus*、*Byssochlamys nivea*、*Gilmaniella* sp.、*Eurotium herbariorum*、*Rhizopus oligosporus*、*Rhizomucor pusillus*、*Moniliella acetoabutens*、*Chrysosporium farinicola* 等。此外，还分离到短尾帚霉、卷枝毛霉、谢瓦尔散囊菌、阿姆斯特丹散囊菌、皮落青霉、离生青霉、娄地青霉、溜曲霉、热带头梗霉等很少被分离报道的霉菌。采用传统分离筛选方法，对酱香高温大曲中霉菌的种类进行分析研究，*Mucor* sp.、*Rhizopus* sp.、*Aspergillus* sp.、*Penicillium* sp.、*Paecilomyces* sp. 和 *Monascus* sp. 等属的霉菌被认为是酱香高温大曲主要的霉菌菌群。

课题组对酱香高温大曲可培养的霉菌进行分离筛选，获得酱香高温大曲中的可培养霉菌共有 10 个属的数十株霉菌，对分离得到的部分霉菌进行菌落形态及显微镜下观察。结果如下：

分枝犁头霉：菌株在 PDA 培养基上以 25℃培养，菌丝呈白色羊毛状，成熟菌丝转变为黄色到不同程度灰色，反面为不同程度浅黄色，最终为不同程度的象牙黄。菌丝透明光滑，偶有分隔；孢囊梗在匍匐枝上单个出现，也有同时出现三个者，光滑直立，孢子囊 20 ～ 80μm，梨形，稍微扁平，灰色，直立，光滑，呈伞状。囊轴 10 ～ 25μm，球形到椭圆形，稍微细长或铲状，很少有轻微的扁平状，有或没有领状环，光滑，比较小的囊轴经常在顶端生出最高 2.5μm 的疣状凸起，球形到椭圆形，具囊托；孢子囊 25 ～ 75μm，梨形，稍扁平；孢囊孢子呈椭圆形，光滑，全部灰色，无厚垣孢子，巨型细胞像手指状的不规则分枝很普遍，直径 30 ～ 38μm，充满很多油株。

总状毛霉：菌落在 PDA 培养基上以 25℃培养迅速生长，5 天长满全培养皿，菌落质地疏松，一般高度在 1cm 以内，呈灰色或褐灰色。孢囊梗以单轴式生出不规则的分枝，长短不一，直径 8 ～ 20μm。囊轴呈球形或近卵形，具囊领；孢子呈囊球形，直径 20 ～ 100μm，浅黄色至黄褐色；孢囊孢子呈短卵形或近球形，(4 ～ 7)×(5 ～ 10)μm。

微小根毛霉：菌落在 PDA 培养基上以 25℃培养生长慢，菌落初为白色，之后变成烟灰色，呈棉絮状，菌落反面为淡灰黄色，无味。孢囊梗开始为白色不分枝，之后变成褐色，稍微显烟灰色，分枝多。直径 6 ～ 12μm；孢子囊呈球形，亮灰色到灰色，边缘易溶解，囊轴呈椭圆形或梨形，孢子囊球形 30 ～ 70μm；孢囊孢子呈球形到近球形，偶有椭圆形。

散囊菌：菌株菌落在 CA 培养基上以 25℃培养生长缓慢，初期为黄色，15 天后逐渐变为褐色，反面有大量褐色素扩散于基质中。菌丝分隔，分生孢子梗大多近顶囊端弯曲，也有直立者，偶有隔；分生孢子头幼时呈球形，老后呈疏松放射形，直径可达 140μm，少数呈疏松短柱形，产孢结构单层；分生孢子呈椭圆形，少数近球形，(2 ～ 5.2)×(3.2 ～ 7.5) μm，壁粗糙，具小刺；闭囊壳呈球形或近球形，黄色，直径 100 ～ 200μm，成熟较快；子囊呈球形，内含 8 个子囊孢子；子囊孢子有明显凸起，但显微结构不很明显。

冠突散囊菌：在 CA 培养基上以 25℃培养生长缓慢，7 天直径 20mm 左右，15 天 30mm，7 ～ 15 天菌落逐渐变成黄色，15 ～ 20 天菌落内部颜色变深至橄榄褐色，周边黄色，25 天变成褐色，菌落扁平。菌落在 20% 蔗糖查氏琼脂上以 25℃培养生长较快，7 天直径 35 ～ 40mm，15 天 60 ～ 80mm，7 天菌落浅绿色，15 ～ 20 天菌落中央逐渐变成黄色，20 ～ 25 天中央肉桂浅黄色至褐色，边缘灰绿色。分生孢子梗茎直立、光滑，分生孢子头幼时呈球形，老后呈疏松放射形，直径可达 140μm，少数呈疏松短柱形；顶囊近球形或烧瓶形，直径 10 ～ 15μm，产孢结构单层；闭囊壳呈球形或近球形，黄色，直径 100 ～ 150μm，成熟较快；子囊孢子呈双凸镜形，具两个明显的纵向鸡冠状突起，宽约 0.8 ～ 1μm，孢子体 (5 ～ 6)×(4 ～ 5)μm，凸面不平粗糙，具尖疣；分生孢子呈椭圆形，少数近球形，大小 (4 ～ 4.8)×(3.2 ～ 4)μm，壁粗糙，具小刺。

阿姆斯特丹散囊菌：在 CA 培养基上以 25℃培养生长缓慢，7 ～ 15 天直径 20 ～ 30mm，逐渐变为亮黄色；20 天时菌落完全呈黄色，平且薄。菌落在 20% 蔗糖查氏琼脂培养基上以 25℃培养生长较快，7 ～ 15 天直径达 45mm 至长满全皿；15 ～ 20 天菌落逐渐变成亮黄色至全部呈亮黄色，平、薄或具不规则皱纹。分生孢子梗生自基质，孢梗茎壁光滑；分生孢子头呈辐射形，95 ～ 180μm，顶囊呈烧瓶形，直径 16 ～ 25μm，产孢结构单层，瓶梗 (5 ～ 7)×(3.2 ～ 3.5)μm；闭囊壳呈球形或近球形，直径 80 ～ 170μm，裸露，亮黄色；子囊孢子呈双凸镜形，(4.5 ～ 5.5)×(3.6 ～ 4.5)μm，两瓣中间有沟及两个不规则的脊，凸面有不规则的粗糙；分生孢子呈球形或近球形，4 ～ 6μm，少数呈椭圆形，(5 ～ 6.5)×(3 ～ 5)μm，壁具有小刺。

产黄青霉：菌落在 CA 上以 25℃培养，12 天直径 35 ～ 50mm，通常有大量放射状皱纹或沟纹，偶有近于平坦者；质地通常呈现显著的绒状，偶有兼具较轻微而疏松的絮状；分生孢子结构大量产生，产生大量的黄色或橘黄色的渗出液滴；反面呈现不同程度的黄色或黄褐色。分生孢子梗发生于基质，孢梗茎 [150 ～ 300 或 (150 ～ 400)]×[2.8 ～ 3.5 或 (2.8 ～ 4.0)]μm，壁平滑；帚状枝三轮生，少量双轮生，偶有四轮生，彼此稍叉开或叉开；副枝 1 ～ 2 个；梗基每轮 2 ～ 5 个，瓶梗每轮 4 ～ 8 个，梗颈短；分生孢子呈现椭圆形或近球形，壁平滑；分生孢子链通常呈现叉开的圆柱状或不规则的圆柱状。顶囊呈烧瓶形，直径 15 ～ 25μm，产孢结构单层分生孢子呈椭圆形或近球形，(3.0 ～ 3.5)×(2.5 ～ 3.0)μm，壁平滑。

宛氏拟青霉：菌落在CA培养基上以25℃培养生长快速，7天达6cm，表面呈粉末状，有时候为絮状，菌株颜色为微黄橄榄色，或淡黄橄榄色到淡褐橄榄色，随着生长时间延长，变成更深的颜色。有霉味，无渗出液，分生孢子梗由轮生的或不规则排列的分枝密集螺环组成，每个有2～7个瓶梗，壁光滑，稍微粗糙或外皮带有颗粒，长(35～90)×(3.5～7.0)μm，但是偶尔有150μm长，瓶梗单生或轮生，大小多变，大多(12～20)×(2.5～5.0)μm，但也有达到35μm长的，由圆柱形或椭圆形的基底部分组成，突然减小时会进入一个长的圆柱形，1.0～2.0μm宽的瓶颈，有时候弯曲远离主轴。瓶梗有一个内增厚壁，瓶梗呈螺旋形或单独排列，基部近圆柱形，有的弯曲，上部变细，呈细长瓶颈；分生孢子光滑，呈椭圆形或梭形，大小不一，(4～10)×(2～5)μm，基部平截，形成长而发散的孢子链。

红色红曲霉：菌落在MEA培养基上以25℃培养，生长14天直径达到7cm，在中央有浅灰褐色的菌丝，边缘白色，绒毛状，具有辐射状沟，菌落反面为红褐色到黑褐色。子囊果呈球形，30～60μm，半透明到淡红褐色，壁由菌丝组成，球状；分生孢子着生在菌丝及其分枝的顶端，单生或以向基式生出2～7个成链，呈卵形或梨形，一端平截，(5～6)× (3～4)μm，光滑；子囊果呈球形至亚球形，直径20～70μm，外壁包围着菌丝；子囊孢子呈卵形至椭圆形，(6～7)×(3～4)μm，光滑，透明。

Thermoascus crustaceus：菌落在CA培养基上质地为絮状兼粒状，菌落不平，整体疏松隆起，呈不规则形；瓶梗单生或出现不规则花序轮生，两个或三个在枝端，基部膨大近圆柱形，稍弯曲。分生孢子梗分隔、透明、光滑，主要产生于基内菌丝，有时也发生于气生菌丝，高达100μm，直径4～10μm，其顶部产生不规则的分支，且通常二次分枝。分生孢子呈椭圆形或圆柱形，两端圆，壁平滑，透明至浅棕色，成长链状。未观察到有性型。

构巢曲霉：菌落在CA培养基上以25℃培养，生长14天直径45～65mm，质地毡状，平坦。分生孢子结构大量，呈不同程度的绿色，产生大量的闭囊壳，有壳细胞包围，使表面呈现絮状颗粒结构，菌落带黄褐色，近于鹿褐色，无渗出液。闭囊壳呈球形，暗紫红色，直径100～250μm，外面由壳细胞所包围，呈现淡黄色，子囊近球形，8～12μm，一般在两周内成熟，子囊孢子呈双透镜形，3.5～5μm，具有两个完整的赤道冠，具褶，紫红色，凸面光滑。分生孢子梗生自基质或气生菌丝，孢梗颈较短，稍弯曲，带茶褐色，壁光滑，分生孢子呈球形，粗糙。

灰黄青霉：菌落在CA培养基上以25℃培养12天，中心有脐状突起而中部面上有不太明显的同心环纹，质地通常为绒状，带轻微絮状，边缘面上的颗粒状通常更为突出。帚状枝多是四轮生，三轮生者相对较少，叉开，其分枝点通常有 2 ～ 3 个或更多，且显得分散；副枝通常有 2 ～ 3 个，可达 4 ～ 5 个；类副枝通常 2 个，偶有 3 个。分生孢子梗发生于基质或在孢梗茎；梗基每轮 2 ～ 4 个，顶端通常膨大；瓶梗每轮 5 ～ 7 个，瓶状，短，梗颈也短；分生孢子呈近球形或宽椭圆形，壁平滑；分生孢子链呈现较紧密而叉开的圆柱形或近圆柱形。

聚多曲霉：菌落在 CA 培养基上以 25℃ 培养，7 天直径约 22mm，10 ～ 12 天为 25 ～ 40mm，质地为丝绒状至絮状，致密；颜色呈灰蓝色至暗蓝色，初期稍淡，老后渐深，近于暗蓝灰绿色；具大量渗出液，褐色至暗褐色；菌落反面呈淡褐色或暗褐色至酱色，色素扩散于基质中。分生孢子头呈球形至辐射形，一般直径为 52 ～ 125μm；小分生孢子头似青霉状，呈疏松形或散乱；分生孢子梗直接生于基质或气生菌丝；顶囊较小，近球形或稍呈椭圆形；有的小分生孢子头仅有分生孢子，梗茎顶端稍膨大后生出产孢细胞，有时还可见气生菌丝上直接生有瓶梗。

卷枝毛霉：菌落在 PDA 培养基上以 25℃培养快速生长，7 天铺满整个培养皿。菌落正面为白色，反面淡灰色，棉絮状，无味。孢囊梗透明，多次分枝，形成两层不同的高度，较长的直立，较短的常常弯曲。孢子囊为褐色，囊轴呈球形到椭圆形，孢囊孢子壁粗糙，呈球形或卵形，厚垣孢子少或无。

溜曲霉：菌落在 CA 培养基上以 25℃培养，14 天直径 50 ～ 60mm，质地为丝绒状，中央部分出现絮状，分生孢子结构较多，初为暗黄绿色，后呈现棕褐色，近于栗色，无渗出液，菌落反面为微褐色。孢梗茎壁光滑或粗糙，顶囊呈球形至烧瓶形，产孢结构双层，小顶囊有时只有瓶梗。分生孢子较大，近球形，少数为椭圆形，分生孢子头呈球形，呈瘤状突起。

娄地青霉：菌落在 CA 培养基上明显平展，在室温培养 14 天直径为 6.0 ～ 6.5cm，孢子大量，表面呈绒状，相当平滑或平坦，边缘宽阔，白色，薄，呈蛛网状，表面的散射部分菌丝像面纱，有部分仅仅在培养基表面以下，绿色孢子区域下的菌丝有不均衡的辐射线，帚状枝多变，从单轮生结构到根基和小梗轮生体，或紧凑的分枝体系，有一个或多个长的紧贴或发散的分枝，有时候会有一个聚伞状外观。着生分生孢子在长的紊乱链上或形成松散的圆柱形，分生孢子一般很短，从气生菌丝环向上，或以营养菌丝的潜入部分向上，经常分枝，壁有颗粒，外层有大小多变的突起。分生孢子呈球形或近球形，一般在 3.5 ～ 5.0μm 变化，壁光滑，大多为墨绿色。

小孢根霉：菌落在 PDA 培养基上迅速生长，5 天长满全皿。菌落初期为白色，3 天时，菌落呈现灰白各半，后期产生大量肉眼可见的黑点，呈棉絮状，背面不变色。菌丝无隔膜、含有多个细胞核，有假根。孢囊梗从假根处向上直立生长，多数丛生，但不分枝。囊轴呈卵形、椭圆形或球形，灰黑色。孢子囊为球形，孢囊孢子呈椭圆形或近球形，无色透明，壁光滑至稍粗糙。

烟曲霉：菌落在查氏琼脂上以 25℃培养，8 天直径 50 ～ 56mm，中心稍凸起或平坦，有少量辐射状皱纹或无，有同心环或无；质地丝绒状到絮状，或絮状，有的菌株呈丝绒状到颗粒状，菌落反面为黄褐色、淡黄色或带绿的淡黄色。分生孢子梗发生于基质，少量发生于气生菌丝，通常前者的孢梗茎较长，后者的较短，顶囊呈烧瓶状。分生孢子呈球形或近球形 , 分生孢子头幼时呈球形或半球形，成熟时呈致密的圆柱状。

杂色曲霉：菌落在 CA 培养基上生长质地为丝绒状或絮状，菌落不平，稍厚，中央部分隆起或凹陷，或呈不同程度的翘曲。颜色差异很大，初为白色、粉红色，近于浅褐粉红色或淡粉红肉桂色，有辐射状沟纹，有少量紫红色渗出液。菌落反面颜色不一，近于无色至淡褐色、粉红色、玫瑰紫色或紫褐色，色素扩散于基质中。分生孢子头较小，初为球形，后呈辐射形。分生孢子梗茎直接生自基质者，顶囊呈半球形、稍长形或稍呈椭圆形，小顶囊仅分生孢子，梗茎顶部稍膨大而不明显，分生孢子呈球形或近球形，绿色。

紫色红曲霉：菌落在 MEA 培养基上呈膜状的蔓延生长物，表面有明显的皱纹和气生菌丝。菌落初期为白色透明，中心菌丝微粉色，且中部绒状较长，突出，渐变橙色至褐色，菌落背面紫红色。子囊孢子呈卵圆形，光滑，无色或淡红色。分生孢子单生或成链，呈球形或梨形。闭囊壳为橙红色，呈球形，子囊呈球形，含 8 个子囊孢子，成熟后消失。菌丝有隔、分枝、多核，含橙红色颗粒。

霉菌为固态法白酒酿造过程中重要的微生物，是酿酒原料降解的主要动力来源，能够为整个发酵体系提供酶动力。采用可培养法和高通量测序技术对不同酱香高温大曲中的霉菌微生物群落组成进行比较（见图 2-1），高通量测序方法能够检测出更多的霉菌类群。*Aspergillus* sp.、*Rhizopus* sp.、*Lichtheimia* sp.、*Rhizomucor* sp.、*Mucor* sp. 等 5 个属的霉菌采用传统可培养和免培养两种检测方法均能检出，*Paecilomyces* sp. 等 5 个属的霉菌只能通过传统可培养法鉴别出来。*Neocatenulostroma* sp. 等 14 个属的霉菌则仅能通过高通量测序技术检出。

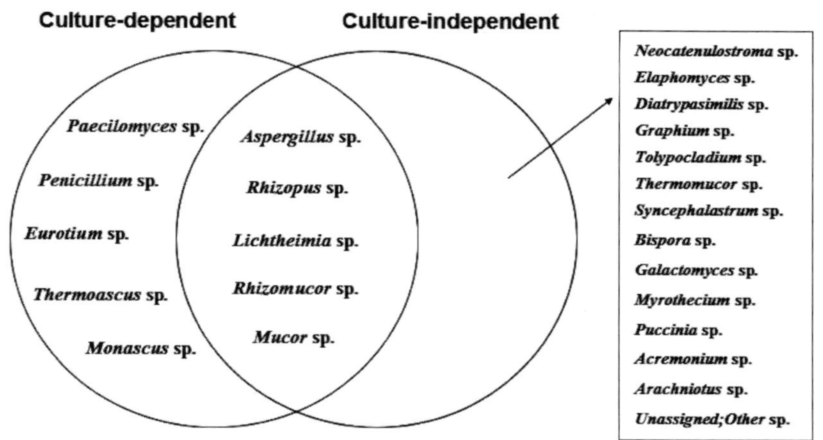

图 2-1 可培养法与免培养法霉菌属对比分析

值得关注的是，*Neocatenulostroma* sp. 在样品中的含量较高，占总霉菌的 2.6% ～ 5.7%，但通过传统可培养法没有筛选分离得到，而其余 13 个属所占比例均小于 1%。采用高通量测序分析，得出酱香高温大曲中霉菌的主要微生物类群组成以 *Aspergillus* sp.、*Rhizopus* sp.、*Lichtheimia* sp.、*Rhizomucor* sp.、*Neocatenulostroma* sp.、*Eurotium* sp.、*Paecilomyces* sp.、*Mucor* sp. 为重要功能性菌群，这与传统分离筛选方法研究分析的结果有差异。

传统可培养法可以直观地反映菌种的形态特性，易于对所得到的菌种做产酶以及生长代谢等功能性研究，明确目标菌株的特征；但大多数微生物是不可培养的，可培养法难以全面精确地分析微生物菌群结构。免培养技术已成为目前微生物多样性和菌群结构研究分析的主要手段。可以看出，免培养法仍然存在一定的缺陷，所有菌种的鉴别精度仅能达到属的水平，因为其存在序列读取长度较短、DNA 分子提取后降解以及读取过程中缺失的问题，引起一些测序基因片段出现错误，导致精确度降低。免培养法不能有效鉴别一部分霉菌的特征序列，进而出现 5 个属的可培养性霉菌属无法检出的结果。因此，将传统可培养法与免培养技术相结合，可以更全面地分析酱香高温大曲中霉菌群落的结构。

（五）放线菌

从酱香高温大曲中也分离得到了放线菌，FBKL4.001 菌落呈缺刻状圆形，基内菌丝为淡黄色，气生菌丝为白色，菌落凸起、干燥致密，无可溶性色素产生，菌丝分散度好，相互交叉重叠，菌丝表面光滑饱满，没有明显孢子链。FBKL4.002 菌落呈缺刻状圆形，基内菌丝为淡灰色，气生菌丝为白色，菌落凸起、干燥致密，无可溶性色素产生，菌丝分散度好，相互交叉重叠，菌丝表面光滑饱满，没有明显孢子链。FBKL4.003 菌落呈椭圆形，基内菌丝为淡黄色，气生菌丝为白色，菌落中间凸起、半干燥，无可溶性色素产生，菌丝分散度好，相互交叉重叠，菌丝表面光滑饱满，没有明显孢子链。FBKL4.004 菌落呈圆形，基内菌丝为棕黄色，气生菌丝为灰白色，菌落平坦、干燥致密，无可溶性色素产生，菌丝细长，有直链状的孢子，孢子未分散，菌丝表面有附着物。

经分子生物学鉴定，再结合菌株单菌落形态特征、电子显微镜特征、生理生化特征，通过《伯杰氏细菌鉴定手册》分析，FBKL4.001、FBKL4.002 鉴定为可可链霉菌（*Streptomyces cacaoi*），FBKL4.003 为沙阿霉素链霉菌（*Streptomyces zaomyceticus*），FBKL4.004 为孟加拉链霉菌（*Streptomyces bangladeshensis*），其中 FBKL4.004 在中国典型培养物保藏中心的保藏编号为 CCTCCM 2016295。

在酱香高温大曲中分离筛选得到的放线菌是一类具有高 G+C 含量的革兰氏阳性细菌，其因产生丰富的活性次生代谢产物而著名，是微生物重要的菌群之一。放线菌作为白酒酿造的微生物，在白酒酿造过程中影响酒体的风味、风格，相对于其他三大类微生物，还没引起足够的重视。因此，进一步开展放线菌在酱香型白酒酿造中的作用研究非常必要，可为放线菌在白酒酿造中的作用地位研究奠定基础。

第二节　酱香型白酒酒醅中的微生物

酱香型大曲酒固态发酵包括堆积发酵和窖池发酵，也称为阳发酵和阴发酵，或者窖外发酵和窖内发酵。高温堆积发酵是酱香型白酒生产的关键工序之一，堆积发酵的温度有时在 50℃左右。高温堆积是开放式发酵，有利于富集环境中的微生物，特别是培养富集环境中的酵母菌，扩大酵母数量，形成二次培养制曲，从而有利于后续入窖发酵。高温堆积发酵还可以产生更多更丰富的酱香型白酒前体物质。堆积发酵完成后，酒醅入窖池内进行窖内发酵。

酒醅入窖后窖内发酵时间为一个月，酒醅中的霉菌等微生物产生大量的各种酶类，分解生物大分子物质供微生物利用，进一步产乙醇的酵母开始作用，转化葡萄糖为乙醇，产酸细菌、产生风味物质的微生物也逐渐开始作用，转化生成各种风味物质。各种微生物相互作用的结果是形成乙醇和各种风味物质，同时使发酵体系达到发酵终点，发酵酒醅出窖转入蒸馏环节。

一、堆积发酵酒醅中的微生物

高温堆积发酵这种开放式的固态发酵过程造就了复杂而特殊的微生物环境和菌群结构，酿造过程开放，微生物种类繁多。酱香型大曲酒采用高温大曲，曲中微生物主要通过自然接种而来。制曲过程中品温最高在65℃左右，在这一温度条件下，成品大曲中酵母含量很少，而细菌特别是芽孢杆菌多，从而形成特殊的细菌大曲。因为成品酱香高温大曲中酵母含量很少，使其无法为酒醅提供足够的发酵动力，也就无法进行很好的酒精发酵，因此酱香型白酒生产需要通过堆积来进行酵母的增殖。堆积发酵是酱香型白酒酿造工艺区别于其他香型白酒的独特工艺，也是酿造工艺中最难掌握的关键环节之一。

酱香高温大曲制曲工艺限制了大曲中酵母的数量，无法为窖内发酵过程提供充足的酵母资源和发酵动力，因而需要通过堆积工艺来实现酵母富集，并在微生物与酶的作用下为窖内发酵提供充足的糖、香味物质前体等原料。认识堆积过程中的酵母变化规律、微观组成，对了解堆积过程发酵机理非常重要。

跟踪研究酱香型白酒整个生产周期中不同堆积过程的酵母数量变化情况，酒醅的堆积过程既增加了酵母数量，还使酵母数量稳定在 10^6 ～ 10^7CFU/g 酒醅，减少了由于酱香高温大曲品质和环境等因素差异造成的入窖酵母数量差异。经堆积发酵后，酵母菌数量明显增加，且增加幅度有 3 ～ 5 个数量级，而增加的幅度随堆积轮次和发酵车间不同而不同。堆积发酵过程中，酒醅中酵母数量随堆积时间的推进而发生变化，随时间推进，受堆子中各位点的氧浓度、温度和酸度等差异影响，发酵酒醅堆子的各层面及各部位的酵母总量差异明显，其中以堆上及堆中酵母的数量增长最快。在堆上、堆中及堆心处，酵母数量很快达到高峰，以后呈下降趋势；整个堆积过程中的酵母菌数量增幅可以达到 5 个数量级；堆积结束时酵母成为堆积酒醅中的主要微生物菌群之一，且表层酵母菌占总数的 70% 以上。可见，堆积过程调控了入窖酒醅中酵母的数量，为后续发酵提供了充足的发酵动力。

高温堆积的作用如下：

◆网罗、富集微生物（酵母菌等）以利于乙醇及风味物质的生成。

◆糖化发酵，把淀粉酶解为可发酵性糖，把蛋白质酶解为氨基酸。

◆发酵生香。

生产中，起堆时每克酒醅中酵母菌往往不足 1 万个活菌，而堆积过程完成后酵母菌增加到 10^6 ～ 10^7CFU/g 酒醅。微生物不仅数量增加，种类也在增加。在堆积酒醅中，常见的细菌有芽孢杆菌、地衣芽孢杆菌、解淀粉芽孢杆菌等，常见的酵母菌有酿酒酵母属、白地霉属、假丝酵母属。另外，还有毕赤酵母、克勒克酵母、汉逊酵母等。常见的霉菌有根霉、毛霉、曲霉等。但微生物数量仍然是细菌＞酵母菌＞霉菌。堆积酒醅中微生物种类、数量增加，代谢产物、香气成分也会增加。所以说，堆积实质是糖化、酒化、酯化、美拉德反应等一系列化学、生物化学和物理反应在同时进行。

表 2-1 是酱香型大曲酒堆积发酵后酒醅微生物的变化情况。

表 2-1　酒醅堆积后微生物变化情况（单位：CFU/g 酒醅）

样品	细菌总数	芽孢菌	酵母菌	霉菌
堆积酒醅堆面	6.00×10^5	3.12×10^5	3.68×10^5	<100
堆积酒醅堆心	5.52×10^5	7.04×10^5	>4.00×10^5	–

对堆积工艺的研究发现，堆积能够网罗、繁殖微生物，起到二次制曲的作用。堆积过程中在进行微生物增殖的同时，也因微生物代谢进行着糖化、酒化、酯化等作用，形成酱香前体物质，为窖池发酵创造了必要的物质条件。随着堆积时间的延长，微生物的种类和数量也在变化，温度变化总体趋势是随堆积时间延长，温度逐渐上升，前期升温缓慢，后期升温快；堆心升温缓慢，表层升温快。一般堆积发酵时间受环境气候因素影响，堆积发酵的好坏根据酒醅堆子的温度变化决定，使用温度计测量堆心温度，达到工艺要求，则表明堆积发酵好了。

堆积发酵质量的好坏直接影响出酒率和产品质量，堆积发酵不仅是扩大微生物数量为入窖发酵创造条件的过程，也是形成酒的香气成分或香气前驱物质的过程，随着堆积温度的升高，产生了热化学变化，生成香味物质，所以在堆积发酵时主要是网罗微生物和微生物繁殖的过程，以及一些风味物质生成的过程，为后期窖内无氧发酵产酒提供保障。

对酱香白酒堆积酒醅中酵母群落结构的研究表明，从堆积酒醅中分离得到了异常汉逊酵母（*H. anomala*）、酿酒酵母（*S. cerevisiae*）、汉逊酵母（*Hansenula* sp.）、克鲁斯假丝酵母（*Candida krusei*）、丝孢酵母（*Trichosporon* sp.）、白地霉（*G. candidum*）、假丝酵母（Candida sp.）、意大利酵母（*Saccharomyces italicus*）、地生酵母（*Saccharomyces telluris*）、间型假丝酵母（*Candida intermedia*）、掷孢酵母（*Sporobolomyces* sp.）、卡尔斯伯酵

母（*Saccharomyces carlsbergensis*）、球拟酵母（*Torulopsis* sp.）等酵母。

还分离得到拜耳接合酵母（*Z. bailii*）、盔形毕赤酵母（*P. galeiformis*）、*S. ciferrii*、费比恩毕赤酵母（*P. fabianii*）、*P. meyerae*、粟酒裂殖酵母（*S. pombe*）、膜醭毕赤酵母（*P. membranifaciens*）、*C. apicola*、白地霉（*Galactomyces geotrichum*）、胶红酵母（*Rhodotorula mucilaginosa*）、汉逊德巴利酵母（*D. hansenii*）、*Kazachstania exigua*、东方伊萨酵母（*I. orientalis*）、*Trichosporon* sp.、*Carl Bloomsbury* sp、*H. Burtoniia* 等酵母。

采用高通量测序分析酱香型大曲酒生产的堆积发酵发现，堆积不同轮次中细菌的多样性有差异，在各轮次堆积样品中，变形菌门（*Proteobacteria*）、放线菌门（*Actinobacteria*）和厚壁菌门（*Firmicutes*）为各个轮次共有的优势细菌门。从细菌属来看，高温堆积发酵酒醅中的优势菌属分别为乳杆菌属（*Lactobacillus*）、小球菌属（*Pediococcus*）、克罗彭施泰特氏菌属（*Kroppenstedtia*）、芽孢杆菌属（*Bacillus*）、高温放线菌属 (*Thermoactinomyces*)、假单胞菌属（*Pseudomonas*）、拟杆菌属（*Bacteroides*）和醋杆菌属（*Acetobacter*）。堆积不同轮次中真菌的多样性有差异，子囊菌门（*Ascomycota*）为优势真菌门，在发酵前期真菌群落组成最为丰富，*Pichia*、*Thermomyces*、*Aspergillus*、*Byssochlamys*、*Saccharomyces* 为主要的优势真菌属。

霉菌类数量在堆积初期比酵母菌类多，在 10^4 ～ 10^5CFU/g 下，酒醅随着堆积时间延长，除堆下可能因温度较低、氧含量相对较多而使霉菌略有增长外，其余各点均呈下降趋势，特别是堆心，可能因为含氧量相对最少，中后期几乎检测不到霉菌。对各轮次堆积的霉菌进行研究发现，各轮次堆积酒醅间除堆积时间因季节变化有差异外，霉菌种群数量都不高，总体变化趋势表现为堆积表层的霉菌数量稍多，堆心极少。堆积过程中霉菌类群主要以曲霉类和根霉类为主，以堆积表层最多，然而堆积过程中主要以酵母和细菌繁殖为主，数量占总数的 99% 左右，可能由于酵母和细菌在数量上占有绝对优势，因此霉菌的生长繁殖受到了极大的限制，霉菌的数量也较少。

堆积还使某些发酵基质起了变化。从对氨基酸的测定看，由开始存在的异亮氨酸、缬氨酸、酪氨酸、羟脯氨酸、精氨酸、丙氨酸、亮氨酸、谷氨酸、天冬氨酸、苏氨酸、丝氨酸、鸟氨酸、甘氨酸等 13 种，堆积后减少为 10 种，其中精氨酸、丝氨酸及鸟氨酸消失。

生产实践说明加强堆积管理的重要性。操作以逐渐连续、由上而下、逐甑均匀上堆为好。堆积管理得好，温度上升有规律，堆子质量好；反之，则温度变化无常，堆子质量不好，入窖发酵后产酒少、质量也差。因此，必须掌握好堆积温度，使之较均匀地达标，提倡嫩堆，及时入窖发酵。

二、入窖发酵酒醅中的微生物

酱香型白酒生产入窖发酵酒醅中的微生物主要是细菌、酵母及丝状真菌。

（一）入窖发酵酒醅中的细菌

通过高通量测序分析，入窖酒醅中的细菌主要是乳酸杆菌属、鞘氨醇单胞菌属、芽孢杆菌属、高温放线菌属、芽孢乳杆菌属、假单胞菌属、微杆菌属、棒状杆菌属、黄杆菌属、梭菌属等，其中乳酸杆菌属含量最大，超过入窖酒醅中细菌总量的 90%。

对开窖后酒窖各层酒醅中细菌数量进行记录，细菌的数量保持在 10^6 ～ 10^7 数量级。细菌数量取决于其生长的环境条件。酒醅营养充足，适宜细菌生长繁殖，但细菌代谢产生的有害物质及细菌间的相互作用导致细菌稳定在一定的数量范围。入窖发酵过程并非严格厌氧，红粮颗粒大，酒醅中留有一定的氧气，因此入窖发酵过程中好氧细菌、兼性厌氧细菌、厌氧细菌等可以在酒醅中生长繁殖，导致好氧细菌数量大于兼性厌氧细菌的数量。好氧细菌数量变化趋势与兼性厌氧细菌基本相同，但随着酿酒轮次的不断进行，好氧细菌数量与兼性厌氧菌数量间差距逐渐减小。通过稀释平板涂布法所测得的细菌多为兼性厌氧细菌和微好氧细菌，严格厌氧细菌数量较少且较多为不可培养细菌。酱香型白酒酒醅粉碎度较低，颗粒较大，导致前期入窖发酵酒醅中含氧量较高。但随着酿造的进行，酒醅质地逐渐从蓬松变得黏稠，酒醅中氧气含量减少，好氧细菌在低氧环境下无法生长繁殖，因此所测好氧细菌数量与兼性厌氧细菌数量差距不断缩小。

对入窖酒醅各层细菌数量比较发现，细菌数量是上层 > 下层 > 中层。这主要是由于酱香型大曲酒生产工艺独特，在每轮次入窖过程中都会在下层和上层泼洒一定量的酒曲，酒曲不仅含有大量的细菌，还含有淀粉、葡萄糖等营养成分，而且酒曲中的淀粉酶、糖化酶、蛋白酶活性较高，促进细菌生长繁殖。不同窖池同层的酒醅细菌数量具有一定相似性。细菌生长繁殖受温度、湿度、酸碱度、营养物质及氧化还原电位等因素的影响。酒醅酸度和还原糖含量变化相似，但含量略有不同，导致同层间细菌变化相似，而不同窖池间细菌变化不同。细菌与酒醅酸度、还原糖之间的相互影响，细菌生理代谢过程对酒醅理化指标也有一定的影响。

还原糖较高时细菌数量明显增长，而酸度较高时细菌数量减少。不同窖池各层酒醅中细菌数量变化有所差异，但结合酒醅理化指标分析时发现，还原糖含量高酸度低时，细菌数量就会明显增加，而酸度高还原糖低时细菌数量减少明显。细菌生长需要还原糖提供碳源及能量，但在代谢过程中通过糖酵解及发酵作用会产生乳酸、丁酸、丙酸等酸类物质和乙醇、丁醇等醇类物质，这些物质对细菌有毒害作用，因此细菌数量呈波动变化。

同窖池各层酒醅中细菌变化差异显著。上层细菌与下层细菌变化波动较大，中层细菌数量变化相对稳定。上层酒醅温度变化大于中层与下层；上层与中层的代谢产物会随水分下渗进入下层，影响细菌生长；中层受到的影响较小，细菌生长环境相对稳定。

在窖池的下层，乳酸杆菌所占比例达到 88.76%，芽孢杆菌属、高温放线菌属、葡萄球菌属所占比例分别为 2.05%、2.04% 和 1.25%，其余细菌属所占比例在 0.7% 以下，乳酸菌属为下层优势菌群。在窖池的中层，乳酸杆菌属几乎占了全部，达到 97.68%，其余菌属比例都在 0.5% 以下，乳酸菌属为中层优势菌群。在窖池的上层，乳酸杆菌属为上层优势菌群，达到 89.81%，芽孢杆菌属为 1.35%，其余细菌属都在 1% 以下。

对酱香型白酒酿造过程中，窖池中的不同轮次的上层、中层、下层进行厌氧细菌计数，结果表明，酒醅在下沙阶段，厌氧细菌的数目较大，达到 10^5CFU/g 酒醅，之后在 10^3 ～ 10^4CFU/g 酒醅范围波动。在厌氧工作站，通过稀释划线法从酱香型白酒酒醅中分离筛选出厌氧细菌，通过菌株菌落形态观察、生理生化鉴定及分子生物学试验，结合《伯杰氏细菌手册》分析，鉴定了严格厌氧菌分别为 FKBL1.01：解木聚糖梭菌（*Clostridium xylanolyticum*）、FKBL1.07：解木聚糖梭菌（*Clostridium xylanolyticum*）、FKBL1.02：煎盘梭菌（*Clostridium sartagoforme*）、FKBL1.05：煎盘梭菌（*Clostridium sartagoforme*）、FKBL1.06：煎盘梭菌（*Clostridium sartagoforme*）、FKBL1.03：丁酸梭菌（*Clostridium butyricum*）、FKBL1.04：近端梭菌（*Clostridium subterminale*）。

（二）入窖发酵酒醅中的酵母

高通量测序分析显示，入窖发酵酒醅在窖池中有二十余种酵母，发酵窖池内的酵母种类分别是上层 > 中层 > 下层，上层和其他各层酵母种类差别较大。优势菌为栗酒裂殖酵母、酿酒酵母、库德里阿兹威氏毕赤酵母。栗酒裂殖酵母、酿酒酵母和库德里阿兹威氏毕赤酵母在上层的丰度最高。

上层酒醅中的酵母包括酿酒酵母、栗酒裂殖酵母、库德里阿兹威氏毕赤酵母、拜氏接合酵母、粉状毕赤酵母、扣囊复膜酵母、热带假丝酵母、*Candida pseudolambica*、异威克汉逊酵母、*Blastobotrys terrestris*、班图特酒香酵母、*Candida humilis*、隐伯顿毕赤酵母、*Starmerella* sp.、戴尔凯氏有孢圆酵母、毕赤酵母、*Candida allociferrii*、博伊丁假丝酵母、*Candida pseudoglaebosa*、易变假丝酵母、陆生伊萨酵母、鲁氏接合酵母等。

中层酒醅中的酵母包括酿酒酵母、粟酒裂殖酵母、库德里阿兹威氏毕赤酵母、拜氏接合酵母、粉状毕赤酵母、扣囊复膜酵母、*Candida pseudolambica*、异威克汉逊酵母、班图特酒香酵母、*Candida humilis*、隐伯顿毕赤酵母、*Starmerella* sp.、戴尔凯氏有孢圆酵母、皱褶假丝酵母、锁掷酵母等。

下层酒醅中的酵母包括酿酒酵母、粟酒裂殖酵母、库德里阿兹威氏毕赤酵母、拜氏接合酵母、粉状毕赤酵母、扣囊复膜酵母、热带假丝酵母、*Candida pseudolambica*、异威克汉逊酵母、*Blastobotrys terrestris*、隐伯顿毕赤酵母、*Udeniomyces megalosporus*。

入窖酒醅在窖内发酵过程中总体趋势都是上层酵母数 > 中层酵母数 > 下层酵母数，出窖上层酒醅酵母菌数量最高可达 10^7CFU/g 酒醅，而出窖下层酒醅酸度最大，酵母菌数量也最少，大多只有 10^2 ～ 10^3CFU/g 酒醅。各车间、各班发酵窖池的轮次越后，随着还原糖的消耗和酒醅酸度整体的上升，酵母菌整体数量越来越小。在七轮次时，出窖上层酒醅酵母菌数量只有 10^2 ～ 10^3CFU/g 酒醅，各班出窖中层酒醅酵母菌数量也只有 2×10^2 ～ 10^3CFU/g 酒醅，而出窖下层酒醅酵母菌数量只有 10CFU/g 酒醅左右。

有研究者对酱香型白酒窖内发酵过程中酵母的结构组成做了比较全面的研究。以传统分析方法对酱香型白酒窖内发酵过程中酵母组成和变化进行跟踪，发现同一轮次三层酒醅中的酵母种属基本无差别，但优势酵母种类随发酵时间推进发生明显变化；拜氏接合酵母（*Zygosaccharomyces bailii*）、*Pichia galeiformis*、粟酒裂殖酵母（*Schizosaccharomyces pombe*）和酿酒酵母（*Saccharomyces cerevisiae*）为不同轮次窖内上层酒醅中主要的 4 种酵母，但优势酵母的种类随轮次有差异，表现为，酿酒酵母（*Saccharomyces cerevisiae*）和拜氏接合酵母（*Zygosaccharomyces bailii*）是二到四轮次中最主要的两种酵母。随发酵时间推进，粟酒裂殖酵母（*Schizosaccharomyces pombe*）成为五至七轮次中的优势酵母，而 *Pichia galeiformis* 数量一直在下降。从窖内酒醅中还分离得到 *Pichia meyerae*、白地霉（*Geotrichum candidum*）、膜醭毕赤酵母（*Pichia membranifaciens*）和 *Pichia fabianii* 等酵母。对酒质好和酒质差的两个轮次发酵过程中的酵母群落结构进行分析，结果表明，两轮次中的优势酵母种类不同，酒质较好轮次中酵母种类更丰富，数量也更多；随发酵时间推进，酒质较差轮次的酵母群落结构没有酒质较好轮次稳定，检测出了戴尔凯氏有孢圆酵母（*Torulaspora delbrueckii*）、东方伊萨酵母（*Issatchenkia orientalis*）、*Pichia galeiformis*、粟酒裂殖酵母（*Schizosaccharomyces pombe*）、*Trichosporon asahii*、白地霉（*Geotrichum candidum*）、拜氏接合酵母（*Zygosaccharomyces bailii*）、费比恩毕赤酵母（*Pichia fabianii*）、酿酒酵母（*Saccharomyces cerevisiae*）等 9 种酵母。

在发酵过程中，酵母组成与分布相对较为稳定，异常威克汉姆酵母（*Wickerhamomyces anomalus*）、嗜酒假丝酵母（*Candida ethanolica*）、*Candida humilis*、粟酒裂殖酵母（*Schizosaccharomyces pombe*）、东方伊萨酵母（*Issatchenkia orientalis*）、酿酒酵母（*Saccharomyces cerevisiae*）、布鲁塞尔德克酵母（*Dekkera bruxellensis*）、库德毕赤酵母（Pichia *kudriavzevii*）为常见酵母，而 *Kazachstania barnettii*、*Pichia anomala*、*Kazachstania exigua*、*Pichia manshurica* 等酵母为较稀有酵母。课题组对酱香型白酒窖内酵母的归类分析表明，窖内酵母主要分为五类，即酿酒酵母属（*Saccharomyces*）、红酵母属（*Rhodotorula*）、毕赤氏酵母属（*Pichia*）、假丝酵母属（*Candida*）和伊萨酵母属（*Issatchenkia*），这些酵母在上层酒醅中均有检出，在中层与下层酒醅中却有一定差异。

（三）入窖发酵酒醅中的霉菌

入窖后氧气含量呈自上而下的梯度减少，而霉菌又属于好氧微生物，所以入窖后霉菌数量也呈梯度分布，即上层 > 中层 > 下层。窖内发酵是堆积发酵的延续，由于霉菌主要来源于酱香高温大曲，以及酒醅在堆积过程中堆表层所生长的部分霉菌类，且好氧，因而在发酵前期，霉菌的数量较多，主要参与完成淀粉质原料等生物大分子物质的降解过程。霉菌含量呈下降趋势，但数量维持在 10^2 ～ 10^3CFU/g 酒醅，到发酵中后期有所回升，并逐渐趋于稳定，特别是上层霉菌的变化表现得比较明显，数量稳定在 10^2CFU/g 酒醅。从酒醅中分离得到的霉菌，包括毛霉、根霉、犁头霉、构巢曲霉、烟曲霉、丛梗孢霉、亮白曲霉、拟青霉、黄曲霉、红曲霉、紫红曲霉、红色红曲霉、*Monascus pilosus*、*Thermomyces lanuginosus* 等。对酱香型白酒不同发酵阶段酒醅中霉菌数量、种类组成及其多样性进行比较分析发现，酱香型白酒窖池的上、中、下层酒醅中霉菌数量的变化规律基本一致，即发酵开始后霉菌数量急剧下降，发酵中期数量短暂回升，发酵后期菌体数量再次呈现减少态势，直至发酵结束。毛霉、曲霉、青霉、拟青霉、散囊菌、红曲霉等在酒醅发酵某个阶段的相对丰度在 10% 以上。由于各种菌具有不同的生长代谢特性，它们在酒醅中出现的丰度也不尽相同，其中曲霉、青霉与拟青霉三类霉菌的数量最多，在酒醅的发酵过程中都能分离获得，曲霉类霉菌始终以高丰度存在于酒醅中，是主要的优势菌，尤以黄曲霉最易检出，几乎存在于整个堆积与窖内过程中；青霉在封窖初期量较多，之后有所下降，发酵结束后也能检出；红曲霉是酒醅中比较常见的种类，呈逐渐上升趋势。可见，霉菌的数量、种类随着发酵进程在不断变化着，窖内酒醅霉菌种类、生态分布、数量及代谢产物不同，对不同层次酒醅酒体的差异都会产生一定的影响。

霉菌在大曲中的数量最多，堆积发酵和窖内发酵较少，但种类上相差不多，主要集中在毛霉（*Mucor*），曲霉（*Aspergillus*），青霉（*Penicillium*），拟青霉（*Paecilomyces*），红曲霉（*Monascus*）等属。这些以高丰度出现在酱香型大曲酒生产过程中的霉菌，应是主要的功能菌群，在长时间的酿造筛选及驯化中，它们已经形成稳定的菌群结构，构成了酱香高温大曲的主要优势菌，它们在表现出霉菌菌群多样性的同时，也表明了霉菌的特有性。霉菌的数量、种类变化与各种霉菌之间相互作用时的消长规律都对酱香高温大曲酒的生产具有较大影响，也是酱香型大曲酒风味物质形成的重要因素。

第三节　酱香型白酒生产环境中的微生物

酱香型白酒生产环境对酱香型白酒品质及风格具有较大的影响。酱香型白酒的堆积发酵工艺是一个二次培养微生物的过程，周围环境空气中及工器具表面的微生物，特别是酵母菌，增加了酒醅中酵母的数量，便于窖内发酵。因此对环境空气中微生物的研究具有科学意义。目前，人们对酱香型白酒生产环境中微生物的研究不多，且主要集中在环境空气中微生物的研究，而有关研究也主要集中在酱香型白酒生产的原产地和主产区——赤水河流域，主要采用免培养的方法。

一、酱香型白酒环境空气中的微生物

通过高通量测序技术，对赤水河流域自然环境空气中的微生物进行分析，主要是空气环境中的细菌和真菌。主要的微生物细菌门类分别是变形菌门（Proteobacteria）、厚壁菌门（Firmicutes）、放线菌门（Actinobacteria）和拟杆菌门（Bacteroidetes），而这些微生物细菌在酱香型白酒生产过程中也是主要的微生物类群，在赤水河流域自然环境空气样本中，主要的微生物真菌门类为子囊菌门（Ascomycota），其在赤水河流域环境空气中的相对丰度占到 80% ～ 98%。

在赤水河流域自然环境空气微生物样本中，具有明显丰度的微生物细菌属之一为埃希氏菌属（*Escherichia-Shigella*），这可能与赤水河流域人类活动较多有关。此外，赤水河流域自然环境空气样本中还拥有较多克罗彭施泰特氏菌属（*Kroppenstedtia*）、糖多孢菌属（*Saccharopalyspora*）、芽孢杆菌属（*Bacillus*）、鞘氨醇单胞菌属（*Sphingomonas*）、乳

杆菌属（*Lactobacillus*）等，它们的丰度占比都在 2% ～ 4%。在赤水河流域自然环境空气微生物样本中，还含有较多的微生物真菌菌群属，曲霉属（*Aspergillus*）、嗜热子囊菌属（*Thermoascus*）、丝衣霉属（*Byssochlamys*）、青霉属（*Penicillium*）等是主要的环境空气中的真菌菌群属。这些微生物细菌菌属和真菌菌属很可能是赤水河区域长期酿酒形成的较稳定的微生态菌群结构。

通过高通量测序技术，基于微生物物种丰度比较、微生物菌群构成差异及其相关性分析，对酱香型白酒制曲车间、曲库、酿造车间、厂区等的微生物菌群结构进行分析，明确这些区域环境空气中微生物群落结构特征和差异。研究结果显示，红色糖多孢菌（*Saccharopolyspora erythraea*）、克罗彭斯特菌（*Kroppenstedtia* sp.）、直杆糖多孢菌（*Saccharopolyspora rectivirgula*)、高温放线菌属（Thermoactinomyces）等为优势细菌属微生物，而赤曲霉（*Aspergillus ruber*）、扣囊覆膜酵母（*Saccharomycopsis fibuligera*）、分枝孢子霉属（*Cladosporium cladosporioides*）、曲霉属（*Aspergillus*）等为优势微生物真菌菌属。

在制曲车间环境空气微生物样本中，以糖多孢菌属（*Saccharopolyspora*）、克罗彭斯泰特菌属（*Kroppenstedtia*）、直杆糖多孢菌属（*Saccharopolyspora rectivirgula*）、枝芽孢杆菌属（*Virgibacillus*）、高温放线菌属（*Thermoactinomyces*）、芽孢杆菌属（*Bacillus*）、小木偶形芽孢杆菌（*Bacillus kokeshiiformis*）等细菌属占据车间环境空气中细菌的主导地位。赤曲霉（*Aspergillus ruber*）、酵母属（*Saccharomycetales*）、疏棉嗜热霉菌（*Thermomyces lanuginosus*）、壮观丝衣霉（*Byssochlamys spectabilis*）、芽枝状枝孢菌（*Cladosporium cladosporioides*）是酱香型大曲制曲车间环境空气中的优势真菌菌属。

在曲房与曲库环境空气微生物样本中，糖多孢菌属（*Saccharopolyspora*）、克罗彭斯泰特菌属（*Kroppenstedtia*）、直杆糖多孢菌属（*Saccharopolyspora rectivirgula*）、葡萄球菌属（*Staphylococcus*）为优势微生物细菌菌属，而赤曲霉（*Aspergillus ruber*）、壮观丝衣霉（*Byssochlamys spectabilis*）、溜曲霉（*Aspergillus tamarii*）、坚脆嗜热子囊菌（*Thermoascus crustaceus*）、酵母属（*Saccharomycetales*）、疏棉嗜热霉菌（*Thermomyces lanuginosus*）等微生物真菌菌属是酱香型大曲曲房和曲库环境空气样本中的优势真菌菌属。

在制酒车间环境空气微生物样本中，克罗彭斯泰特菌属（*Kroppenstedtia*）、阿西尼亚杆菌属（*Asinibacterium*）、芽孢杆菌属（*Bacillus* sp.）、赤曲霉（*Aspergillus ruber*）、酵母属（*Saccharomycetales*）、帚状曲霉（*Aspergillus penicillioides*）、梅林青霉（*Penicillium melinii*）、橙色嗜热子囊菌（*Thermoascus aurantiacus*）和芽枝状枝孢菌（*Cladosporium cladosporioides*）分别为制酒车间环境空气微生物中的优势微生物细菌菌属和优势微生物

真菌菌属。

在酱香型白酒厂的室外环境空气微生物样本中，糖多孢菌属（*Saccharopolyspora*）、克罗彭斯泰特菌属（*Kroppenstedtia*）、普通高温放线菌（*Thermoactinomyces vulgaris*）、阿西尼亚杆菌属（*Asinibacterium*）、印度洋杆菌属（*Oceanobacillus indicireducens*）等和酵母菌属（*Saccharomycetales*）、芽枝状枝孢菌（*Cladosporium cladosporioides*）分别为特征性微生物优势细菌菌属和真菌菌属。

二、酱香型白酒环境土壤中的微生物

利用高通量测序技术对赤水河流域酱香型白酒生产区域环境土壤中的微生物进行分析研究，其主要的微生物细菌门类是 *Chloroflexi*（绿弯菌门）、*Actinobacteria*（放线菌门）、*Proteobacteria*（变形菌门）、*Acidobacteria*（酸杆菌门）和 *Thaumarchaeota*（奇古菌门）等，主要的微生物真菌门类为 *Ascomycota*（子囊菌门）和 *Basidiomycota*（担子菌门）。

土壤细菌微生物排名前 20 的微生物属的相对丰度都较低，基本上未超过 60%，说明土壤微生物属的种类远比空气微生物属种类丰富。这些相对丰度排名前 20 的土壤微生物中，仅有 *Escherichia-Shigella*（埃希氏菌属）和 *Sphingomonas*（鞘氨醇单胞菌属）与空气微生物样本相同，占其微生物细菌菌属的 5%。土壤样本中微生物群落结构主要以鞘氨醇单胞菌属（*Sphingomonas*）、芽单胞菌属（*Gemmatimonas*）、亚硝化球菌属（*Candidatus Nitrocosmicus*）、溶杆菌属（*Lysobacter*）等细菌属为主。

土壤真菌微生物丰度排名前 20 的真菌微生物属中，曲霉属（*Aspergillus*）在赤水河流域各采样点区域的自然环境土壤样本中的相对丰度都大于 3%，*Cladosporium*、*Chaetomium*、*Fusarium*、*Cyphellophora*、*Fusarium*、*Zopfiella*、*Baglietto*a 和 *Mortierella* 等属的真菌为主要的微生物真菌菌属。不同区域自然环境土壤样本中的真菌结构有着很大的差异，并且同一区域的自然环境空气与土壤样本之间的真菌群落结构也有着巨大的差异。

从环境空气和土壤微生物的菌群结构和特征来看，环境空气微生物对酱香型白酒品质与风格的贡献要远远大于环境土壤微生物。

第三章　白酒生产原理

白酒生产原理是指在白酒生产过程中将酿酒原料转化为乙醇和风味物质，以及蒸馏和贮存过程中这些物质所涉及的物理变化和化学变化，还有这些主要物理化学变化对应工艺步骤的工艺操作原理。了解和掌握这些原理，对深入理解白酒生产过程的工艺要点，进而用理论指导生产实际具有十分重要的作用。

酿酒行业存在了数千年，直到 17 世纪科学革命发生以后，科学家对酒的研究才真正开始。1784 年，现代化学创始人、法国科学家安托万 - 洛朗 • 拉瓦锡测定了乙醇的元素组成；1807 年，瑞士化学家尼古拉斯 • 泰奥多尔 • 索绪尔首先完成了乙醇的元素组成分析，确定了乙醇的化学式 C_2H_5OH；1858 年，英国科学家斯科特 • 库珀提出了乙醇的结构式；1825 年，英国科学家迈克尔 • 法拉第首次以合成方式制备了乙醇。从此，人们对乙醇，也就是酒精，有了科学的精准认知。

1857 年，法国科学家路易斯 • 巴斯德发现酿酒过程生成乙醇，是由酵母菌引起的，酿酒过程还会生成其他的风味物质，这些风味物质的形成与微生物的作用有关。1897 年，德国科学家，现代生物化学创始人爱德华 • 布赫纳证实发酵不是酵母细胞起作用，而是酵母细胞中的生物酶起作用，从而发现了酒化酶，即乙醇生成的系列酶。中国白酒是以粮谷类为原料生产的，要转化为乙醇，需要酵母菌的作用，而酵母菌不能分解利用淀粉，需要其他分解淀粉的微生物产生分解淀粉生成葡萄糖的酶，再转化葡萄糖生成乙醇，同时生成酒中的风味物质。这样，我们对酒的生成原理，有了清晰科学的认知。

第一节　白酒酿造相关的酶类

白酒生产过程的制曲、培养酒母，以及糖化、发酵所涉及的微生物有细菌、放线菌、酵母和丝状真菌等，其酶系十分复杂。熟悉和了解与白酒生产过程糖化、发酵相关的酶类，包括其来源、作用方式、作用条件等，以便于理解糖化和发酵等酿酒过程。

酶的种类很多，已经研究和报道的酶有超过 4000 种，大部分来源于微生物，但目前工业生产的大宗酶类有一百多种。与白酒生产相关的酶系非常复杂，涉及各大酶种。酶按照国际酶学分类法可分为六大类，分别是氧化还原酶类、转移酶类、水解酶类、裂解酶类、异构酶类、合成酶类。

与白酒生产有关的酶的作用条件及相关微生物来源见表 3-1。

表 3-1　白酒生产相关酶类

<table>
<tr><th rowspan="2">酶大类</th><th rowspan="2">酶名</th><th rowspan="2">酶来源</th><th colspan="2">最适作用条件</th></tr>
<tr><th>pH</th><th>温度 /℃</th></tr>
<tr><td rowspan="3">氧化还原酶</td><td>乙醇脱氢酶</td><td>酵母菌</td><td>6</td><td>30</td></tr>
<tr><td>过氧化氢酶</td><td>黑曲霉等</td><td>6.8</td><td>25</td></tr>
<tr><td>葡萄糖氧化酶</td><td>黑曲霉等</td><td>5.6</td><td>30 ～ 38</td></tr>
<tr><td>转移酶</td><td>谷丙转氨酶</td><td>酵母菌</td><td></td><td></td></tr>
<tr><td rowspan="8">水解酶</td><td>α- 淀粉酶</td><td>枯草芽孢杆菌、黑曲霉、米曲霉等</td><td>6.2</td><td>90</td></tr>
<tr><td>糖化酶</td><td>黑曲霉、红曲霉等</td><td>4.6</td><td>62</td></tr>
<tr><td>蛋白酶</td><td>枯草芽孢杆菌、米曲霉、黑曲霉、白曲霉、灰色链球菌等</td><td>6.8 ～ 7.0</td><td>40 ～ 45</td></tr>
<tr><td>脂肪酶</td><td>假丝酵母、类酵母、米根霉等</td><td>7.5</td><td>40</td></tr>
<tr><td>纤维素酶</td><td>木霉、根霉、黑曲霉等</td><td>4.5</td><td>45</td></tr>
<tr><td>半纤维素酶</td><td>木霉、黑曲霉等</td><td>4.5</td><td>40</td></tr>
<tr><td>果胶酶</td><td>黑曲霉、米曲霉、枯草芽孢杆菌、马铃薯芽孢杆菌等</td><td>3.0 ～ 3.5</td><td>50</td></tr>
<tr><td>单宁酶</td><td>黑曲霉等</td><td></td><td></td></tr>
<tr><td rowspan="4">裂解酶</td><td>脱羧酶</td><td></td><td rowspan="4"></td><td rowspan="4"></td></tr>
<tr><td>脱氢酶</td><td></td></tr>
<tr><td>脱水酶</td><td></td></tr>
<tr><td>醛缩酶</td><td></td></tr>
<tr><td>异构酶</td><td>葡萄糖异构酶</td><td></td><td>6.0 ～ 9.0</td><td>65</td></tr>
<tr><td>合成酶</td><td>酯化酶</td><td></td><td></td><td></td></tr>
</table>

一、淀粉酶

淀粉酶也称淀粉水解酶，是能够分解淀粉中葡萄糖苷键的一类酶的总称。包括 α- 淀粉酶、β- 淀粉酶、糖化酶、异淀粉酶、麦芽糖酶等。

（一）α- 淀粉酶

α- 淀粉酶是一种内切淀粉酶，是白酒生产酒曲中主要的淀粉酶类之一，也称为液化型淀粉酶或淀粉糊精化酶。该酶能够迅速水解淀粉生成大、小分子的糊精，使淀粉糊化物的黏度迅速降低。α- 淀粉酶能随机水解淀粉的 α-1,4- 葡萄糖苷键，将淀粉任意切成长短不一的短链糊精和小分子的糖，对直链淀粉和支链淀粉均以无规则的方式进行分解。对直链淀粉，其最终产物是葡萄糖和麦芽糖；对支链淀粉，由于其不能作用淀粉的 α-1,6- 葡萄糖苷键，而留下含 α-1,6- 葡萄糖苷键的界限糊精，故终产物是界限糊精、麦芽糖和葡萄糖。

如果只是单纯的 α- 淀粉酶作用，在迅速水解形成短链糊精，降低淀粉糊黏度后进一步分解为葡萄糖和麦芽糖的过程非常缓慢，淀粉水解通常是在有 α- 淀粉酶、糖化酶及异淀粉酶协同作用下，将淀粉糊分解为葡萄糖。

产生 α- 淀粉酶的主要微生物是细菌和霉菌，如枯草芽孢杆菌、地衣芽孢杆菌、巨大芽孢杆菌、溶淀粉芽孢杆菌、假单胞杆菌、米曲霉、红曲霉、黑曲霉、白曲霉、根霉等。

酶制剂工业主要提供两种 α- 淀粉酶，耐高温 α- 淀粉酶和中温 α- 淀粉酶。耐高温 α- 淀粉酶稳定的 pH 范围是 5.0 ～ 10.0，最适 pH=5.5 ～ 7.0，最佳 pH=5.8 ～ 6.2。pH 小于 6.0 为耐酸型 α- 淀粉酶。在高温下该酶非常稳定，液化迅速快捷，完全彻底。其最适温度在 90℃以上，达到 100℃时酶作用效果最好。钙离子的存在，可以起到保护酶稳定性的作用。该酶要求的钙离子浓度很低，为 50 ～ 70mg/kg。耐高温 α- 淀粉酶可用于淀粉糖生产，啤酒辅料无麦芽糊化、酒精生产的高温蒸煮工艺等。一般在酿酒和酒精行业添加量为 0.05% ～ 0.07%（相对于原料量）。中温 α- 淀粉酶一般由枯草芽孢杆菌发酵生产，该酶在 60℃以下较稳定，最适宜作用温度为 60 ～ 70℃。在 70 ～ 90℃，随温度的升高，酶反应速率加快，但酶失活也加快。中温 α- 淀粉酶适用于高达 90℃的液化过程。该酶在 pH=6.0 ～ 7.0 较为稳定，最适 pH=6.0，pH=5.0 失活严重。淀粉和淀粉水解产物浓度的增加对该酶的稳定性有很大的提高作用。钙离子对酶活力的稳定性有保护作用，没有钙离子，酶完全失活。α- 淀粉酶可用于白酒生产。

（二）β- 淀粉酶

β- 淀粉酶是外切型淀粉酶，也称 1,4- 麦芽糖苷酶，该酶从淀粉分子的非还原性末端开始，作用于 α-1,4- 葡萄糖苷键，依次切下一个麦芽糖单位，因此该酶作用于直链淀粉时，得到的最终产物为麦芽糖；但该酶不能作用于支链淀粉的 α-1,6- 葡萄糖苷键，也不能绕过α-1,6-葡萄糖苷键去切分支点内侧的α-1,4-葡萄糖苷键，其结果是会产生β-界限糊精，故该酶作用于支链淀粉时，得到的终产物是麦芽糖和β-界限糊精。

该酶在切下麦芽糖的同时，发生瓦尔登转位反应，将α-构型的麦芽糖转变为β-构型，故名β-淀粉酶。

β-淀粉酶广泛存在于大麦、小麦、甘薯等高等植物中，一些微生物（如巨大芽孢杆菌、多黏芽孢杆菌、假单胞菌）也可产生β-淀粉酶。

工业应用中的β-淀粉酶主要是从植物提取制备的。最适作用温度55～60℃，在50℃下比较稳定。pH作用范围为5～7.5，最适pH=6.8～7.0。淀粉和钙离子存在时，酶的稳定性大大提高。在工业应用上，该酶主要用于淀粉糖行业，生产高麦芽糖浆。在啤酒酿造中，也可用于辅料的糖化。

（三）糖化酶

糖化酶也称α-1,4-葡萄糖苷酶、糖化型淀粉酶、葡萄糖淀粉酶，是白酒酒曲中主要的淀粉酶类。它能将淀粉和糊精从非还原性末端开始，逐个切下α-1,4-葡萄糖苷键，生成葡萄糖，该酶也可分解淀粉的α-1,6-葡萄糖苷键和α-1,3-葡萄糖苷键，生成葡萄糖，但水解速度较低，故该酶的最终产物是葡萄糖。

能产生糖化酶的微生物几乎全是霉菌，主要是黑曲霉、根霉、米曲霉、红曲霉和拟内孢霉等。

工业糖化酶制剂pH范围为3.0～5.5，最适pH范围4.0～4.5。作用温度在30～65℃，超过65℃则失活加快，70℃完全失活。大部分金属离子（如铜、银、汞、铝等）都对糖化酶起抑制作用。糖化酶品种多，通常与其他淀粉酶组合为复合酶应用。常用于淀粉糖行业生产葡萄糖，糖化酶加入量一般为100 μg/g（原料），对于10万单位/mL的糖化酶用量为0.1%。糖化酶主要用于酒精和酿酒行业，用于淀粉的水解，生成可发酵性的糖。

（四）异淀粉酶

异淀粉酶也称α-1,6-葡萄糖苷酶、脱支淀粉酶、界限糊精酶，该酶专门作用于支链淀粉的α-1,6-葡萄糖苷键，将支链淀粉转化为较小分子的直链淀粉，其最终产物为较小分子的直链淀粉。异淀粉酶的最适作用温度45～50℃，适宜的pH=6～7。

产生该酶的微生物多为细菌类的杆菌，例如产气杆菌、蜡状芽孢杆菌、多黏芽孢杆菌、解淀粉芽孢杆菌以及某些假单胞菌。霉菌、酵母菌、某些放线菌也能产生异淀粉酶，但产酶的能力差异较大。

（五）其他淀粉酶

麦芽糖酶：又称 α- 葡萄糖苷酶，属于糖化型淀粉酶。此酶能够迅速将双链的麦芽糖分解成葡萄糖。通常认为，该酶对酒精发酵影响较大，麦芽糖酶活力越高，则酒精发酵率越高。

普鲁兰酶：普鲁兰酶是一种在低 pH 下应用稳定的脱支酶，该酶在酸性条件下稳定，并可水解液化淀粉中的 α-1,6- 葡萄糖苷键而生成只含 α-1,4- 葡萄糖苷键的糊精。

葡萄糖苷转移酶：也称转苷酶。这是一种不利于白酒发酵的酶，该酶可切开麦芽糖的 α-1,4- 葡萄糖苷键，将葡萄糖基转移给其他的单糖或双糖，形成异麦芽糖、潘糖等非发酵性糖，致使出酒率下降。该酶大多由黑曲霉产生，在筛选制备麸曲等的糖化酶菌种时，应尽可能选择产生该酶最少的菌株。

图 3-1 给出了不同淀粉酶对淀粉键的作用方式。

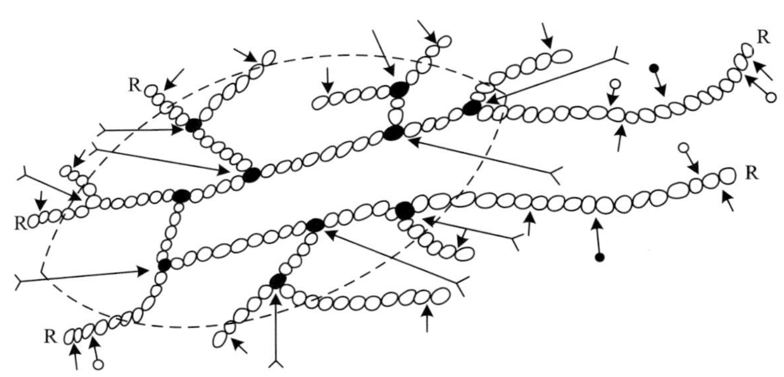

图 3-1　几种淀粉酶参与淀粉分解的协同作用

→ α- 淀粉酶；○→ β- 淀粉酶；●→ α-1,4- 葡萄糖苷酶；

≻→ α-1,6- 葡萄糖苷酶；R—淀粉非还原性末端；

二、蛋白酶

蛋白酶也是酒曲中重要的水解酶类，是水解蛋白质肽键的一类酶的总称。根据蛋白酶在肽链中的作用位点，可将蛋白酶大致分为外肽酶和内肽酶两类。外肽酶水解蛋白质肽链 N 端或 C 端的肽键，又可分为水解蛋白质肽链 N 端的氨肽酶和水解蛋白质肽链 C 端的羧肽酶，外肽酶产物主要是氨基酸。内肽酶的作用位点在蛋白质内部，远离其 N 端和 C 端，产物以小肽为主。蛋白酶按照作用的最适 pH 分为三类，即碱性蛋白酶、中性蛋白酶和酸性蛋白酶。它们的作用最适 pH 分别为碱性、中性及酸性。三类蛋白酶的活性中心有着明显的不同，酸性蛋白酶含有两个羧基，不受螯合剂、巯基试剂或丝氨酸蛋白酶抑制剂的影响；中性蛋白酶的活性中心含金属离子，通常是 Zn^{2+}，可受金属螯合剂 EDTA 的可逆抑制；碱性蛋白酶的活性中心为丝氨酸，能被二异丙基氟磷酸及甲基磺酸氯所抑制。

在酿酒行业，大多利用酸性蛋白酶。一般酸性蛋白酶在 pH=2.0 ～ 4.0、40℃环境下比较稳定，超过 50℃酶活力损失比较严重。酶用量一般在 0.05% ～ 0.10%。中性蛋白酶一般广泛应用于动植物蛋白质水解工业，酶解至生成的 α- 氨基氮增多，其最适温度为 50℃，最适 pH=6.8 ～ 8.0，能被 Mn^{2+}、Ca^{2+}、Mg^{2+} 离子激活，被 Cu^{2+}、Hg^{2+}、Al^{3+} 离子所抑制。

蛋白酶来源广泛，能产生蛋白酶的微生物有毛霉、米曲霉、黑曲霉、红曲霉、枯草杆菌等。酒曲中含有酸性蛋白酶、中性蛋白酶、氨肽酶等多种蛋白酶。

三、纤维素酶

纤维素酶是具有水解纤维素能力的复合酶类。纤维素酶主要包括以下三类酶组分。

- ◆内切葡聚糖酶（EG）：系统名为 β-1,4-D- 葡萄糖 -4- 葡聚糖水解酶，也称 C_1 酶，在纤维素水解过程中，首先由内切葡聚糖酶从纤维素中部的无定形区进行随机切断，降低纤维素的聚合度，生成大量的小分子纤维素。内切葡聚糖酶作用于较长的纤维素链，对末端键的敏感性比中间键要小，但是它不能单独作用于结晶纤维素。
- ◆外切葡聚糖酶（CBH）：简称纤维二糖水解酶，也称 C_x 酶，它能从内切葡聚糖酶作用后的纤维素分子的非还原端或者还原端每次切下一个纤维二糖单位。
- ◆ β- 葡聚糖苷酶（BG）：又称 β-D- 葡萄糖苷葡萄糖水解酶，别名龙胆二糖酶、纤维二糖酶和苦杏仁苷酶。它能够水解纤维二糖和短链纤维寡糖生成葡萄糖。它对纤维二糖和纤维三糖的水解很快，随着葡萄糖聚合度的增加，水解速度下降。纤维素酶的作用机理见图 3-2。

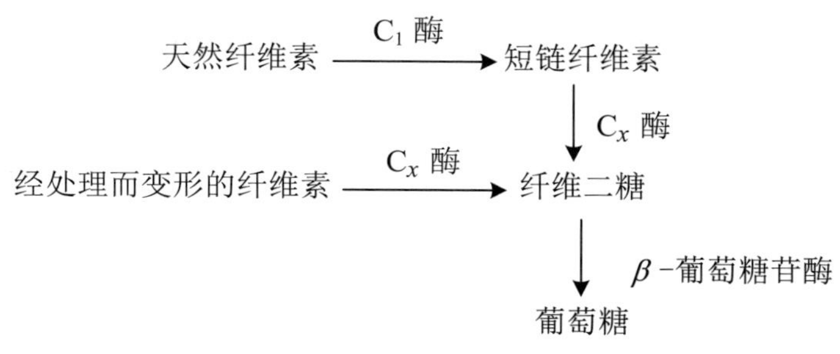

图 3-2　纤维素的酶解机理

纤维素酶主要来源于丝状真菌的黑曲霉、青霉、根霉和木霉。除丝状真菌外，产纤维素酶的微生物还有细菌、放线菌等。从酱香型白酒高温大曲中分离筛选得到的高温放线菌，也具有较好的产纤维素酶能力。纤维素酶的作用温度一般为 40 ～ 50℃，高于 60℃时，酶的活力迅速下降至失活；最适 pH=4.0 ～ 5.0。

在酿酒行业，添加纤维素酶可促进原料细胞壁的破坏，有利于淀粉原料等物质的释放，同时降解纤维素得到可发酵性糖，因此可提高糖化效率和出酒率，降低醪液黏度。

四、半纤维素酶

半纤维素是一种杂聚多糖化合物。它与纤维素一样，同属于多糖类，但纤维素由葡萄糖以 β-1,4- 葡萄糖苷键相连而成，无支链；半纤维素则由两种或两种以上的单糖（葡萄糖、甘露糖等六碳糖和木糖、阿拉伯糖等五碳糖）构成，具有支链。其分子量低于纤维素，化学稳定性也小于纤维素；水解产物为木糖、葡萄糖、阿拉伯糖、半乳糖、甘露糖、半乳糖醛酸和葡萄糖醛酸等。

半纤维素酶包括昆布多糖酶、内切木聚糖酶、外切木聚糖酶、木二糖酶及阿拉伯糖苷酶和 β- 葡聚糖酶和戊糖酶等。如昆布多糖酶，可由微生物霉菌产生，可内切水解 β-葡聚糖的 1,3- 键或 1,4- 键。其作用温度低于 60℃时很稳定，短时间内作用温度可达到 70 ～ 80℃，最适 pH=4 ～ 5。

五、脂肪酶

脂肪酶是分解脂肪的酶。脂肪是生物产生的天然油脂，即脂肪酸甘油酯。分解的部位是油脂的酯键。该酶是一种特殊的酯键分解酶，其底物的醇部是甘油，底物的酸部是不溶于水的 12 个碳原子以上的长链脂肪酸，即通常所说的高级脂肪酸。脂肪酶分解脂肪酸甘油酯所得的部分甘油酯、脂肪酸及甘油等，除了供给生物体所需的能量外，也是合成磷脂等重要生理功能的类脂的主链和前体。

能产生脂肪酶的微生物包括黑曲霉、白地霉、毛霉、荧光假单胞菌、无根根霉、圆柱假丝酵母、德式根霉、多球菌及黏质色杆菌等。

六、果胶酶

果胶酶是分解果胶质的多种酶的总称，包括解聚酶和果胶酯酶两大类。根据对底物作用的专一性可以进一步进行分类：作用于高度酯化的果胶还是作用于果胶酸；对半乳糖醛酸间的糖苷键是水解作用还是反式消除作用；无规则地切断糖苷键还是按顺序逐个切断糖苷键，即外切式还是内切式。果胶酶可以具体分为果胶质解酶和果胶酯酶。

果胶质解酶：包括对果胶作用的解聚酶和对果胶酸作用的解聚酶。

对果胶作用的解聚酶又分为聚甲基半乳糖醛酸酶，包括内切聚甲基半乳糖醛酸酶，该酶无规则地切断高度酯化果胶的 α-1,4- 糖苷键，外切聚甲基半乳糖醛酸酶，该酶从非还原性末端顺序切断高度酯化果胶的 α-1,4- 糖苷键；聚甲基半乳糖醛酸裂解酶，包括内切聚甲基半乳糖醛酸裂解酶，该酶经反式消除作用，无规则地切断高度酯化果胶的 α-1,4- 糖苷键，生成在非还原性末端的 C_4 和 C_5 之间具有不饱和键的半乳糖醛酸酯；外切聚甲基半乳糖醛酸裂解酶，经反式消除作用，顺序切断高度酯化果胶的 α-1,4- 糖苷键，生成具有不饱和键的半乳糖醛酸酯。

对果胶酸作用的解聚酶又分为聚半乳糖醛酸酶，包括内切聚半乳糖醛酸酶，该酶经水解作用无规则地切断果胶酸分子的 α-1,4- 糖苷键；外切聚半乳糖醛酸酶，该酶经水解作用顺序切断果胶酸分子的 α-1,4- 糖苷键；聚甲基半乳糖醛酸裂解酶，包括内切聚甲基半乳糖醛酸裂解酶，该酶经反式消除作用，无规则地切断果胶酸的 α-1,4- 糖苷键，生成具有不饱和键的半乳糖醛酸酯；外切聚甲基半乳糖醛酸裂解酶，经反式消除作用，顺序切断果胶酸的 α-1,4- 糖苷键，生成具有不饱和键的半乳糖醛酸酯。

果胶酯酶：此类酶使果胶分子中的甲酯水解，最终生成果胶酸。

果胶酶广泛存在于植物果实和微生物中，通常动物细胞不能合成这类酶。霉菌能产生多种果胶解聚酶，大多可产内切聚半乳糖醛酸酶；少数酵母菌也能产果胶酶；假单胞菌能产内切聚半乳糖醛酸裂解酶。在一些霉菌和细菌中也有果胶酶存在。

七、单宁酶

单宁酶即单宁酰基水解酶，是一种对带有两个苯酚基的酸具有分解作用的酶，其分解产物为没食子酸、葡萄糖和奎尼酸。

产生单宁酶的微生物大多是霉菌，如黑曲霉及米曲霉等。

八、氧化还原酶

氧化还原酶是催化两个分子间发生氧化还原反应的一类酶的总称。按照供氢体的性质，通常可分为氧化酶和脱氢酶两类。

氧化酶类：氧化酶分为两类，一类是辅基氧化酶，它催化底物脱氢，氧化生成H_2O_2的氧化酶，这类酶需要FAD（黄素腺嘌呤二核苷酸）或FMN（黄素单核苷酸）为辅基，该酶作用时，底物脱下的氢先交给FAD，生成FAD·2H，FAD·2H再与氧作用，生成H_2O_2，释放出FAD。例如，葡萄糖氧化酶是一类催化底物脱氢，氧化生成水的氧化酶。一类是催化底物直接氧化的氧化酶，例如多酚氧化酶，直接催化含酚基的化合物氧化成醌，然后再经脱水、聚合等反应，最终生成黑色物质。

脱氢酶类：这类酶能直接从底物上脱氢。例如乙醇脱氢酶、谷氨酸脱氢酶等。

氧化还原酶是已知数量最多的一类酶。按照所作用的供体类别可分为17个亚类，分别作用于供体的CH-OH基团、醛基或酮基、CH-CH基团、$CH-NH_2$基团、CH-NH基团、NADH或NADPH、其他含氮化合物、含硫基团、血红素基团、二酚类等各亚类中；又可按受体的类别分亚亚类。

九、酵母菌胞内酶

酵母菌胞内酶是维持酵母新陈代谢、生长繁殖的基础，种类繁多，与白酒酿造有关且直接参与白酒发酵的酵母菌胞内酶有几十种，主要包括三类酶：酒化酶、杂醇油生成酶和酯化酶。

酒化酶是指参与从葡萄糖酵解到乙醇生成全过程中各个生化反应的各种酶和辅酶的总

称，主要包括己糖激酶、氧化还原酶、烯醇化酶、丙酮酸脱羧酶、磷酸酶及乙醇脱氢酶等。酒化酶的作用温度为30℃左右，最适 pH=4.5 ～ 5.5。

杂醇油生成酶包括转氨酶、脱羧酶及还原酶等，主要为支链氨基酸转氨生成 α- 酮酸，或由糖代谢生成 α- 酮酸，α- 酮酸脱羧以及还原生成各种高级醇的生化途径中所涉及的各种酶，与白酒质量密切相关。

酯化酶包括醇酰基转移酶、酰基辅酶 A 合成酶及醛缩合酶等，这些酶协同作用完成白酒发酵过程中的酯类合成。

第二节　糖化与发酵原理

白酒生产原料经过润料和蒸煮后，原料中的淀粉被糊化，为接下来的糖化和发酵工艺做好原料准备。将蒸煮糊化好的原料冷却后接入酒曲等糖化发酵剂，就开始了糖化发酵的白酒生产关键工艺过程。对于传统白酒生产，是边糖化、边发酵的固态或半固态双边生产工艺；对于新型液态酒生产，是先糖化后发酵的液态法生产工艺。

一、淀粉的糖化

淀粉经淀粉酶作用生成糖的过程，称为淀粉的糖化。淀粉糖化是各种淀粉酶共同作用的结果，其过程包括生成糊精、低聚糖、二糖和单糖，淀粉糖化生成葡萄糖的化学反应式如下：

$$\left(C_6H_{10}O_5\right)n + nH_2O \xrightarrow{\text{淀粉酶}} n\left(C_6H_{12}O_6\right)$$

按照这个总反应式，理论上，100kg 淀粉可以生成 112.12kg 葡萄糖，但淀粉糖化过程是多种复合酶的共同作用，包括 α- 淀粉酶、糖化酶、异淀粉酶、β- 淀粉酶、麦芽糖酶、葡萄糖苷转移酶等，所以其产物除葡萄糖外，还有二糖、低聚糖及糊精等成分。实际上，葡萄糖生成量达不到理论产量。淀粉糖化生成的产物主要如下：

◆糊精：糊精是介于淀粉和低聚糖之间的酶解产物。无一定的分子式，呈白色或黄色，无定形，能溶于水成胶状溶液，不溶于乙醚。淀粉酶解时，能产生不同的糊精，通常遇碘呈红棕色，生成的无色糊精遇碘却不变色。

◆低聚糖：有关低聚糖的定义不确定，有人认为低聚糖是由 2 ～ 6 个葡萄糖单位组成的，也有人认为是 2 ～ 10 个葡萄糖单位组成的，或者 2 ～ 20 个葡萄糖单位组成的，也称为寡糖。一般认为低聚糖是非发酵性的三糖或四糖。凡是直链淀粉酶解至分子组成少于 6 个葡萄糖单位的低聚糖，都不会与碘液起呈色反应。因为每 6 个葡萄糖残基的低聚葡萄糖链形成一个圈螺旋，可以束缚 1 个碘分子，从而显色，而低于 6 个葡萄糖残基的低聚糖，不能束缚碘分子，因此不会显色。

◆二糖：又称双糖，是分子量最小的低聚糖，由 2 分子单糖结合而成。常见的二糖有蔗糖和麦芽糖，均是可发酵性糖。1 分子麦芽糖水解生成 2 分子葡萄糖，1 分子蔗糖水解生成 1 分子葡萄糖和 1 分子果糖。

◆单糖：单糖是不能再被淀粉酶继续分解的最简单的糖类。它是多羟基醛或酮的衍生物，包括葡萄糖、果糖等。单糖按照其碳原子数目不同可分为丙糖、戊糖和己糖，根据羰基的位置不同又可分为醛糖和酮糖。葡萄糖是最常见的六碳醛糖，也是右旋糖。果糖是最常见的六碳酮糖，也是左旋糖，果糖是普通糖类中最甜的糖。葡萄糖经葡萄糖异构酶的作用，可以转化为果糖。

白酒酒醅中还原糖的变化，微妙地反映了糖化和发酵速度的平衡程度。在发酵前期，由于微生物数量有限，而糖化作用迅速，故还原糖含量很快增长到最高值。随着发酵时间的推进，酵母等微生物数量增加，发酵力增强，故还原糖含量迅速下降，进入发酵后期，还原糖含量基本不变。发酵期间还原糖含量的变化，主要是受酒曲、酒醅酸度、发酵温度等因素的影响和制约。发酵后期酒醅中残糖的含量多少，表明发酵的程度和酒醅的质量。此外，使用不同酒曲，酒醅的残糖也有差异。

二、糖化过程其他物质的变化

淀粉糖化过程中，除淀粉分解生成葡萄糖等小分子外，蛋白质、脂肪、果胶、纤维素、半纤维素等生物大分子也会在相应酶的作用下发生分解反应。

蛋白质：在糖化和发酵过程中，原料中的蛋白质在蛋白酶的作用下，水解生成蛋白胨、多肽、小肽、氨基酸等中、低分子量的含氮化合物，为酵母菌等微生物提供营养物质。蛋白质的分解过程如下：

蛋白质 ——→ 蛋白胨 ——→ 多肽 ——→ 小肽 ——→ 氨基酸

同时，生成的氨基酸也会发生脱氨基和脱羧基作用，转化生成杂醇油或高级醇，成为白酒的风味物质，当然过量的杂醇油也会影响白酒的品质。

脂肪：酿酒原料中的脂肪，在脂肪酶的作用下，水解生成甘油和脂肪酸。一部分甘油为微生物的营养源，脂肪酸经 β- 氧化作用而被分解。

果胶：酿酒原料中的果胶在果胶酶的作用下，分解生成果胶酸和甲醇，进一步分解生成半乳糖醛酸等小分子物质。含果胶多的原料，发酵后容易产生甲醇，因此酿酒原料一般要求含果胶少。粮谷原料通常含果胶少。薯类原料通常含果胶较多。

单宁：单宁在单宁酶和氧化酶的作用下，分解生成丁香醛、丁香酸等化合物。微生物通过分泌单宁酶降解单宁产生各类中间代谢产物及杂环类芳香物质，如酚酸、黄酮类化合物，赋予了酒体独特的香味。

有机磷化合物：在磷酸酯酶的作用下，磷酸自有机磷化合物中释放出来，为酵母等微生物的生长和发酵提供磷源。

纤维素、半纤维素：酿酒原料中部分纤维素、半纤维素在纤维素酶及半纤维素酶的作用下，部分水解为少量的葡萄糖、纤维二糖和木糖等糖类，从而被发酵利用。

木质素：酿酒原料中还存在木质素，它是一种由苯丙烷单元以不规则方式结合而成的高分子芳香化合物。在木质素酶的作用下，木质素发生水解可生成酚类化合物，如香草醛、香草酸、阿魏酸及 4- 乙基阿魏酸等。酒醅加曲后，若在入窖前采用堆积升温的方法，则可增加阿魏酸等酚酸成分的生成量。

此外，在糖化过程中，氧化还原酶等也在起作用，糖化过程进行时，发酵过程也在进行，即边糖化边发酵，故酿酒原料的物质变化是十分复杂的。

三、单糖的分解

酿酒过程中单糖进一步分解，主要是微生物酶的作用。单糖的分解代谢途径主要有 EMP 途径、HMP 途径、ED 途径和 PK 途径等。

（一）EMP 途径

EMP 途径也称己糖双磷酸途径或糖酵解途径，是淀粉经淀粉酶作用生成的葡萄糖，进一步经过多步酶的反应，生成丙酮酸的过程。这个途径的特点是，当葡萄糖转化成 1,6- 二磷酸果糖后，在果糖二磷酸醛缩酶作用下，裂解为两个 3C 化合物，再由此转化为 2 分子丙酮酸。EMP 途径的过程由以下 10 个连续反应组成。

第 1 步：葡萄糖生成 6- 磷酸葡萄糖。

$$葡萄糖 + ATP \xrightarrow{己糖激酶} 6\text{-}磷酸葡萄糖 + ADP$$

第 2 步：6- 磷酸葡萄糖生成 6- 磷酸果糖。

$$6\text{-}磷酸葡萄糖 \xleftrightarrow{磷酸己糖异构酶} 6\text{-}磷酸果糖$$

第 3 步：生成 1,6- 二磷酸果糖。

$$6\text{-}磷酸果糖 \leftrightarrow 1,6\text{-}二磷酸果糖$$

第 4 步：生成磷酸二羟丙酮和 3- 磷酸甘油醛。

$$1,6\text{-}二磷酸果糖 \xleftrightarrow{醛缩酶} 磷酸二羟丙酮 + 3\text{-}磷酸甘油醛$$

第 5 步：磷酸二羟丙酮转化为 3- 磷酸甘油醛。

$$磷酸二羟丙酮 \xleftrightarrow{磷酸丙糖异构酶} 3\text{-}磷酸甘油醛$$

第 6 步：3- 磷酸甘油醛生成 1,3- 二磷酸甘油酸。

$$3\text{-}磷酸甘油醛 + NAD + H_3PO_4 \xleftrightarrow{3\text{-}磷酸甘油醛脱氢酶} 1,3\text{-}二磷酸甘油酸 + NADH$$

第 7 步：1,3- 二磷酸甘油酸生成 3- 磷酸甘油酸。

$$1,3\text{-}二磷酸甘油酸 + ADP \xleftrightarrow{3\text{-}磷酸甘油酸激酶} 3\text{-}磷酸甘油酸 + ATP$$

第 8 步：3- 磷酸甘油酸生成 2- 磷酸甘油酸。

$$3\text{-}磷酸甘油酸 \xleftrightarrow{磷酸甘油酸变位酶} 2\text{-}磷酸甘油酸$$

第 9 步：2- 磷酸甘油酸生成磷酸烯醇式丙酮酸。

$$2\text{-}磷酸甘油酸 \xrightarrow{烯醇化酶} 磷酸烯醇式丙酮酸 + H_2O$$

第 10 步：磷酸烯醇式丙酮酸生成丙酮酸。

$$磷酸烯醇式丙酮酸 + ADP \xrightarrow{丙酮酸激酶} 丙酮酸 + ATP$$

总反应式为

$$C_6H_{12}O_6 + 2NAD + 2(ADP + Pi) \rightarrow 2CH_3COCOOH + 2ATP + 2NADH_2$$

总反应途径如图 3-3 所示。

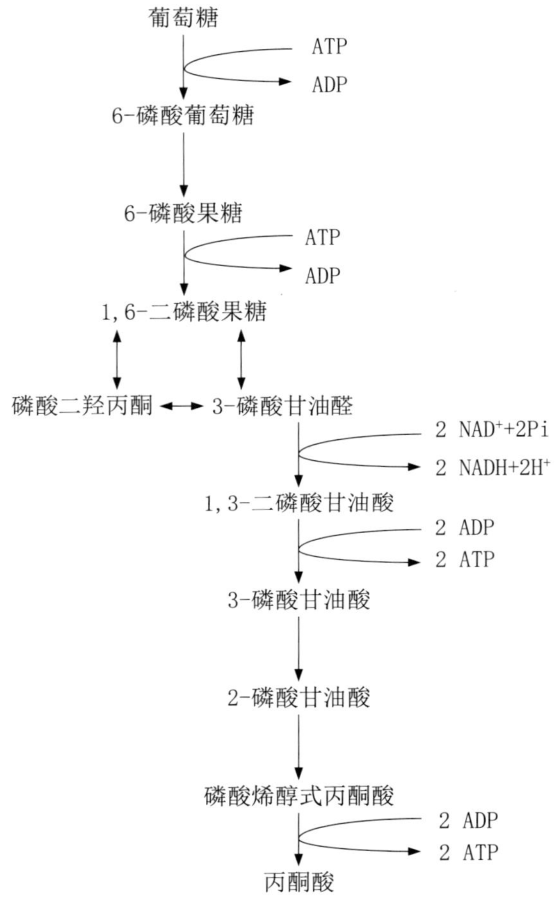

图 3-3　葡萄糖酵解的 EMP 途径

EMP 途径的关键酶是磷酸己糖激酶和果糖二磷酸醛缩酶，它开始消耗 ATP，后来又产生 ATP，总计每分子葡萄糖经过 EMP 途径可净产生 2 分子 ATP，产能水平较低。EMP 途径是生物体内 6- 磷酸葡萄糖转化为丙酮酸的最普遍的反应过程，许多微生物均具有 EMP 途径。

（二）HMP 途径

HMP 途径也称己糖单磷酸途径或磷酸戊糖循环。这个途径的特点是当葡萄糖经一次磷酸化脱氢生成 6- 磷酸葡萄糖酸后，在 6- 磷酸葡萄糖脱氢酶作用下，再次脱氢降解生成 1 分子 CO_2 和 1 分子磷酸戊糖。磷酸戊糖的进一步代谢较复杂，由 3 分子磷酸己糖经脱氢、脱羧生成 3 分子磷酸戊糖，3 分子磷酸戊糖之间，在转酮酶和转醛酶的作用下，又生成 2 分子磷酸己糖和 1 分子磷酸丙糖，磷酸丙糖再经 EMP 途径的后半部反应转化为丙酮酸，这个反应过程称为 HMP 途径。反应步骤可分为以下 10 步反应。

第 1 步：葡萄糖生成 6- 磷酸葡萄糖。

$$\text{葡萄糖} + \text{ATP} \xleftrightarrow{\text{己糖激酶}} \text{6-磷酸葡萄糖} + \text{ADP}$$

第 2 步：6- 磷酸葡萄糖生成 6- 磷酸葡萄糖内酯。

$$\text{6-磷酸葡萄糖} + \text{NADP} \xleftrightarrow{\text{磷酸葡萄糖脱氢酶}} \text{6-磷酸葡萄糖内酯} + \text{NADPH}_2$$

第 3 步：6- 磷酸葡萄糖内酯生成 6- 磷酸葡萄糖酸。

$$\text{6-磷酸葡萄糖内酯} + \text{H}_2\text{O} \xleftrightarrow{\text{内酯酶}} \text{6-磷酸葡萄糖酸}$$

第 4 步：6- 磷酸葡萄糖酸生成 5- 磷酸核酮糖。

$$\text{6-磷酸葡萄糖酸} + \text{NADP} \leftrightarrow \text{5-磷酸核酮糖} + \text{NADPH}_2 + \text{CO}_2$$

第 5 步：5- 磷酸核酮糖异构化生成 5- 磷酸核糖和 5- 磷酸木酮糖。

$$\text{5-磷酸核酮糖} \xleftrightarrow{\text{磷酸核糖异构酶}} \text{5-磷酸核糖} \xleftrightarrow{\text{磷酸木酮糖异构酶}} \text{5-磷酸木酮糖}$$

第 6 步：5- 磷酸核糖和 5- 磷酸木酮糖生成 7- 磷酸景天庚酮糖和 3- 磷酸甘油醛。

$$\text{5-磷酸核糖} + \text{5-磷酸木酮糖} \xrightarrow{\text{转酮酶}} \text{7-磷酸景天庚酮糖} + \text{3-磷酸甘油醛}$$

第 7 步：7- 磷酸景天庚酮糖和 3- 磷酸甘油醛生成 6- 磷酸果糖和 4- 磷酸赤藓糖。

$$\text{7-磷酸景天庚酮糖} + \text{3-磷酸甘油醛} \xrightarrow{\text{转醛酶}} \text{6-磷酸果糖} + \text{4-磷酸赤藓糖}$$

第 8 步：4- 磷酸赤藓糖和 5- 磷酸木酮糖生成 6- 磷酸果糖和 3- 磷酸甘油醛。

$$4\text{-磷酸赤藓糖} + 5\text{-磷酸木酮糖} \xleftrightarrow{\text{转醛酶}} 6\text{-磷酸果糖} + 3\text{-磷酸甘油醛}$$

第 9 步：3- 磷酸甘油醛生成磷酸二羟丙酮，磷酸二羟丙酮再与 3- 磷酸甘油醛生产 1,6- 磷酸果糖。

$$3\text{-磷酸甘油醛} \longrightarrow \text{磷酸二羟丙酮} + 3\text{-磷酸甘油醛} \leftrightarrow 1,6\text{-二磷酸果糖}$$

第 10 步：1,6- 磷酸果糖生成 6- 磷酸果糖和磷酸。

$$1,6\text{-二磷酸果糖} \xrightarrow{\text{磷酸酯酶}} 6\text{-磷酸果糖} + H_3PO_4$$

完全 HMP 途径的总反应式为

$$6\text{-磷酸葡萄糖} + 7H_2O + 12NADP \longrightarrow 6CO_2 + 12NADPH_2 + H_3PO_4$$

不完全 HMP 途径反应到第 9 步反应为止，所生成的 3- 磷酸甘油醛经 EMP 途径的后半部分转化为丙酮酸，其总反应式为

$$6\text{-磷酸葡萄糖} + 7H_2O + 12NADP \longrightarrow CH_3COCOOH + 3CO_2 + 6NADPH_2 + ATP$$

HMP 途径以 6- 磷酸葡萄糖开始，在 6- 磷酸葡萄糖脱氢酶催化下形成 6- 磷酸葡萄糖酸，进而代谢生成磷酸戊糖为中间代谢物的过程——磷酸戊糖途径。其反应部位在细胞质，反应起始物是 6- 磷酸葡萄糖，重要的反应产物为 $NADPH_2$、5- 磷酸核糖。反应过程的限速酶是 6- 磷酸葡萄糖脱氢酶，催化不可逆反应，其活性主要受 $NADP^+$/NADPH 比例的调节，非氧化阶段戊糖的转变主要受控于底物的浓度。5- 磷酸核糖过多时可以转化为 6- 磷酸果糖和 3- 磷酸甘油醛进行酵解。

HMP 途径的另一个特点是只有 NADP 参与反应。在有氧条件下，HMP 途径所产生的 $NADPH_2$ 在 NAD-NADP 轻氢酶的作用下，可将氢转给 NAD，形成 $NADH_2$，经呼吸链电子磷酸化形成 ATP。一般认为，HMP 途径不是主要的产能途径，而是为细胞的合成提供供氢体（$NADPH_2$）。另外，还为细胞生物合成提供大量的 C_3、C_4、C_5、C_6 和 C_7 等前体物，特别是磷酸戊糖，它是合成核酸、某些辅酶以及合成组氨酸、芳香氨基酸、对氨基苯甲酸等化合物的重要底物。

（三）ED途径

ED途径也称2-酮-3-脱氧-6-磷酸葡萄糖酸途径（图3-4）。在醛缩酶的作用下，裂解为丙酮酸和3-磷酸甘油醛，3-磷酸甘油醛再经EMP途径的后半部分反应转化为丙酮酸。

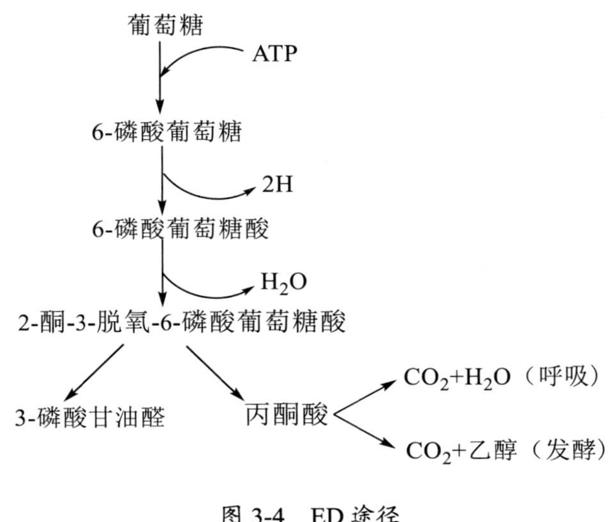

图3-4 ED途径

ED途径的关键酶系是6-磷酸葡萄糖脱水酶和2-酮-3-脱氧-6-磷酸葡萄糖酸醛缩酶。其中6-磷酸葡萄糖酸脱水生成2-酮-3-脱氧-6-磷酸葡萄糖酸，而2-酮-3-脱氧-6-磷酸葡萄糖酸醛缩酶则催化2-酮-3-脱氧-6-磷酸葡萄糖酸裂解为丙酮酸和3-磷酸甘油醛。

ED途径是糖类的一个厌氧降解途径，它在细菌中，特别是革兰氏阴性细菌中分布很广，在好氧细菌中分布不普遍。其总反应式为

$$C_6H_{12}O_6 + ADP + Pi + NADP + NAD \rightarrow 2CH_3COCOOH + ATP + NADPH_2 + NADH_2$$

（四）PK途径

PK途径也称为磷酸解酮酶途径。在微生物降解己糖的过程中，除了EMP、HMP和ED途径外，还有一条途径（即磷酸解酮酶途径）为少数细菌所独有。磷酸解酮酶有两种，一种是戊糖磷酸解酮酶，一种是己糖磷酸解酮酶。有些异型乳酸发酵的微生物，如明串珠菌属和乳杆菌属中的肠膜明串珠菌、短乳酸杆菌、甘露乳酸杆菌等，由于没有转酮-转醛酶系，而具有戊糖磷酸解酮酶，因此可通过戊糖磷酸解酮酶途径进行降解。其反应途径见图3-5。

这个途径的特点是降解 1 分子葡萄糖只产生 1 分子 ATP，相当于 EMP 途径的一半，另一特点是几乎产生等量的乳酸、乙醇和 CO_2，其总反应式为

$$C_6H_{12}O_6 + ADP + Pi \rightarrow CH_3CHOHCOOH + CH_3CHOH + CO_2 + ATP$$

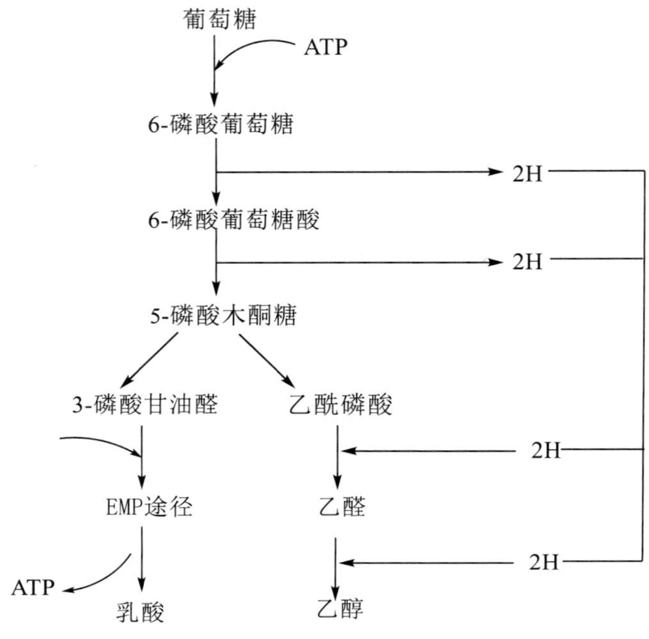

图 3-5　PK 途径（磷酸解酮酶途径）

戊糖磷酸解酮酶途径的关键酶系是磷酸木糖解酮酶，它催化 5- 磷酸木酮糖裂解为 3- 磷酸甘油醛和乙酰磷酸反应。

四、酒精发酵

酵母菌的酒精发酵是酿酒工业的基础，它与白酒、果酒、啤酒酿造以及酒精的生产等有着密切的关系。进行酒精发酵的微生物主要是酵母菌，如酿酒酵母，一些非酿酒酵母也能进行酒精发酵。此外，还有少数细菌也能进行酒精发酵，如发酵单胞菌、嗜糖假单胞菌和解淀粉欧文氏菌等。

（一）酵母菌的酒精发酵机理

在无氧条件下，酵母菌的酒化酶可将葡萄糖发酵转化生成乙醇和二氧化碳，这一过程

包括葡萄糖的发酵降解和丙酮酸的无氧降解。葡萄糖经 EMP 途径分解为 2 分子的丙酮酸，然后在酒精发酵的关键酶——丙酮酸脱羧酶的作用下，脱羧生成乙醛和二氧化碳，最终乙醛被还原成乙醇。其生成乙醇的总反应方程式为

$$C_6H_{12}O_6 + 2ADP + 2H_3PO_4 \rightarrow 2C_2H_5OH + 2ATP + 2CO_2 + 2H_2O$$

这是一个放热反应，可产生 10.6kJ 的热量。酒化酶是指从葡萄糖到酒精生成的一系列生化反应的各种酶及辅酶的总称，主要包括己糖磷酸化酶、氧化还原酶、烯醇化酶、脱羧酶及磷酸酶等。这些酶均属于酵母细胞的胞内酶。

从上述反应式可以知道，100kg 葡萄糖在理论上可以生成 51.1kg 酒精。

在生产实际中，理论值与生产实际得率有一定差距。因为在发酵过程中，除生成乙醇外，还会得到其他副产物。同时，菌体繁殖、菌体生长及生成生物酶类等，均会导致糖分的损失。因此实际白酒生产出酒率低于理论得率，一般情况下，液态法蒸馏白酒的淀粉出酒率为 80% ～ 90%，麸曲白酒的淀粉出酒率为 60% ～ 75%，小曲法白酒的淀粉出酒率为 65% ～ 80%，固态大曲白酒的淀粉出酒率只有 40% ～ 65%。

酒精发酵是酵母菌正常的发酵形式，也称为第一型发酵，如果改变正常发酵条件，可使酵母菌进行第二型和第三型发酵而生成甘油。

第二型发酵是在亚硫酸氢钠存在的情况下发生的，亚硫酸氢钠和乙醛发生加成作用，生成难溶的结晶状加成物——亚硫酸氢钠磺化羟乙醛。

$$NaHSO_3 + CH_3CHO \longrightarrow H_3C-\underset{O_3SNa}{\overset{OH}{\underset{|}{\overset{|}{C}}}}-H$$

由于乙醛和亚硫酸氢钠发生加成反应，致使乙醛不能作为受氢体，而使磷酸二羟丙酮代替乙醛作为受氢体，生成 α- 磷酸甘油。

$$\begin{array}{l}CH_2OH\\ |\\ C{=}O\\ |\\ CH_2OPO_3H_2\end{array} + NADH + H^+ \longrightarrow \begin{array}{l}\quad\; CH_2OH\\ \quad\;\, |\\ H-C-OH\\ \quad\;\, |\\ \quad\; CH_2OPO_3H_2\end{array} + NAD^+$$

α- 磷酸甘油在 α- 磷酸甘油磷酸酯酶催化下被水解，除去磷酸而生成甘油。

$$\begin{array}{l}\quad\; CH_2OH\\ \quad\;\, |\\ H-C-OH\\ \quad\;\, |\\ \quad\; CH_2OPO_3H_2\end{array} + H_2O \longrightarrow \begin{array}{l}\quad\; CH_2OH\\ \quad\;\, |\\ H-C-OH\\ \quad\;\, |\\ \quad\; CH_2OH\end{array} + H_3PO_4$$

总反应式为：葡萄糖 +HSO_3^- →甘油 + 乙醛 · HSO_3 ＋ CO_2

第三型发酵是在碱性条件下进行的，碱性条件可使乙醛不能作为受氢体，而是 2 分子乙醛之间发生歧化反应，1 分子乙醛被氧化成乙酸，1 分子乙醛被还原成乙醇。

$$2CH_3CHO \rightarrow CH_3CH_2OH + CH_3COOH$$

这样又使磷酸二羟丙酮作为受氢体而生成甘油。总反应式为

$$2C_6H_{12}O_6 \rightarrow 2\ \text{甘油} + \text{乙酸} + \text{乙醇} + 2CO_2$$

可以看出，在酵母菌的第二型和第三型发酵过程中，均不产生能量，因此只能在非生长情况下进行。酵母菌在不同条件下，发酵结果是不同的，通过改变环境条件，可以调控微生物的物质代谢。

（二）细菌的酒精发酵机理

细菌由 ED 途径将葡萄糖发酵生产酒精，即葡萄糖被磷酸化后，再氧化生成 6- 磷酸葡萄糖酸。这时，因脱水而形成 2- 酮 -3- 脱氧葡萄糖酸 -6- 磷酸后，再经 2- 酮 -3- 脱氧葡萄糖酸 -6- 磷酸缩合酶的分解作用，可由 1 摩尔的葡萄糖生成 2 摩尔的丙酮酸，并生成 1 摩尔 ATP。

ED 途径与 EMP 途径相比较，EMP 途径由 1 摩尔葡萄糖生成 2 摩尔 ATP，而 ED 途径只生成 1 摩尔 ATP。通常，ATP 生成量与菌体量呈正相关，故细菌发酵产酒精时，生成的菌体量大约为酵母菌的一半。因此细菌的酒精发酵产率较高。但细菌进行酒精发酵时，还同时生成了副产物，如丁醇、2,3- 丁二醇等醇类，甲酸、乙酸、丁酸、乳酸等有机酸，阿拉伯糖醇、甘油、木糖醇等多元醇，以及甲烷、二氧化碳、氢气等气体，因此细菌的酒精发酵实际得率比酿酒酵母的酒精发酵得率要低得多。

在白酒生产中，酒精发酵过程主要是由酵母菌来完成的。

第三节　白酒风味物质形成机理

在酿酒过程中，微生物除进行酒精发酵外，还会代谢生成其他风味物质，包括有机酸、醇、醛、酮、杂环化合物和芳香化合物等。这些风味物质的形成，使中国传统白酒具有不同的风格特征。

从严格的科学意义上讲，酒精发酵生成的乙醇不是白酒，中国白酒中乙醇和水只是酒

的主要成分，占比大约为98%，另外大约2%的风味物质，包括有机酸、醇、醛、酮、杂环化合物和芳香化合物等风味物质，它们和乙醇、水一起共同作用，才有了中国白酒饮后的舒适、兴奋和愉悦。可见，另外大约2%的风味物质，才决定了中国白酒的品质。

一、有机酸类化合物的形成

（一）醋酸的生成

参与醋酸发酵的微生物主要是细菌，统称为产醋酸细菌。它们中既有好氧的醋酸细菌，如纹膜醋酸杆菌（*Acetobacter aceti*）、氧化醋酸杆菌（*Acetobacter oxydans*）、巴氏醋酸杆菌（*Acetobacter pasteurianus*）、氧化醋酸单胞菌（*Acetomonas oxydans*）等；也有厌氧的醋酸细菌，如热醋酸梭菌（*Clostridium thermoaceticum*）、胶醋酸杆菌（*Acetobacter xylinum*）等。

好氧性醋酸细菌进行的是好氧醋酸发酵。在有氧条件下，它能将乙醇直接氧化成醋酸，是醋酸细菌的好氧性呼吸，其氧化过程是一个脱氢加水的过程，脱下的氢最后经呼吸链和氧结合形成水，并放出能量（大约 4.9×10^5kJ），总反应式为：

$$CH_3CH_2OH + O_2 \rightarrow CH_3COOH + H_2O$$

厌氧性醋酸细菌进行的是厌氧醋酸发酵，其中热醋酸梭菌能通过EMP途径发酵葡萄糖，产生3分子醋酸。研究证实，该菌只有丙酮酸脱羧酶和CoM，能利用 CO_2 作为受氢体生成乙酸，发酵结果如下：

$$C_6C_{12}O_6 + 2ADP + 2Pi \xrightarrow{EMP} 2CH_3COCOOH + 4H + 2ATP$$

$$2CH_3COCOOH + 2H_2O + 2ADP + 2Pi \xrightarrow[\text{乙酸激酶}]{\text{丙酮酸脱羧酶}} 2CH_3COOH + CO_2 + 4H + 2ATP$$

$$2CO_2 + 8H \xrightarrow{CoM} CH_3COOH + 2H_2O$$

总反应式为

$$C_6H_{12}O_6 + 4A(DP + Pi) \rightarrow 3CH_3COOH + 4ATP$$

好氧性醋酸发酵是醋酸酿造的工业基础。制醋原料或酒精接种醋酸细菌后，即可发酵生成醋酸调味品，也可生成重要的工业化工原料——冰醋酸。好氧性醋酸发酵是我国酿造醋酸的主要途径。

在某些微生物作用下，糖经发酵生成乙醛，2分子乙醛发生歧化反应，生成1分子乙酸和1分子乙醇。

$$2CH_3CHO \rightarrow CH_3CH_2OH + CH_3COOH$$

酵母菌的酒精发酵，同时也生成乙酸。

$$2C_6H_{12}O_6 + H_2O \rightarrow CH_3CH_2OH + CH_3COOH + 2CH_2OHCHOHCH_2OH + 2CO_2$$

通常，在酵母菌的生长及发酵条件较好时，乙酸生成量较少。若酒醅中进入枯草芽孢杆菌，则乙酸生成量较多。

异型乳酸发酵时也会生成乙酸。

（二）乳酸的生成

乳酸发酵是细菌发酵常见的最终产物，能够产生乳酸的细菌称为产乳酸细菌。在乳酸发酵过程中，发酵产物只有乳酸的称为同型乳酸发酵，发酵产物中除乳酸外，还有乙醇、乙酸及二氧化碳等产物的称为异型乳酸发酵。

1. 同型乳酸发酵

引起同型乳酸发酵的乳酸细菌，称为同型乳酸发酵菌，有双球菌属（*Diplococcus*）、链球菌属（*Streptococcus*）及乳酸杆菌属（*Lactobacillus*）等。其中，发酵行业中最常用的菌种是乳酸杆菌属中的一些种，如德氏乳杆菌（*L. delbruckii*）、保加利亚乳杆菌（*L. bulgaricus*）、干酪乳酸杆菌（*L. casei*）等。

同型乳酸发酵的基质主要是己糖，同型乳酸发酵己糖是通过 EMP 途径产生乳酸的。其发酵过程是葡萄糖经 EMP 途径降解为丙酮酸后，不经脱羧，而是在乳酸脱氢酶的作用下，直接被还原成乳酸。其总反应式为

$$C_6H_{12}O_6 + 2ADP + 2Pi \longrightarrow 2CH_3CHOHCOOH + 2ATP$$

2. 异型乳酸发酵

异型乳酸发酵基本都是通过磷酸解酮酶途径（即 PK 途径）进行的。其中肠膜明串珠菌、葡萄糖明串珠菌、短乳杆菌、番茄乳酸杆菌等通过戊糖解酮酶途径将 1 分子的葡萄糖发酵产生 1 分子乳酸、1 分子乙醇和 1 分子二氧化碳，并且只生成 1 分子的 ATP。总反应式为

$$C_6H_{12}O_6 + ADP + Pi \longrightarrow CH_3CHOHCOOH + CH_3CH_2OH + CO_2 + ATP$$

异型乳酸发酵还有以下途径，分别生成乳酸、乙酸、乙醇、二氧化碳及氢气。

$$2C_6H_{12}O_6 + H_2O \rightarrow 2CH_3CHOHCOOH + CH_3CH_2OH + CH_3COOH + 2CO_2 + 2H_2$$

或者发酵生成乳酸、甘露醇、乙酸和二氧化碳。

$$3C_6H_{12}O_6 + H_2O \rightarrow CH_3CHOHCOOH + 2C_6H_{14}O_6 + CH_3COOH + CO_2$$

双叉乳酸杆菌，两歧双歧乳酸菌等通过己糖磷酸解酮酶途径，将 2 分子葡萄糖发酵为 2 分子乳酸和 3 分子乙酸，并产生 5 分子 ATP，总反应式为

$$2C_6H_{12}O_6 + 5ADP + 5Pi \longrightarrow 2CH_3CHOHCOOH + 3CH_3COOH + 5ATP$$

根霉、毛霉也可发酵生成乳酸。

现代发酵工业以淀粉为原料，经淀粉糖化，接种乳酸细菌，发酵生产乳酸。

乳酸发酵也被广泛应用于传统发酵食品，如酸汤、泡菜、酸菜、酸牛奶、乳酪等，乳酸菌发酵生成并积累乳酸，抑制其他微生物的生长，使蔬菜、牛奶得以保存。在白酒酿造过程中，也存在大量的乳酸菌，乳酸菌发酵生产乳酸，乳酸是白酒中重要的有机酸。

（三）丁酸的生成

由丁酸菌将葡萄糖、氨基酸、乙酸和乙醇转化成丁酸。

$$\underset{\text{葡萄糖}}{C_6H_{12}O_6} \longrightarrow \underset{\text{丁酸}}{CH_3CH_2CH_2COOH} + \underset{\text{氢气}}{2H_2} + \underset{\text{二氧化碳}}{2CO_2}$$

$$\underset{\text{氨基酸}}{RCHNH_2COOH} \xrightarrow{[H]} \underset{\text{丁酸}}{CH_3CH_2CH_2COOH} + \underset{\text{氨}}{NH_3} + \underset{\text{二氧化碳}}{2CO_2}$$

$$\underset{\text{乙酸}}{CH_3COOH} + \underset{\text{酒精}}{CH_3CH_2OH} \xrightarrow{[H]} \underset{\text{丁酸}}{CH_3CH_2CH_2COOH} + \underset{\text{水}}{H_2O}$$

由丁酸菌将乳酸转化为丁酸。有以下两种途径：

① $\underset{\text{乙酸}}{CH_3COOH} + \underset{\text{酒精}}{CH_3CH_2OH} \xrightarrow{[H]} \underset{\text{丁酸}}{CH_3CH_2CH_2COOH} + \underset{\text{水}}{H_2O} + \underset{\text{二氧化碳}}{2CO_2}$

② $\underset{\text{乳酸}}{CH_3CHOHCOOH} + \underset{\text{水}}{H_2O} \longrightarrow \underset{\text{乙酸}}{CH_3COOH} + \underset{\text{二氧化碳}}{CO_2} + \underset{\text{氢气}}{2H_2}$

而由乙酸制备丁酸，其过程复杂。选择丙二酸酯法，条件温和，适合实验室操作。一是羟醛缩合法涉及多次氧化还原，需严格控制条件以避免副反应。二是 Arndt-Eistert 反应（两次增长碳链）虽可行，但需使用剧毒的重氮甲烷，风险较高。在此选择丙二酸酯合成法，其经典可靠且试剂易得，具体步骤如下：

①乙酸→乙醇

酯化还原： $CH_3COOH \xrightarrow{\text{酯化}} CH_3COOEt \xrightarrow{LiAlH_4\text{还原}} CH_3CH_2OH$

②乙醇→溴乙烷

$$CH_3CH_2OH + HBr \xrightarrow{H_2SO_4\text{催化}} CH_3CH_2Br$$

③丙二酸酯烷基化

$$CH_2(COOEt)_2 + CH_3CH_2Br \xrightarrow{EtONa（乙酸钠）} CH(CH_2CH_3)(COOEt)_2$$

④水解脱羧

$$CH(CH_2CH_3)(COOEt)_2 \xrightarrow{水解} CH(CH_2CH_3)(COOH)_2 \xrightarrow{加热} CH_3CH_2CH_2COOH$$

此路径高效且产率较高，适合实验室合成丁酸。

（四）琥珀酸的生成

琥珀酸也称为丁二酸，是三羧酸循环的中间体，琥珀酸通常来源于酵母菌的代谢产物，产琥珀酸的酵母菌主要有酿酒酵母、葡萄汁酵母等。在酵母菌发酵后期产生琥珀酸，延长发酵期可增加琥珀酸的生成量，琥珀酸生成途径主要有两条。

①酵母菌作用于葡萄糖和谷氨酸生成琥珀酸。

$$C_6H_{12}O_6 + COOHCH_2CH_2CHNH_2COOH + 2H_2O \longrightarrow COOHCH_2CH_2COOH + NH_2 + CO_2 + 2CH_2OHCHOHCH_2OH$$

②也可以由乙酸转化为琥珀酸。

$$2CH_3COOH + NAD + ATP \longrightarrow COOHCH_2CH_2COOH + NADH_2 + AMP$$

（五）己酸、丁酸的生成

己酸菌与甲烷菌共栖，能将低级脂肪酸合成为较高级的脂肪酸，能将乙酸和乙醇合成丁酸和己酸，也可由丁酸和乙醇合成己酸，还能将丙酸和乙醇合成戊酸，并进一步合成庚酸。

由乙醇和乙酸合成丁酸和己酸。当酒醅中乙酸多于乙醇时，主要产物为丁酸。

$$CH_3COOH + CH_3CH_2OH \longrightarrow CH_3CH_2CH_2COOH + H_2O$$

当酒醅中乙醇多于乙酸时，主要产物为己酸。

$$CH_3COOH + 2CH_3CH_2OH \longrightarrow CH_3CH_2CH_2CH_2CH_2COOH + 2H_2O$$

由乙醇和丁酸合成己酸。巴克等认为，己酸菌将乙醇和丁酸合成己酸时，必须先由丁酸菌将乙醇和乙酸合成丁酸。

$$CH_3CH_2CH_2COOH + CH_3CH_2OH \longrightarrow CH_3CH_2CH_2CH_2CH_2COOH + H_2O$$

由丁酸和乙酸合成己酸。

$$CH_3CH_2CH_2COOH + CH_3COOH + 2H_2 \longrightarrow CH_3CH_2CH_2CH_2CH_2COOH + 2H_2O$$

二、醇类化合物的生成

（一）高级醇的生成

碳原子数大于 2 的醇称为高级醇。白酒中的高级醇以异戊醇为主，包括正丙醇、异丁醇、异戊醇、活性戊醇等，因其溶于高浓度的乙醇而不溶于低浓度的乙醇及水中，且呈油状，也称为杂醇油。

杂醇油是酵母菌在发酵过程中利用糖和氨基酸进行代谢而生成，其中代谢生成的 α-酮酸及醛为重要的中间代谢产物，如图 3-6 所示。

一是由氨基酸脱羧和脱氨，生成比氨基酸少一个碳原子的高级醇，反应的通式为

$$RCH(NH_2)COOH + H_2O \longrightarrow RCH_2OH + NH_3 + CO_2$$

例如，亮氨酸生成异戊醇，异亮氨酸生成活性戊醇，缬氨酸生成异丁醇，苏氨酸生成正丙醇。

亮氨酸生成异戊醇发生的脱氨、脱羧反应。

$$CH_3(CH_3)CHCH_2CH(NH_2)COOH + H_2O \longrightarrow CH_3(CH_3)CHCH_2CH_2OH + NH_3 + CO_2$$

缬氨酸生成异丁醇发生的脱氨、脱羧反应。

$$CH_3(CH_3)CHCH(NH_2)COOH + H_2O \longrightarrow CH_3(CH_3)CHCH_2OH + NH_3 + CO_2$$

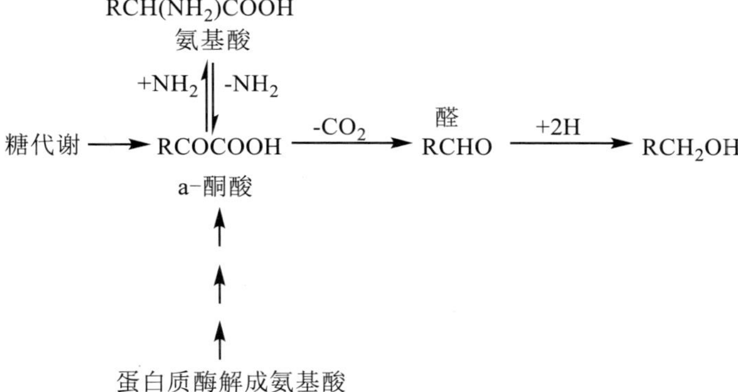

图 3-6 高级醇生成的代谢途径

异亮氨酸生成异戊醇发生的脱氨、脱羧反应：

$$CH_3(C_2H_5)CHCH(NH_2)COOH + H_2O \longrightarrow CH_3(C_2H_5)CHCH_2OH + NH_3 + CO_2$$

一是由糖代谢生成丙酮酸，丙酮酸与氨基酸作用，生成另一种氨基酸和 α- 酮酸，该 α- 酮酸脱羧生成醛，再还原成高级醇。例如：

丙酮酸 + 胱氨酸 ⟶ 丙氨酸 + α - 酮基异己酸

生成的 α- 酮基异己酸脱羧生成异戊醛，异戊醛还原生成异戊醇。

酵母菌生成高级醇的组分和含量，与原料、菌种、种量、酒醅成分、发酵条件等有关。若原料中的蛋白质含量高，曲中的蛋白酶活力强，则杂醇油的生成量较多；乙醇发酵能量弱的酵母菌种，产杂醇油量较少；酒母用量大时，会迅速消耗糖分，而对氨基酸的利用将不充分，也可降低杂醇油的生成量；若酒醅中含有易被酵母利用的氮源，则能阻止或延缓酵母对氨基酸的分解，但蔗糖的存在，却能促进杂醇油的生成；发酵温度及 pH 高，酒醅中含氧量多，均有利于杂醇油的生成；发酵后期，酵母菌自溶时也会产生杂醇油。

（二）多元醇的生成

多元醇是指羟基数多于 1 个的醇类，是白酒甜味及醇厚感的重要成分。例如，2,3- 丁二醇、甘油（丙三醇）、赤藓醇（丁四醇）、阿拉伯醇（戊五醇）、甘露醇（己六醇）、肌醇（环己六醇）等。其中 2,3- 丁二醇、甘油和甘露醇在白酒中含量较多。

1. 2,3- 丁二醇的生成

2,3- 丁二醇主要由双乙酰生成，双乙酰先生成 α- 羟基丁酮或称乙偶姻（醋嗡酮）和乙酸，再由 α- 羟基丁酮生成 2,3- 丁二醇。反应式如下：

$$CH_3COCHOHCH_3 + \text{辅酶 }AH_2\text{（还原型）} \longrightarrow CH_3CHOHCHOHCH_3 + \text{辅酶 A}$$

此外，一些细菌如多黏杆菌、产气杆菌、赛氏杆菌均可由葡萄糖转化生成 2,3- 丁二醇，其反应式为

$$C_6H_{12}O_6 \longrightarrow CH_3CHOHCHOHCH_3 + H_2 + 2CO_2$$

而枯草芽孢杆菌由葡萄糖转化生成 2,3- 丁二醇的同时，还生成甘油。

$$3C_6H_{12}O_6 \longrightarrow 2CH_3CHOHCHOHCH_3 + 2CH_2OHCHOHCH_2OH + 4CO_2$$

2. 甘油的生成

酵母菌进行酒精发酵的同时，部分酵母菌可以进行酵母菌的二型发酵和三型发酵而生成甘油，甘油主要在酵母菌酒精发酵的后期产生。也可在糖代谢过程中，生成磷酸甘油，进一步在磷酸酯酶的作用下生成甘油。某些细菌在有氧条件下也产甘油。

3. 甘露醇的生成

许多霉菌能够产生甘露醇，故大曲中含量较多，乳酸菌的异型乳酸发酵也能利用葡萄

糖转化生成甘露醇。

4. 阿拉伯糖醇的生成

发酵生成的阿拉伯糖醇菌株大多属于耐渗透压酵母和耐高渗透压的酵母。酿酒酵母、毕赤酵母、德巴利氏酵母、梅奇酵母、汉逊酵母、假丝酵母、接合酵母、克鲁维酵母等具有耐渗或耐高渗特性的酵母菌均可产阿拉伯糖醇。

阿拉伯糖醇可由葡萄糖代谢转化生成。图 3-7 给出了 D- 阿拉伯糖醇的葡萄糖代谢途径。

葡萄糖产 D- 阿拉伯糖醇有两条途径：一是六碳糖被 6- 磷酸葡萄糖激酶磷酸化生成 6- 磷酸葡萄糖，然后转化生成 D- 核酮糖 -5- 磷酸，D- 核酮糖 -5- 磷酸经核酮糖激酶催化脱去磷酸基生成 D- 核酮糖，再由 D- 阿拉伯糖醇脱氢酶降解 D- 核酮糖生成 D- 阿拉伯糖醇，此为 D- 核酮糖生成途径。二是 6- 磷酸葡萄糖生成 D- 核酮糖 -5- 磷酸，D- 核酮糖 -5- 磷酸经异构酶催化形成 5- 磷酸 -D- 木酮糖，再经 D- 阿拉伯糖醇脱氢酶降解 D- 木酮糖生成 D- 阿拉伯糖醇，此为 D- 木酮糖生成途径。甘油经转化生成 3- 磷酸葡萄糖再进入上述途径，也可代谢生成阿拉伯糖醇。

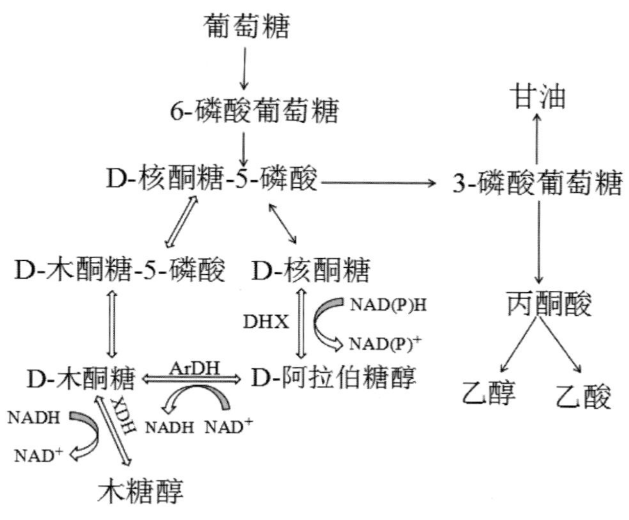

图 3-7 D- 阿拉伯糖醇葡萄糖代谢途径

三、酯类化合物的生成

白酒中的酯主要有乙酸乙酯、乳酸乙酯、丁酸乙酯和己酸乙酯，它们称为白酒中的四大酯类。酯是由醇和酸发生酯化反应生成的。酯化反应有两条途径：一是在酸或碱的作用下，有机酸和醇发生酯化反应生成酯。这一反应在常温条件下较为缓慢，往往需要数年的时间才能达到反应平衡。二是在微生物酶的作用下，有机酸和醇发生酯化反应生成酯。酒醅中存在的假丝酵母、汉逊酵母等产酯酵母以及一些丝状真菌均有较强的产酯能力。

微生物酶催化酯化反应的生化过程，是有机酸首先被活化为相应的酰基辅酶 A，再与乙醇结合生成相应的酯。其反应式为：

$$RCO\sim SCoA + R'OH \longrightarrow RCOOH' + CoASH$$

催化这个反应的酶为酯化酶，属于胞内酶。

乙酸乙酯的生成是由丙酮酸脱羧为乙醛，再氧化为乙酸，并在转酰基酶的作用下生成乙酰辅酶 A，或者由丙酮酸氧化脱羧为乙酰辅酶 A。生成的乙酰辅酶 A 在酯化酶的作用下与乙醇发生反应，生成乙酸乙酯（图 3-8）。

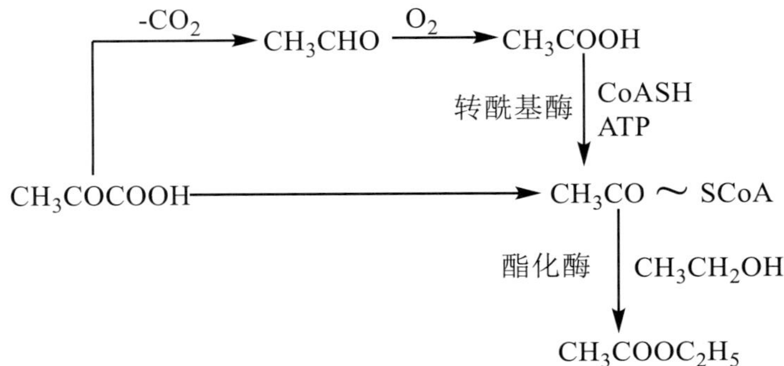

图 3-8　乙酸乙酯的生成途径

乳酸乙酯的合成，遵守一般脂肪酸乙酯的合成途径，即乳酸经转酰基酶活化生成乳酰辅酶 A，再在酯化酶的作用下与乙醇合成乳酸乙酯。

$$CH_3CHOHCOOH \xrightarrow[\text{转酰基酶}]{CoASH\ \ ATP} CH_3CHOHCO\sim SCoA \xrightarrow[\text{酯化酶}]{C_2H_5OH} CH_3CHOHCOOC_2H_5$$

丁酸乙酯和己酸乙酯的生成，涉及两个反应。

①丁酸乙酯的生成：

$$C_3H_7COOH \xrightarrow[\text{转酰基酶}]{CoASH\ \ ATP} C_3H_7CO\sim SCoA \xrightarrow[\text{酯化酶}]{C_2H_5OH} C_3H_7COOC_2H_5$$

②己酸乙酯的生成：

$$COOH \xrightarrow[\text{转酰基酶}]{CoASH\ \ ATP} C_5H_{11}CO\sim SCoA \xrightarrow[\text{酯化酶}]{C_2H_5OH} C_5H_{11}COOC_2H_5$$

四、醛酮类化合物的生成

醛酮类化合物的生成途径很多，如醇经过氧化、酮酸经过脱羧、氨基酸经过脱氨、脱羧等反应，均可生成相应的醛和酮。

（一）乙醛的生成

乙醛可以由丙酮酸脱羧生成，也可以由乙醇氧化生成，还可以由丙氨酸脱氨、脱羧生成。

丙酮酸脱羧生成乙醛。葡萄糖酵解为丙酮酸，丙酮酸再脱羧生成乙醛。

$$C_6H_{12}O_6 \longrightarrow 2CH_3COCOOH \longrightarrow 2CH_3CHO$$

乙醇氧化生成乙醛。

$$2CH_3CH_2OH + O_2 \longrightarrow 2CH_3CHO + 2H_2O$$

由丙氨酸脱氨、氧化而成的丙酮酸再脱羧生成乙醛。

$$\underset{\text{丙氨酸}}{CH_3CH(NH_2)COOH} \xrightarrow{-NH_3,\ +[O]} \underset{\text{丙酮酸}}{CH_3COCOOH} \xrightarrow{-CO_2} \underset{\text{乙醛}}{CH_3CHO}$$

由丙氨酸水解、脱氨、脱羧而成的乙醇再氧化生成乙醛。

$$\underset{\text{丙氨酸}}{CH_3CH(NH_2)COOH} \xrightarrow[-CO_2,\ -NH_3]{+H_2O} \underset{\text{酒精}}{CH_3CH_2OH} \xrightarrow{-2H} \underset{\text{乙醛}}{CH_3CHO}$$

（二）丙烯醛的生成

丙烯醛和甘油醛是不同的化合物，酒醅中含有甘油，当酒醅或发酵醪感染杂菌时，则可产生多量的丙烯醛，其反应式如下：

$$\underset{\text{甘油}}{\begin{array}{c}CH_2OH\\|\\CHOH\\|\\CH_2OH\end{array}} \xrightarrow{-H_2O} \underset{\text{丙烯醇}}{\begin{array}{c}CHO\\|\\CH_2\\|\\CH_2OH\end{array}} \xrightarrow{-H_2O} \underset{\text{丙烯醛}}{\begin{array}{c}CHO\\|\\CH\\\|\\CH_2\end{array}}$$

（三）糠醛、缩醛、高级醛酮的生成

半纤维素和半纤维素酶的分解生成戊糖。在微生物的作用下，戊糖进一步发酵可生成

糠醛。其反应式如下：

$$\begin{array}{l} CHO \\ | \\ CHOH \\ | \\ CHOH \\ | \\ CHOH \\ | \\ CH_2OH \end{array} \longrightarrow \text{(糠醛: HC=CH—CH=C(—CHO)—O 五元环)} + 3H_2O$$

戊糖　　　　　糠醛

白酒中含有糠醛，包括醇基糠醛及甲基糠醛等呋喃衍生物，糠醛可进一步转化为甲基醛或羟基醛。白酒中可能还存在以呋喃为分子结构基础的更加复杂的物质，它们或许与酱香型白酒的焦糊香或酱香的成分有关。

（四）缩醛的生成

缩醛由醛和醇缩合而成，其反应通式为

$$\underset{\text{醛}}{RCHO}+\underset{\text{醇}}{2R'OH} \rightleftharpoons \underset{\text{缩醛}}{RCH(OR')_2}+\underset{\text{水}}{H_2O}$$

乙缩醛由乙醛和乙醇缩合而成，是白酒中最主要的缩醛。

$$CH_3CHO + C_2H_5OH \longrightarrow CH_3CH(OC_2H_5)_2 + H_2O$$

（五）高级醛、酮的生成

高级的醛、酮是指含 3 个以上碳原子的醛和酮。白酒中的高级醛、酮，由氨基酸分解生成，氨基酸经脱氨、脱羧生成相应的高级醛和酮。

（六）α- 联酮的生成

2,3- 丁二醇虽然是二元醇，但它具有酮的性质，通常将双乙酰、乙偶姻及 2,3- 丁二醇统称为 α- 联酮。2,3- 丁二醇的生成途径已经介绍过，现对双乙酰、乙偶姻的生成途径做介绍。

1. 双乙酰的生成

双乙酰的生成有如下三种途径。

①由乙醛和乙酸缩合而成。

$$CH_3CHO + CH_3COOH \longrightarrow CH_3COCOCH_3 + H_2O$$

②由乙酰辅酶 A 和活性乙醇缩合而成。

$$乙酰辅酶A + 活性乙醇 \longrightarrow 双乙酰 + 辅酶A$$

③由 *α*- 乙酰乳酸的非酶分解而成。

$$丙酮酸 \xrightarrow{焦磷酸硫胺素(TPP)} 活性丙酮酸 \xrightarrow{-CO_2}$$

$$活性乙醛 \xrightarrow{丙酮酸} \alpha\text{-乙酰乳酸} \longrightarrow \alpha\text{-酮基异戊酸}$$

α-乙酰乳酸 —(非酶分解)→ 双乙酰；α-酮基异戊酸 → 缬氨酸

2. 乙偶姻的生成

乙偶姻是 3- 羟基丁酮，又称 *α*- 羟基丁酮，也称为醋嗡酮，其生物合成途径有 4 种。

①由乙醛缩合而成。

$$CH_3CHO + CH_3CHO \longrightarrow CH_3COCHOHCH_3$$

②由丙酮酸缩合而成。

$$2CH_3COCOOH \longrightarrow CH_3COCHOHCH_3 + 2CO_2$$

③由双乙酰生成，同时生产乙酸。

$$2CH_3COCOCH_3 \longrightarrow CH_3COCHOHCH_3 + 2CH_3COOH$$

④由双乙酰和乙醛经氧化生成。

$$CH_3COCOCH_3 + CH_3CHO + H_2O \longrightarrow CH_3COCHOHCH_3 + CH_3COOH$$

实际上，2,3- 丁二醇、乙偶姻及双乙酰三者之间是可以经氧化还原作用相互转化的。双乙酰、2,3- 丁二醇和醋嗡酮，在酱香型白酒中起着助香作用。

$$\begin{matrix} CH_3 \\ | \\ CHOH \\ | \\ CHOH \\ | \\ CH_3 \end{matrix} \underset{+H_2}{\overset{-H_2}{\rightleftharpoons}} \begin{matrix} CH_3 \\ | \\ C{=}O \\ | \\ CHOH \\ | \\ CH_3 \end{matrix} \underset{+H_2}{\overset{-H_2}{\rightleftharpoons}} \begin{matrix} CH_3 \\ | \\ C{=}O \\ | \\ C{=}O \\ | \\ CH_3 \end{matrix}$$

五、芳香化合物的生成

白酒中的芳香族化合物多为酚类化合物，它们直接来源于高粱、小麦等制曲、酿酒原料，或在制曲、酿酒过程中由微生物生物转化而成。

（一）阿魏酸、香草醛、香草酸、香豆酸的生成

小麦中含有少量的阿魏酸、香草酸及香草醛。在使用小麦制曲时，曲块升温至 60℃

以上，小麦皮能产生阿魏酸，经由微生物的作用，也能产生香草酸及香草醛。

木质素可在微生物产生的酚氧化酶的作用下，转化为可溶成分，再在细胞色素氧化酶类的作用下，进一步生成阿魏酸、香草醛、香草酸、香豆酸等产物。

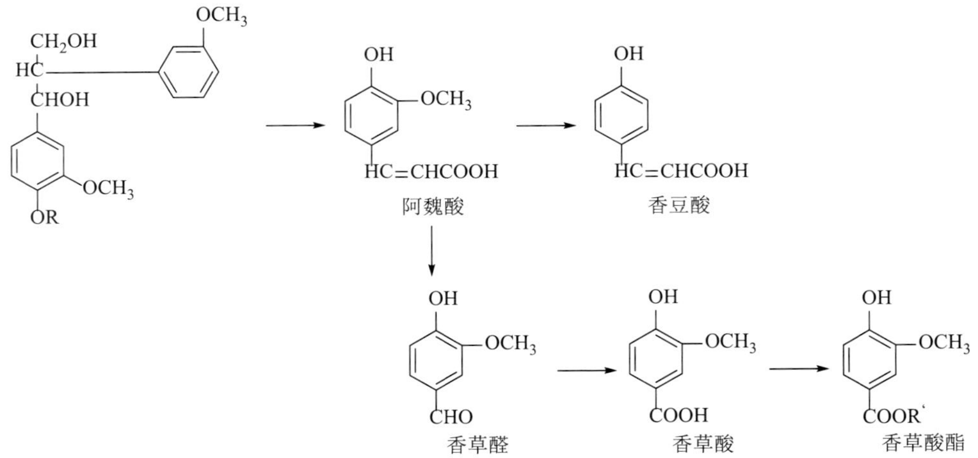

阿魏酸　香豆酸

香草醛　香草酸　香草酸酯

上述反应可由酵母和细菌发酵完成。

（二）4- 乙基愈创木酚、酪醇及丁香系成分的生成

1. 4- 乙基愈创木酚的生成

4- 乙基愈创木酚可由阿魏酸、香草醛、香草酸等经酵母、细菌的微生物发酵而生成。例如，阿魏酸转化为 4- 乙基愈创木酚。

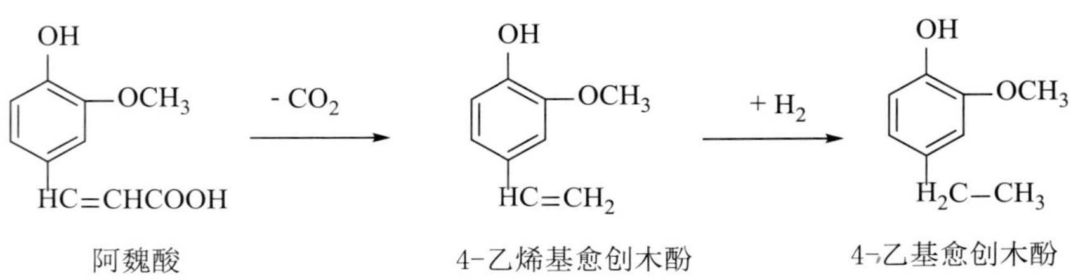

$-CO_2$　$+H_2$

阿魏酸　4-乙烯基愈创木酚　4-乙基愈创木酚

2. 酪醇的生成

酪醇也称对羟基苯乙醇，可由酵母菌将酪氨酸脱氨、脱羧生成。

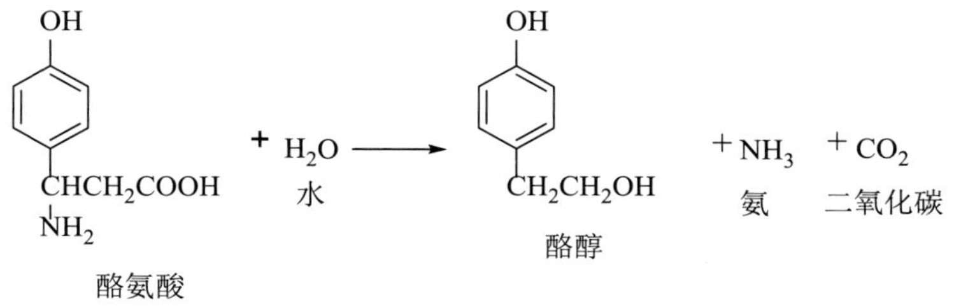

$$\text{酪氨酸 } HOC_6H_4CH(NH_2)CH_2COOH + H_2O(\text{水}) \longrightarrow \text{酪醇 } HOC_6H_4CH_2CH_2OH + NH_3(\text{氨}) + CO_2(\text{二氧化碳})$$

3. 丁香系成分的生成

丁香系成分是指丁香醛、丁香酸等芳香族化合物。主要由高粱中的单宁经微生物作用后生成丁香醛、丁香酸等丁香系成分。

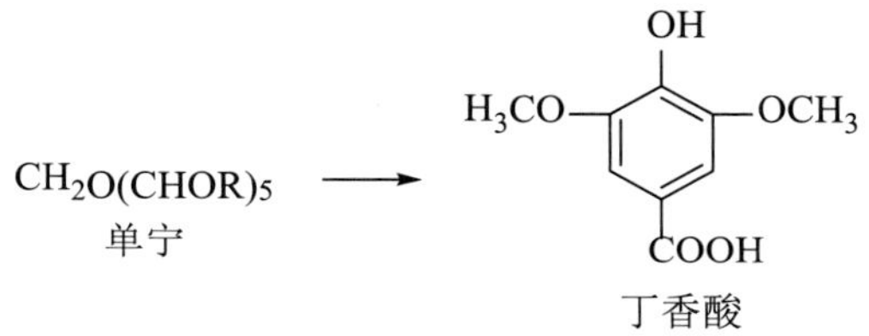

$$CH_2O(CHOR)_5(\text{单宁}) \longrightarrow \text{丁香酸（4-OH, 3,5-}(OCH_3)_2\text{-}C_6H_2COOH\text{；}H_3CO, OCH_3, OH, COOH\text{）}$$

六、含硫化合物的生成

白酒中的挥发性含硫化合物（如硫化氢、二甲基硫及硫醇等），大多数由胱氨酸、半胱氨酸及蛋氨酸等含硫氨基酸的转化生成。

丝状真菌、细菌、酵母菌等微生物大都能够分解半胱氨酸、胱氨酸而产生硫化氢。硫酸盐可经一系列的酶促反应转化为亚硫酸盐，再经还原酶的作用生成硫化氢。另外当酒醅中存在含硫氨基酸（如半胱氨酸、胱氨酸）时，在高温蒸馏条件下能够与乙醛及乙酸作用，也可生成硫化氢。

二甲基硫是在酵母菌的作用下，由蛋氨酸分解生成的。

第四节 白酒的蒸馏原理

在白酒生产中，把乙醇和其他呈香呈味的微量成分从酒醅中提取出来，并排出有害杂质的操作过程就是蒸馏。蒸馏主要有几个作用：一是把酒醅里面的乙醇提纯出来，酒醅里的乙醇浓度一般在 5% ～ 10%（VOL），通过蒸馏后为 50% ～ 75%（VOL）；二是提取酒醅中的其他微量风味成分，俗话说“生香靠发酵，提香靠蒸馏”。蒸馏不仅仅提取乙醇，还有一个作用是提取各种使酒具有独特风味的微量成分；三是去掉有害成分，比如甲醇、杂醇油等。

现代酒精蒸馏原理认为蒸馏是一个提纯乙醇的过程，因为固态发酵的酒醅里含有5%～10%（VOL）的乙醇，不同香型白酒的酒醅中乙醇含量也不同。在加热酒醅时，由于乙醇和水混合在一起，水溶液沸腾成为蒸汽的时候，乙醇的含量就会提高。在凝结成液体的时候，由于它的沸点比水低，因此它凝结得多一些。

蒸馏是使液体混合物分离为一定纯度组分的方法，要了解蒸馏过程的实质，首先需要了解有关蒸馏的基本概念。

一、蒸馏的原理

（一）拉乌尔定律

拉乌尔定律是物理化学的基本定律之一，其定义为：在某一温度下，理想稀溶液中溶剂的蒸气压等于纯溶剂的饱和蒸气压乘以溶剂的摩尔分数。

该定律适用于非挥发性溶质的稀溶液，且假设溶剂与溶质分子间作用力相似（理想溶液）。

康诺沃罗夫定律，其核心为：在气液平衡体系中，挥发性更强（蒸气压更高、沸点更低）的组分倾向于在气相中富集（即气相中摩尔分数 $y > x$），而挥发性较弱（蒸气压更低、沸点更高）的组分倾向于在液相中富集（即液相中摩尔分数 $x > y$）。

拉乌尔定律与康诺沃罗夫定律共同构成了气液平衡分析的基础，前者定量描述理想溶液中溶剂的蒸气压，后者则定性地解释组分在气液相间的分配倾向。对于实际非理想体系（如乙醇 - 水溶液），需引入活度系数或参考共沸点行为进行分析。

在理想溶液或无非共沸的普通混合物中，沸点低的组分因蒸气压更高，在气相中含量总高于液相；反之，高沸点组分在液相中更能富集。因此，实际应用中需注意共沸等非理想情况。

（二）液体的蒸气压

任何物质（气态、液态和固态）的分子都在运动，都有向周围挥发逃逸的本能。物质从液体挥发到周围空间的分子，在环境影响下同样具有返回液体的本能。把液体物质放在密闭的容器中，由于挥发到空间的分子与分子之间以及挥发出来的分子与器壁之间的相互碰撞，使一部分气体分子又返回到液体中。在一定的温度下，当从液面挥发到空间的分子数与同时从空间返回液体的分子数相等时，容器中的液体与液面上的蒸汽就建立了一种动态平衡，称为气液平衡。在气液平衡时，液体上面的蒸汽，称为饱和蒸汽，饱和蒸汽所具有的压力，称为饱和蒸气压，简称蒸气压。

蒸气压是液体的一项极为重要的性质。同一种液体（即纯物质）的蒸气压随温度的升高而增大，随温度的降低而减少。多组分的液体（即混合液）的蒸气压除了与温度有关外，还与各组分的浓度有关。

（三）沸点和恒沸点

当液体物质的饱和蒸气压等于外压时，液体就会沸腾，此时的温度叫作该液体在指定压力下的沸点。例如，水在 1 个大气压下的沸点是 100℃，当外压增加时，沸点就会升高，而当外压降低时，沸点就会降低。对液体混合物来说，各组分的分压总和等于外压时，液体开始沸腾，由于各组分的分压随其在液相中的含量的改变有所不同，因此它没有恒定的沸点。可是，有的液体混合物在蒸发到一定程度时，由于气相组成和液相组成完全达到了一致，此时液相组成不再发生变化，此时的沸点也不变化，这个沸点称为恒沸点，该组分的混合物称为恒沸混合物。酒精的恒沸点为 78.15℃，此时的混合物与蒸汽中所含酒精浓度为 95.57%（*m*/*m*）或 97.60%（VOL）。而纯乙醇的沸点为 78.3℃，纯水的沸点为 100℃。蒸馏到这个浓度时，酒精蒸汽中乙醇的含量就不会增加了。所以，在常压条件下，无论蒸馏设备如何科学先进，都不能够生产无水酒精。不过，随着蒸汽压力的变化，酒精和水的混合物组成与恒沸点也是变化的。

(四) 汽化、冷凝和冷却

当液体物质被加热时，由液相转变为气相的现象叫汽化，汽化的结果是得到气体物质。相反，气体物质受冷时，由气相转变为液相的现象叫冷凝。单一组分纯液体物质在加热沸腾时，从起始到最终全部汽化完毕，其沸腾温度没有变化。同样情况，该气体物质在冷凝过程中，其冷凝温度始终没有变化，而多组分的液体混合物则不是这样，它们没有一个相应的固定沸点，只是有一个沸点温度范围。在加热过程中，沸点低的组分先汽化，由液相转为气相，沸点高的组分后汽化，后转为气相，所以在气相中必然是低沸点的组分多于高沸点的组分，蒸气压也必然是低沸点组分的蒸气压大于高沸点组分的蒸气压。相反，蒸汽冷凝时，先冷凝的是高沸点组分，得到高沸点组分较多的液相，所以蒸馏就是低沸点（易挥发）组分转入气相，高沸点（难挥发）组分转入液相的液一气间的传质过程。

将高温液体降低到低温液体时，其间没有相的变化，这一过程叫冷却。将气体全部冷凝下来的过程中所使用的冷凝器称为全冷凝器。

（五）相与相平衡

在了解相平衡之前，首先要知道什么是“相”。“相”就是指在系统中具有相同物理性质和化学性质的均匀部分。在不同相之间，往往有一个相界面把不同的相分开。系统中相数的多少与物料的数量无关。例如，水与冰混合在一起，水为液相，冰为固相，它们之间有明显的相界面。再如，空气是多种气体的混合物，却只有一相。水和油都是液体，它们之间有明显的相界面，分为水相和油相。食盐溶于水中是一相，但如果有过多的食盐存在，形成过饱和溶液，食盐析出，就成为液相和固相。

在一定的温度和压力下，如果物料系统存在两个或两个以上的相，物料在各相的相对量，以及物料中各组分在各相中的浓度不随时间而变化时，我们称系统处于平衡状态。平衡状态下，物质还在不停地运动，但各相数量和各组分的浓度已经恒定。当条件改变后，又将建立新的平衡。蒸馏过程中，气液两相的绝对平衡实际上是不可能实现的，相平衡是蒸馏过程中气液两相传热和传质的理想状态，如果实际状态越接近理想状态，则物质分离效果越好。

（六）蒸馏过程进行的必要条件

蒸馏过程就是把混合物液体进行多次汽化，把混合物气体进行多次冷凝。这是一种分离混合物的方法，能在最后的气相中得到较高浓度的低沸点组分，同时在液相中得到较高浓度的高沸点组分。

液体汽化需要吸收能量，气体冷凝要放出热量。为了合理利用能量，将液体的汽化和气体的冷凝结合起来，利用气体冷凝放出的热量，促使液体汽化。这样，同时进行物料热量交换和物质交换，达到蒸馏的目的。

由此可见，蒸馏的基本原理就是利用混合物中各组分在相同温度、相同压力下，具有不同的蒸气压的性质，采用反复汽化和冷凝手段，使混合物中各组分分别浓缩聚集而实现分离的方法。

二、白酒的蒸馏

蒸馏原理只是解释了酒精从低浓度的酒精水溶液中变成高浓度的酒精水溶液的过程。白酒里除了酒精之外，还有其他的呈香呈味物质，包括酸、酯、醛、醇等。这些物质有的沸点比乙醇的沸点还低，比如甲醇，但是酒头里有甲醇，酒尾里也有。而比乙醇沸点还要高的物质，如杂醇油中的异戊醇，沸点是 132℃，它也存在于酒头里。

为什么会出现这种情况呢？其实白酒蒸馏和酒精蒸馏的情况不完全一样，白酒蒸馏中，乙醇在被蒸溶液中所占的量较低，水占绝大部分，而水分子有极强的氢键作用力，可以吸引其他分子，比如水对乙醇和异戊醇分子的吸引，由于异戊醇的分子大，且具有侧链空间结构，妨碍了异戊醇和水分子之间的氢键缔合。在这种情况下，异戊醇就比水和乙醇更容易挥发，所以异戊醇这一类高级醇，在酒精蒸馏的时候是尾级杂质，而在白酒蒸馏中它在酒头里，是头级杂质，它跟氢键的缔合能力要弱一点。甲醇在酒精蒸馏时是头级杂质，在白酒蒸馏时是尾级杂质，这就说明各个组分在蒸馏时分离的决定因素不是组分的沸点，而是分子间的引力不同所表现出来的精馏系数的大小，衡量其他挥发物质和乙醇挥发系数的关系所用的术语叫作精馏系数，用它来表明某一种挥发物质和乙醇的可分离程度。

精馏系数 $K' > 1$，表示该物质比乙醇更易挥发，如乙醛、甲酸乙酯、乙酸乙酯等等，在白酒蒸酒中会集中在酒头里；精馏系数 $K'=1$，表示该物质和乙醇的挥发性能在相同条件下是相等的，分离比较困难，主要是丁酸、己酸、戊酸的乙酯类物质；当精馏系数 $K' < 1$，表示该物质比乙醇更难挥发，集中在酒尾里。

甲醇的沸点是 64.5℃，比乙醇的沸点低，但乙醇浓度低时，甲醇的精馏系数 $K' < 1$，所以它比乙醇难挥发，集中在酒尾中，而当乙醇浓度高时，甲醇 $K' > 1$，比乙醇易挥发，集中在酒头里。所以在酒头和酒尾中都可能含有甲醇，掐头去尾对去除甲醇来说其作用还是比较大的。

三、白酒蒸馏设备

白酒使用的蒸馏设备叫作甑桶，是我国劳动人民独创的一种蒸馏形式，主要由甑桶、冷凝器和过汽管构成，见图 3-9(a)。

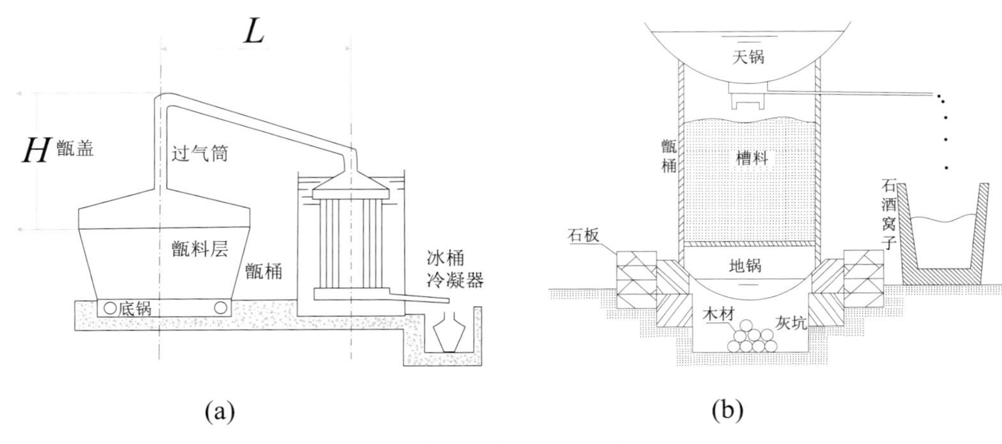

图 3-9　白酒蒸馏装置及传统天锅蒸酒

通过甑桶内比较低矮的固体发酵酒醅料层进行水蒸气蒸馏，边加热边装甑，水蒸气和酒气与酒醅相接触，层层浓缩，从而从含酒精 5% ～ 10%（VOL）以及其他微量成分的酒醅中获得 50% ～ 75%（VOL）且具风格的白酒。

甑桶由桶身、甑盖和底锅三部分组成，一般甑桶高 1m 左右，直径上口 1.7m，下口 1.6m，呈花盆状。甑桶的容积跟各个酒厂的生产工艺设计有关，汾酒厂的甑桶容积是 $3m^3$，浓香型大曲酒厂甑桶容积一般为 1.2 ～ $2.3m^3$，茅台酒厂的甑桶容积为 $1.5m^3$。这是过去的数据，现在各个酒厂的情况有所变化，普遍倾向是甑桶变大了。

科技进步改造了甑桶，有的做成了可以用行车吊起的不锈钢活动甑，大大减轻了工人的劳动强度。

传统的蒸馏器（图 3-9(b)）是直接在锅底加热，直火蒸馏，水沸腾后通过甑桶里的篦子把蒸汽排出来。传统的冷凝器叫天锅，现在只有极少的酒厂在用，含酒精的蒸汽经过天锅冷凝出来就是酒。现在的蒸馏器有一个过龙连接冷凝器，20 世纪 50 年代，因天锅生产效率低，冷凝量少，不适应蒸酒与蒸粮合并进行的新工艺流程，酿酒行业进行技术改进，冷凝器跟甑桶就分离了。以前蒸馏是锅底水直接加热产生蒸汽，现在是从锅炉房把蒸汽送过来，加热锅底水产生蒸汽。尽管蒸馏设备有所改造，但甑桶这种形式仍保留了下来。甑桶不是精准蒸馏装备，属粗馏设备，不能细分粮醅中的成分，也不通过蒸馏冷凝过程中的多级塔式分流来区分馏分，按照这种方式，能蒸到的最高酒精度也就 70 多度。

甑桶看起来比较简单，但它确实是生产中国白酒非常独特的设备，它和酒精多级蒸馏塔不一样，蒸馏塔蒸馏的时候会把各种成分区分开来，而甑桶的蒸馏方式为粗馏，各种复杂成分混在一起提取出来。有人做过实验，将同一个窖池的固态酒醅分成两份，一份用中国的传统甑桶进行蒸馏，另一份加了两倍的水，用多级蒸馏塔蒸馏，结果是两份蒸馏液的酒精度相似，但酸和酯的差别特别大。蒸馏塔蒸出的液体里，酯的含量为甑桶蒸馏的 1/2，酸仅为 1/3。这个实验表明，用传统酒甑蒸馏出来的酒的成分更加复杂，这主要是多种物质在蒸馏中运动规律不同导致的。正是这个原因，中国白酒和白兰地、威士忌相比，酒的主体风味物质要丰富得多。

四、白酒蒸馏操作

白酒蒸馏操作首先要处理好蒸馏底锅，每次蒸馏前要清洗底锅，更换底锅水，保证其干净。现在用蒸汽锅炉，就要保证蒸汽锅炉运行正常，符合要求，特别是要安排好蒸粮的顺序，比如浓香大曲酒的蒸粮，是先蒸粮糟，再蒸红糟和面糟，如果先蒸了面糟，就必须重新洗刷底锅并换新水，否则面糟的有些气味进来之后会影响酒质。还要注意保持酒醅在甑内边高中低，呈现凹形状，高度相差大概为 2 ～ 4cm，甑内的配料要干湿配合，做到“两干一湿”。甑底和甑面的配料要干，可多用点辅料，中间的配料应该湿，可以减少酒精损失。

装甑用木锨或者簸箕均可，有两种装法：一种是湿盖料，即蒸汽上升使上层物料表面发湿的时候再盖料，以免跑气损失有效成分；另一种是见气盖料，即物料表面呈现很少雾状酒气时迅速准确地盖上一层薄物料。蒸酒上甑操作要求见气压醅，做到“轻、松、薄、准、匀、平”的上甑要求。装甑不应过满，以装平甑口为宜。装甑是一边蒸气起来了，一边往上撒酒醅，所以装甑时间与酒的品质有关，装甑如果太快，醅料相对压得紧，高沸点成分蒸馏出来就少，如果装甑时间过长，低沸点香味成分损失会多。装甑时间还和出酒率有关系。根据白酒生产企业酒甑的大小，一般浓香型大曲酒装甑时间是 35 ～ 45 分钟，清香型大曲酒装甑时间是 50 ～ 60 分钟，酱香型大曲酒的装甑时间是 50 ～ 60 分钟。

装甑是传统白酒生产非常有技术含量的一项操作。现在也有一些新技术应用在装甑上，比如正在研发和应用的装甑机器人等，但使用还不太普遍，目前还是靠人工装甑。

蒸馏用气要缓慢调节，做到“两小一大”，开始装甑的时候，甑底的醅料薄，容易跑酒，用气量要小；随着料层加厚，上气阻力增大，要防止压气，用气量要稍大；甑面和收口时，因为上下气路已通，用气量要小，即所谓两头小中间大。蒸馏的过程原则上要做到缓气蒸馏，大气追尾，也有的说法叫缓气蒸酒，大气蒸粮。

不同香型白酒蒸馏时间不一样。清香型白酒一般要蒸 60 ～ 80 分钟；浓香型白酒因为是续工艺，蒸酒的时间在 30 ～ 50 分钟，摘酒完毕，还要继续蒸粮 1 小时左右，使酒醅里新加的高粱粉继续糊化；酱香型白酒糙沙煮粮时间要 4 ～ 5 小时。不仅各种香型白酒的蒸酒时间不一样，同一香型的白酒，根据现场的情况也会有所不同。

蒸馏出酒速度各种香型白酒也不大一样，各个轮次速度也不太一样。一般清香型白酒的馏酒速度为 3 ～ 4kg/ 分钟，每分钟馏酒温度控制在 25 ～ 30℃；浓香型白酒大概也在这个温度区间之内，这就是所谓的低温摘酒。但酱香型白酒的馏酒温度比较高，在 40℃或 40℃以上，有时达到 45℃。馏酒时间为 16 ～ 36 分钟，追酒尾的时间为 8 ～ 16 分钟。酱香型大曲酒蒸馏分为七个轮次，各轮次酒的酒度不同，一轮次酒为 57%（VOL），二轮次酒为 55%（VOL），三轮次酒为 54%（VOL），四轮次酒为 54%（VOL），五轮次酒为 53%（VOL），六轮次酒为 53%（VOL），七轮次酒为 53%（VOL）。酱香型白酒的酒尾，要泼到酒糟和窖池里参与再次发酵。

一窖池的酒醅，在不同的部位，如中间、窖底和面糟，其酒质是不一样的。老五甑法按分层摘酒，该方法后来被普遍应用到以窖池作为发酵容器的各种香型白酒中，连泸州老窖这种用原窖法的白酒也开始使用分层蒸酒工艺。五粮液是按照糟醅的不同位置来定酒质。酱香型白酒是按照糟醅的不同位置来定型，分为三个典型体，上面糟醅出的酒是酱香，中层糟醅出的酒是醇甜，窖底糟醅出的酒叫窖底。

具体香型白酒的蒸馏生产工艺，还有更细致的划分，不同酒醅蒸出来的酒的香气和口感不一样，酒厂根据其特征来分型入库，而且对不同类型的酒分级，比如醇甜可能要分成两级至三级。酱香型的七个轮次酒再分三个典型体，存储三年之后再进行盘勾勾调，目的就是充分发挥各个轮次、各种类型基酒的不同风味特点，形成更均衡丰富的酒体特征。

掐头是指在蒸馏出酒的过程中，把先出的那一小部分酒掐掉，这部分酒叫酒头，酒度在 70%（VOL）以上，一般有 0.5 ～ 1kg。酒头里面的芳香物质很多，醛类、杂醇油含量过多会影响风味或导致酒的整体质量下降。但也不能掐得太多，因为酒头里还有乙酸乙酯等呈香呈味物质。酒头去掉后的酒就是酒身，不同香型白酒，酒身的度数也不同，以浓香型白酒为例，一般在 60%（VOL）以上，63%（VOL）或者 65%（VOL）入库。酒身后的酒就是酒尾，一般在 50%（VOL）以下。酒尾也叫尾酒，一直要接到 30%（VOL）左右，酒尾看起来像饺子汤一样浑浊。酒尾中的甲醇、有机酸、糠醛和金属离子比较多，所以要去掉。掐头去尾是传统白酒工艺的一部分，是根据长期经验摸索出来的做法，后来经科学研究证明是非常有道理的。

所谓看花摘酒，就是有经验的酿酒师傅根据蒸馏出来的酒液流入接酒的容器里激起的泡沫（称之为酒花）的大小，判断酒头、酒尾和酒身，其实也就是判断其酒精度，这种方法也叫作“看花量度”或者“断花截酒”。

看花量度是基于各种浓度的酒精和水混合溶液，在一定的压力和温度下，其表面张力不同的原理，因此在摇动酒瓶或冲击酒液时在溶液表面形成的泡沫大小、持留时间也不同，据此便可近似地估计酒液的酒精含量。在大部分酒厂，蒸馏时看花可分为下列 5 种，经实际测定其相应的酒精浓度及酒气冷却前的温度如下。

◆大清花。花大如黄豆，整齐一致，清亮透明，消失极快。酒精含量在 65% ～ 82%（VOL），以 76.5% ～ 82%（VOL）最明显。酒的气相温度为 80 ～ 83℃。

◆小清花。花大如绿豆，清亮透明，消失速度慢于大清花。酒精含量在 58% ～ 63%（VOL），以 58% ～ 59%（VOL）最为明显。酒的气相温度 90℃。小清花之后的馏分是酒尾部分。至小清花为止的摘酒方法称为过花摘酒。

◆云花。花大如米粒，互相重叠（可重叠二三层，厚近 1cm），布满液面，存留时间较久，约 2 秒，酒精含量在 46%（VOL）时最明显。酒的气相温度约为 93℃。

◆二花。又称小花，形似云花，大小不一，大者如粘米粒，小者如小米粒，存留液面时间与云花相似，酒精含量为 10% ～ 20%（VOL）。

◆油花。油花的大小约为小米粒的 1/4，布满液面，纯系油珠，酒精含量为 4% ～ 5%（VOL）时最为明显。

酒花的变化也可反映装甑技术的优劣。装甑好则流酒时酒花利落，大清花较大，大小一致，与小清花区别明显，过花后酒度降低快，酒尾短。反之装甑技术差，便会出现大清花与小清花相混不清，花大小不一，酒尾拖得很长的现象。

第二篇　酱香型白酒生产技术

第四章 白酒及酱香型白酒

现代中国白酒按照香型分类始于 1979 年的第三届全国名优白酒品评会。当时由于提交全国名优白酒品评的白酒样品太多，故第三届全国名优白酒品评会按照浓香型白酒、清香型白酒、酱香型白酒、米香型白酒和其他香型白酒等五类香型白酒对所评选的白酒样品进行了分类，以方便和有利于白酒品评。当时的评酒办法是采取密码编号，分型评比的方法。样品少的直接进入决赛，超过 6 个的进行初评、复评和终评。同一省的白酒初评不碰面，上届名酒不参加初评，复评时作为种子选手分别编在各小组进行品评。白酒评比按香型、生产工艺和糖化剂分别编为大曲酱香、大曲浓香和大曲清香；麸曲酱香、麸曲浓香和麸曲清香；小曲米香；其他香型及液态、低度等组，分别进行评比。打分方法采用百分制。色泽 10 分、香气 25 分、口味 50 分、风格 15 分，总计 100 分。

实际上白酒的香型分类最早源于 20 世纪 60 年代的茅台酒厂的科学试点，当时将茅台酒的基酒分为三种典型体，分别是酱香型、醇甜型和窖底香型。因此酱香型白酒最早应源于此。

酱香型白酒原产于赤水河流域，故赤水河流域是酱香型白酒的原产地和主产区。随着人们对酱香型白酒酿造技术的认知不断提高，以及酱香型白酒的工艺技术推广，酱香型白酒在全国各地均有生产，从最西面的新疆，到最东面的山东，从最北面的黑龙江，到最南面的海南岛，均有酱香型白酒生产企业。但酱香型白酒的原产地和主产区仍然是赤水河流域，其核心产地是贵州省仁怀市茅台镇。

茅台镇风景秀丽，依山傍水；地理地貌独特，地域海拔 420 ～ 550 米，地理位置在东经 105°，北纬 27° 附近，为河谷地带；地层由沉积岩组成，为紫红色砾岩、细砂岩夹红色含砾土岩。茅台地区年平均气温 18.5℃，相对湿度 78%，降水量 1088 毫米左右。茅台镇独特的地理地貌、优良的水质、特殊的土壤及亚热带气候，以及地处河谷，风速小，十分有利于酿造酱香型白酒微生物的栖息和繁殖，这些地理、地质、水质、自然生态等条件是酱香型白酒酿造的天然优势，因此茅台镇是酱香型白酒生产的核心产区。

20 世纪 60 年代，国内专家对茅台酒工艺技术进行全面的总结，其成果对中国酱香型白酒的发展具有重要历史意义。70 年代，原国家科学技术委员会立项，开展茅台酒的异地实验研究，曾将茅台酒生产的原料、窖泥，乃至技术人员、工人等搬迁至遵义，完全采用茅台生产工艺技术和茅台酱香高温大曲进行异地生产，所出产品具有一定的酱香型白酒的特征。这是异地生产优质酱香型白酒的科学实践，也是现在全国酱香型白酒生产遍地开花的实践和理论基础。

第一节　白酒

白酒工业术语对白酒的定义：白酒是以粮谷为主要原料，用大曲、小曲或麸曲及酒母为糖化发酵剂，经蒸煮、糖化、发酵、蒸馏而制成的饮料酒。

根据白酒属性和内涵，白酒是以粮食为主要原料，用大曲、小曲、麸曲及酒母或混合曲为糖化发酵剂，经发酵、蒸馏、贮存、勾兑、调味而得到的含酒精的饮料。同时，白酒具有典型的社会属性，是满足人们物质、文化、精神、交际需求的嗜好性消费饮品。

一、白酒的分类

（一）根据白酒生产工艺分类

按照白酒的生产工艺技术分类，白酒可分为固态发酵法白酒、半固态发酵法白酒和液态发酵法白酒。

- ◆固态发酵法白酒：是我国古代劳动人民的伟大创造，也是我国独有的传统白酒生产工艺技术，其主要特征是，利用天然微生物接种、固态糖化发酵、固态甑桶蒸馏。
- ◆半固态发酵法白酒：一种是先固态培菌糖化，然后发酵。米香型白酒——桂林三花酒是这一工艺的典型代表，采用大米为原料，用小曲为糖化发酵剂，固态培菌糖化20～24小时，然后加水送入发酵罐，在发酵罐中形成半固态，发酵七天左右，再经液态蒸馏而得。另一种是边糖化、边发酵。广东玉冰烧酒是这一工艺的典型代表，采用大米为原料，用小曲扩大培养的酒曲饼为糖化发酵剂，在半固态状态下，边糖化、边发酵后，再蒸馏而得的小曲米酒。
- ◆液态发酵法白酒：采用酒精生产方法的液态白酒生产工艺，具有机械化程度高，劳动生产率高，淀粉出酒率高等特点。但缺乏传统白酒的风味和口感。

（二）根据白酒生产用糖化发酵剂分类

按照白酒生产用糖化发酵剂，中国白酒可以分为大曲白酒、小曲白酒和麸曲白酒。

大曲是酿造白酒使用的糖化发酵剂，一般为砖型块状物，有高温大曲、中温大曲和低温大曲之分。利用大曲为糖化发酵剂，是为大曲白酒。

小曲也是酿酒用的糖化发酵剂，一般多为圆球、方块、饼状，部分小曲在制备过程中加入了中草药，故也称为药曲或药小曲，现在小曲也有完全是颗粒状或粉状的散曲。利用小曲为糖化发酵剂，是为小曲白酒。

麸曲是以小麦麸皮为原料，采用纯种微生物接种制备的一类糖化发酵剂。按照生产工艺一般分为帘子曲、通风曲。以麸曲为糖化发酵剂酿造的白酒，称为麸曲白酒。

（三）根据白酒生产用原料分类

根据生产用原料，白酒可以分为粮食酒、非粮食酒。粮食酒是以高粱、小麦、大米、玉米、糯米、青稞等粮谷为原料，采用固态、半固态或液态发酵、蒸馏、贮存、勾兑而得到的白酒。非粮食酒是以甘薯、马铃薯、木薯等薯类原料，橡子、土茯苓等野生植物淀粉原料，糖蜜等含糖原料，采用固态、半固态或液态发酵、蒸馏、贮存、勾兑而得到的白酒。随着人们生活水平的提高，粮食丰收，采用非粮食原料生产白酒的情况已经很少了。

（四）根据白酒香型分类

现在中国白酒更多还是根据白酒香型进行分类。按照白酒香型，白酒可以分为浓香型白酒、清香型白酒、酱香型白酒、米香型白酒、凤香型白酒、董香型（药香型）白酒、兼香型白酒、芝麻香型白酒、特香型白酒、豉香型白酒、老白干香型白酒和馥郁香型白酒等12 种香型白酒。

浓香型白酒：窖香浓郁、绵甜醇厚、香味谐调、尾净爽口为其特点，以四川泸州老窖特曲为典型代表，还有四川五粮液、全兴大曲（水井坊）、剑南春、沱牌（舍得），江苏洋河大曲、双沟大曲，安徽古井贡酒，河南宋河粮液等。

白酒业界认为传统浓香型大曲酒可分为三个流派：一是以五粮液、剑南春为代表的多粮浓香型（跑窖法工艺），以酒体丰满著称；二是以泸州老窖、全兴大曲为代表的单粮浓香型（原窖法工艺），其酒体以窖香浓郁著称；三是以苏、鲁、皖、豫等地区的洋河大曲、双沟大曲、古井贡酒为代表的纯浓香型（老五甑工艺），酒体以绵柔著称。由于原料、酿酒工艺不同，其风格特点差异较大。

以五粮液为代表的多粮浓香型白酒风格特征是“无色透明，具有幽雅的以己酸乙酯为主体的多粮复合香气，酒体醇厚丰满，绵甜柔顺，余味爽净。多粮浓香风格典型”。

以泸州老窖为代表的单粮浓香型白酒的风格特征是“无色透明，窖香浓郁，绵甜醇厚，香味谐调，尾净爽口，单粮浓香风格典型”。

以洋河大曲为代表的江淮派浓香型白酒的风格特征是“无色透明，酒香醇和，余味爽净，回味悠长”。

清香型白酒：清香纯正、醇甜柔和、自然协调、后味爽净为其特点，以山西汾酒为典型代表，还有河南宝丰酒、湖北黄鹤楼酒、北京二锅头等。

酱香型白酒：酱香突出、幽雅细腻、后味悠长、空杯留香持久为其特点，以贵州茅台酒为典型代表，还有四川郎酒、湖南武陵酒等。

米香型白酒：米香纯正、清雅、入口绵甜、落口爽净、回味怡畅为其特点，以广西桂林三花酒为典型代表，还有广西全州湘山酒、广东长乐烧等。

凤香型白酒：醇香秀雅、醇厚甘润、口味谐调、余味悠长为其特点，以陕西西凤酒为典型代表。

董（药）香型白酒：清澈透明、香气典雅、浓郁甘美、略带药香、谐调、醇甜爽口、余味悠长为其特点，以贵州董酒为典型代表。

兼香型白酒：又分为酱中带浓和浓中带酱两种风格。

酱中带浓：芳香、幽雅、舒适、细腻丰满、酱浓谐调、余味爽净、悠长为其特点，以湖北白云边酒为典型代表。

浓中带酱：浓香带酱香、诸味协调、口味细腻、余味爽净为其特点，以黑龙江玉泉酒为典型代表。

芝麻香型白酒：清澈透明、酒香幽雅、入口丰满醇厚、纯净回甜、余香悠长为其特点，以山东景芝白干酒、江苏梅兰春酒、内蒙古纳尔松酒为典型代表。

特香型白酒：清澈透明、香气幽雅谐调、口味柔绵醇和、余味悠长为其特点，以江西樟树四特酒为典型代表。

豉香型白酒：玉洁冰清、豉香独特、口味醇厚甘润、后味爽净为其特点，以广东玉冰烧酒为典型代表。

老白干香型白酒：香气清雅、自然协调、绵柔醇和、回味悠长为其特点，以衡水老白干为典型代表。

馥郁香型：色清透明、诸香馥郁，入口绵甜、醇厚丰满、香味协调、回味悠长，具有前浓、中清、后酱的独特口味特征，以湖南酒鬼酒为典型代表。

二、中国名优白酒简介

自新中国成立以来，中国先后进行了五次国家级的名酒评选活动，其目的是推进传统白酒产业的科学技术进步，提高白酒产品质量。在评选过程中，除评选国家名酒外，还评定了国家优质酒。

第一次全国评酒会于 1952 年在北京召开，由中国专卖实业公司主持，根据市场信誉、理化分析的结果进行评议，共评选出 8 种国家名酒，其中白酒 4 种，黄酒 1 种，葡萄酒类 3 种，这 8 种酒被称为首届“八大名酒”。

八大名酒白酒类分别是：贵州茅台酒、四川泸州老窖特曲酒、山西汾酒和陕西西凤酒。

第二次全国评酒会于 1963 年在北京召开，由原轻工业部主持，并首次制定了评酒规则，按照规则进行混合编组、密码编号、分组淘汰。共评选出国家级名酒 18 种，其中白酒 8 种，黄酒 2 种，葡萄酒 6 种，啤酒 1 种，露酒 1 种。

八大名优白酒分别是：贵州茅台酒、山西汾酒、四川泸州老窖酒、陕西西凤酒、四川五粮液酒、四川全兴大曲酒、安徽古井贡酒、贵州董酒。

第二届全国评酒会评选出的白酒类八个国家名酒在白酒界也称为老八大名酒。

第三次全国评酒会于 1979 年在辽宁大连举行，由原轻工业部主持，首次按照香型、生产工艺、糖化发酵剂种类进行分类评选。共评选出国家名酒 18 种，国家优质酒 47 种。其中 18 种国家名酒包括白酒 8 种，黄酒 2 种，葡萄酒、果露酒 7 种，啤酒 1 种。

白酒类八种国家名酒分别是：

◆贵州茅台酒，大曲酱香。

◆山西汾酒，大曲清香。

◆四川泸州老窖特曲酒，大曲浓香。

◆四川五粮液酒，大曲浓香。

◆贵州董酒，其他香型。

◆四川剑南春酒，大曲浓香。

◆江苏洋河大曲酒，大曲浓香。

◆安徽古井贡酒，大曲浓香。

这届评酒会的评比结果表明，老名牌酒质量稳步提高，绝大部分保持了自己的荣誉。新评选的全国名酒和全国优质酒，各具风格、质量都很好，有的甚至超过了老名牌。第三届全国评酒会评选出的白酒类八个国家名酒在白酒界也称为新八大名酒。

第四次全国评酒会由中国食品工业协会主持，协调原轻工业部、商业部、农牧渔业部，按照酒类专业组分期开展评选工作。

第四届黄酒、葡萄酒评选会于1983年6月在江苏连云港进行评选。根据评选方法和规则共评选出全国名酒7种，包括黄酒2种，葡萄酒5种。优质酒15种，其中黄酒5种，葡萄酒10种。第四届全国啤酒、果酒、配制酒评选会于1985年5月在山东青岛举行。各省、市、自治区及有关主管部门共推荐样品91种，其中啤酒37种、果酒31种、配制酒23种。评选出全国名酒6种，其中啤酒3种，配制酒3种；全国优质酒24种，其中啤酒5种，果酒12种，配制酒7种。

第四届全国评酒会于1984年5月在山西太原举行，本届特制定了评选的标准和方法，有148个白酒品种参评，共评选出国家白酒名酒13种，优质白酒27种。其中有不少白酒别具一格，比如小曲米香型白酒的广西三花酒、广西湘山酒；麸曲酱香型白酒的河北迎春酒、辽宁凌川白酒；麸曲清香型白酒的山西六曲香酒、辽宁凌塔白酒；麸曲浓香型白酒的吉林龙泉酒、内蒙古赤峰陈曲酒；兼香型白酒的湖北白云边酒、湖北西陵特曲酒以及豉香型白酒的广东玉冰烧酒。

这样，第四届全国评酒会共评选出国家名酒26种，其中白酒13种，黄酒2种，葡萄酒5种，啤酒3种，配制酒3种。国家优质酒66种，其中白酒27种，黄酒5种，葡萄酒10种，啤酒5种，果酒12种，配制酒7种。

白酒国家名酒13种分别是：

◆贵州茅台酒，大曲酱香。

◆山西汾酒，大曲清香。

◆四川五粮液酒，大曲浓香。

◆江苏洋河大曲酒，大曲浓香。

◆四川剑南春酒，大曲浓香。

◆安徽古井贡酒，大曲浓香。

◆贵州董酒，其他香型。

◆陕西西凤酒，其他香型。

◆四川泸州老窖特曲酒，大曲浓香。

◆四川全兴大曲酒，大曲浓香。

◆江苏双沟大曲酒，大曲浓香。

◆湖北特制黄鹤楼酒，大曲清香。

◆四川郎酒，大曲酱香。

第五届全国评酒会于1989年在安徽合肥举行，由中国食品工业协会主持。此届白酒评选工作贯彻了“优质、低度、多品种、低消耗”发展白酒的方针，引起了各有关部门、地区、企业和社会舆论的极大关注，通过各种渠道反映了一些问题。根据反映，调阅了评酒的有关资料，认真审查了评比程序和每轮比赛的数据，在国家优质食品奖审定委员会会议上，共同分析各种意见，并在国家优质食品奖审定委员会会议上报方案的基础上稍加调整。在362种参评样品中，浓香型白酒198个、酱香型白酒43个、清香型白酒41个、米香型白酒16个、其他香型白酒64个，为历届评酒会之最。按得分高低和其他基本条件，列出了推荐名单，经国家质量奖审定委员会委员投票审定，国家名酒17种，国家优质酒53种。此届评酒会未对其他酒类进行评选。

在这届评酒会上最突出的是降度及低度酒有了快速的增长，参评的低度酒由第四届的8个猛增到128个，酒度除38%～39%（VOL）外，还有少量28%（VOL）及33%（VOL）白酒。这是行业贯彻1987年3月由国家经委、轻工业部、商业部、农牧渔业部联合召开的全国酿酒工业增产节约工作会议所提出要求的四个转变，即“高度酒向低度酒转变，蒸馏酒向酿造酒转变，粮食酒向果类酒转变，普通酒向优质酒转变”的结果。

17种国家白酒名酒分别是：（复查13种，评选2种，晋升2种）

◆贵州茅台酒，大曲酱香（复查）。

◆山西汾酒，大曲清香（复查）。

◆四川五粮液酒，大曲浓香（复查）。

◆江苏洋河大曲酒，大曲浓香（复查）。

◆四川剑南春酒，大曲浓香（复查）。

◆安徽古井贡酒，大曲浓香（复查）。

◆贵州董酒，其他香型（复查）。

◆陕西西凤酒，其他香型（复查）。

◆四川泸州老窖特曲酒，大曲浓香（复查）。

◆四川全兴大曲酒，大曲浓香（复查）。

◆江苏双沟大曲酒，大曲浓香（复查）。

◆湖北特制黄鹤楼酒，大曲清香（复查）。

◆四川郎酒，大曲酱香（复查）。

◆河南宋河粮液酒，大曲浓香（新评选）。

◆四川沱牌曲酒，大曲浓香（新评选）。

◆湖南武陵酒，大曲酱香（晋升为金质奖）。

◆河南宝丰酒，大曲清香（晋升为金质奖）。

特别要注意的是，此届评酒会评选出3种大曲酱香型国家名酒，分别是飞天牌、贵州牌茅台酒，大曲酱香，产于贵州省茅台酒厂（复查）；郎泉牌郎酒，大曲酱香，产于四川省古蔺县郎酒厂（复查）；武陵牌武陵酒，大曲酱香，产于湖南省常德市武陵酒厂（晋升为金质奖）。还评选出3种大曲酱香型国家优质酒，分别是龙滨牌特酿龙滨酒，大曲酱香，产于黑龙江省哈尔滨市龙滨酒厂（复查）；习水牌习酒，大曲酱香，产于贵州省习水酒厂（评选）；珍牌珍酒，大曲酱香，产于贵州省遵义珍酒厂（评选）。5种麸曲酱香型白酒，分别是迎春牌迎春酒，麸曲酱香，产于河北省廊坊市酿酒厂（复查）；凌川牌凌川白酒，麸曲酱香，产于辽宁省锦州市凌川酒厂（复查）；辽海牌老窖酒，麸曲酱香，产于辽宁省大连市白酒厂（复查）；筑春牌筑春酒，麸曲酱香，产于贵州省贵阳市贵州省军区酒厂（评选）；黔春牌黔春酒，麸曲酱香，产于贵州省贵阳酒厂（评选）。

第二节　酱香型白酒

酱香型白酒的原产地与核心产区位于赤水河流域的贵州省仁怀市茅台镇。仁怀茅台酱香型白酒的生产，可以追溯到明代隆庆年间。明末清初，以酱香高温大曲为糖化发酵剂，蒸馏取酒的酱香型白酒工艺日趋成熟，“茅台烧春”“茅台烧酒”“茅酒”遍布市集。清康熙年间，贵州茅台酿酒业兴旺起来，茅台镇有民间小酿酒烧坊二十余家。咸丰四年（1854年）遇兵灾，所有烧坊尽毁。

同治元年（1862年），贵阳盐商华联辉感于祖母之念创立酿酒作坊，初名“成裕”，同治十一年（1875年）始更名“成義烧坊”，年产白酒大约3500斤，名为回沙茅台。民国三十三年（1944年）因火灾重建，年产白酒大约20000斤，1951年仁怀县政府以旧币一亿三千元赎买。

光绪五年（1879年），仁怀人石荣霄（后归宗王姓易名王荣）、习水人孙全太、“天和号”王立夫共同创立了“荣太和烧坊”，年产白酒大约2000斤。1915年孙全太退出，“荣太和烧坊”改名称为“荣和烧坊”。1936年王立夫退出，1951年仁怀县政府没收“荣和烧坊”并入贵州省专卖事业管理局国营茅台酒厂。

宣统二年（1910年），成義烧坊、荣和烧坊所产酱香型白酒获南洋劝业会金奖。1915年，贵州省政府组织成義烧坊、荣和烧坊以“茅台造酒公司”到巴拿马国际博览会送样，当年获巴拿马国际博览会金奖。

1929年，贵阳商人周秉恒、贾文钦创办“恒昌烧坊”。1938年“恒昌烧坊”与银行家赖永初合股，1941年赖永初收购全部股份，将其改称“恒兴烧坊”，拥有大小发酵窖池17口，聘成義烧坊酒师监造，管理酿酒工匠三十余人，是三家烧坊中酱香型白酒产量最高的。赖永初率先引进骡马拉磨，首倡“赖茅”商标，成義烧坊酱香型白酒亦从此称“华茅”，荣和烧坊酱香型白酒亦称为“王茅”，三茅中以赖茅产销量最大，华茅居中，王茅最少。1947年，三家烧坊产量约为32.5吨、21吨和7吨，总产量60.5吨，为史之最高。1948年，三家烧坊因省内农产歉收被迫停产。1949—1950年，因战乱及匪患三家烧坊停产，当时三家烧坊合拥有发酵窖坑41个，酒甑5个，石磨11盘，骡马36匹。

一、酱香型白酒的分类

酱香型白酒按照使用的糖化发酵剂可以分为大曲酱香型白酒、麸曲酱香型白酒和混合曲酱香型白酒三类。

大曲酱香型白酒：以高粱为原料，以酱香型高温大曲为糖化发酵剂，经传统固态法发酵、蒸馏、陈酿、勾调而成的，未添加食用酒精及非酱香型大曲酒发酵产生的呈香呈味物质，具有大曲酱香型白酒特征风格的白酒。大曲酱香型白酒的生产工艺复杂，生产周期长，与其他香型白酒生产工艺区别较大。

大曲酱香型白酒又称为茅香型白酒，以茅台酒为典型代表，具有“微黄透明、酱香突出、幽雅细腻、酒体醇厚、后味悠长、空杯留香持久”的特征，深受广大消费者喜爱。大曲酱香型白酒的国家名酒还有四川郎酒、湖南武陵酒。

麸曲酱香型白酒：以高粱、小麦为原料，以纯种培养酱香型功能微生物的麸曲为糖化发酵剂，经固态法发酵、蒸馏、陈酿、勾调而成的，未添加食用酒精及非发酵产生的呈香呈味物质，具有麸曲酱香型白酒特征风格的白酒。

20世纪60年代对茅台酒的科学试点工作，为酱香型白酒的发展提供了最大的动力，科学家、酿酒专家从茅台酒酿造过程中分离得到许多功能性微生物，结合当时的生产实际，酿酒专家以茅台酿酒功能微生物为基础，筛选具有酱香型功能的细菌、酵母、丝状真菌，利用麸皮为培养基，纯种培养酱香型功能微生物，结合大曲酱香型白酒生产工艺，用于生产麸曲酱香型白酒并取得成功。同属麸曲酱香型白酒的河北廊坊迎春酒、辽宁锦州凌川白酒、辽宁锦州老窖酒、贵州贵阳黔春酒、贵州贵阳筑春酒等成为国家优质酒，同样深受广大消费者的喜爱。

麸曲酱香型白酒是利用分离自茅台酿酒过程的功能酿酒微生物，包括细菌、酵母、丝状真菌，将这些功能微生物分别纯种接种培养在麸皮培养基上，获得糖化发酵剂，再以高粱、小麦为原料，经固态法发酵、蒸馏、陈酿、勾调而成的，具有麸曲酱香型白酒特征风格的白酒。其工艺特点是高粱粉碎、添加小麦原料、酒糟配糟、纯种麸曲细菌、酵母、白曲种添加酒醅、堆积、入窖发酵，再经蒸馏、陈酿、勾调而成。

随着科学技术、酿酒技术的发展和生产水平的提高，酿酒界对充分利用大曲酱香型白酒发酵完之后的副产物酒糟有了新的认识，在大曲酱香型白酒酒糟的利用方面，通过配糟，加入粉碎的高粱，添加糖化酶、高活性干酵母、酱香型大曲等作为糖化发酵剂，进一步利用大曲酱香型白酒酒糟中的风味物质，酿造混合曲酱香型白酒，以满足市场需求。

混合曲酱香型白酒：以粉碎的高粱为原料（也有不粉碎高粱的），以添加糖化酶、高活性干酵母为糖化发酵剂（也有同时加入酱香型高温大曲的），经固态发酵、蒸馏、陈酿、勾调而成的，未添加食用酒精及非发酵产生的呈香呈味物质，具有混合曲酱香型白酒特征风格的白酒。

实际生产上，也有将取完七轮次的大曲酱香型白酒酒糟，不添加高粱，直接加大曲进行第八次酿酒、蒸馏取酒，这样得到的八轮次酒为翻砂酒。

酿酒工作者在实际酿酒生产中，不断创新发展，将酱香型白酒酒糟中的淀粉原料吃干榨净，对酱香型白酒酒糟中的酱香型风味物质不断提取，既充分利用了淀粉原料，同时又有效地获得收益，相信随着不断的创新发展，必将不断刷新对酱香型白酒酿造技艺的认识，提升酱香型白酒酿造工艺技术水平。

随着人们生活水平提高，酱香型白酒越来越受到广大消费者的欢迎，酱香型白酒的风格特征也在发生变化，不断涌现出一些新的流派。以前酱香型白酒偏向酱香突出，现在市场上更欢迎具有淡雅、绵柔风格的酱香型白酒，因此酱香型白酒生产企业在产品酒体设计、勾兑、调味方面也在不断改进，以不断满足消费者的需求。市场上现在有传统酱香突出、酒体细腻醇厚风格的酱香型白酒，也有具有曲香、花果香等复合香协调风格的酱香型白酒，还有酱香明显，具有淡雅、绵软风格的酱香型白酒。

二、酱香型白酒的特征

（一）酱香型白酒的工艺特征

酱香型大曲白酒在端午开始制曲，重阳开始投料下沙，一年一个生产周期。如今，酱香高温大曲一般全年均可生产。酱香型大曲白酒系纯粮固态发酵白酒，其工艺特点为“四高两长，一大一多”，即高温制曲、高温堆积、高温发酵、高温馏酒，生产周期长、贮存时间长，用曲量大、多轮次发酵取酒。

高温制曲：酱香高温大曲制曲温度在65℃左右。在大曲发酵培养过程中耐高温产香并产蛋白分解酶多的微生物成为优势菌群，在高温条件下有利于将麦曲中的蛋白质分解为肽和氨基酸。

高温堆积：酱香型白酒酿造时堆积发酵的温度在50℃左右。高温堆积可以加速美拉德反应，产生更多更丰富的前体风味物质。进行开放式发酵，有利于富集环境中的微生物，形成二次培养制曲。高温堆积发酵可以培养富集酵母等微生物，有利于后续入窖发酵动力的形成。

高温发酵：酱香型白酒入窖发酵温度高于其他白酒，其入窖温度为35～40℃，对发酵过程中风味物质的形成具有促进作用。

高温馏酒：酱香型白酒蒸馏出酒温度在40℃以上。酿酒过程中会产生一些醛类和硫化物等低沸点杂质，这些杂质会使酒带有暴辣、冲鼻、刺激性大等缺点，通过高温馏酒可最大限度地排除这些低沸点、易挥发物质，使酱香型白酒对人的刺激小，不上头，不烧心。此外，还有利于提取高沸点酱香风味物质，馏出更多的不挥发的肽和氨基酸等营养、功能性物质。

生产周期长：酱香型白酒基酒生产周期长达一年，历经二次投料、九次蒸煮蒸馏、八次发酵、七次取酒。

贮存时间长：贮存期长是所有名优白酒之特点，而酱香型白酒贮存时间更长。酱香型大曲酒的贮存需要三年以上。酱香型白酒中高沸点的酸类物质比较多、不易挥发，低沸点的酯类物质比较少、易挥发。延长贮存时间能将挥发性物质尽量挥发，将不易挥发的高沸点酸类物质保留下来，所得到的白酒更加酱香突出，纯正优雅，空杯留香持久。

用曲量大：酱香型白酒生产过程中用曲量大，粮曲比接近1:1，是所有香型白酒中用曲量最大的（是其他白酒用曲量的 3 ～ 4 倍）。大曲不仅是酿酒的糖化发酵剂，同时也是酿酒原料，其曲香又是酱香型白酒酱香风味的重要来源。

多轮次发酵取酒：经过八个轮次的循环，酒醅中的复合型酱香显得更加浓郁。酱香型白酒生产中注重回酒发酵，特别是在第一、第二轮，此后回酒量逐渐减少；回酒发酵可以酒养糟、以酒养窖，促进酒体呈香呈味物质的形成，增加高沸点的芳香成分。

其他特点：酱香型白酒的发酵窖池是条石砌窖，晾堂是三合土，窖底和封窖用泥土。

（二）酱香型白酒产品的特征

酱香型白酒的酿造工艺特殊，历经两次投料、九次蒸煮、八次发酵、七次取酒、贮存、勾兑等过程，复杂的工艺令其不可以轻易被复制，产量及出酒率相对其他香型白酒偏低。由于独特的生产工艺技术，使得酱香型白酒产品具有酱香突出，优雅细腻，酒体醇厚，香味谐调，回味悠长，空杯留香持久等特点。其实，酱香型白酒的特点是基于其基酒和轮次酒的特点。酱香型白酒七个不同轮次的基酒也具有以下特点：

◆一轮次酒，也称为糙沙酒。无色透明，无悬浮物；其风味特征是生粮香舒适，有酱香味，酯香突出；酸味重，有涩味，后味微苦；酒精度≥ 57.0%（VOL）。

◆二轮次酒，也称回沙酒。无色透明，无悬浮物；其风味特征是芳香突出，有酱香；有酸味，味醇甜，后味净；酒精度≥ 54.5%（VOL）。

◆三轮次酒，也称大回酒。无色透明，无悬浮物；其风味特征是酱香明显；酒体醇甜，味净，后味长；酒精度≥ 53.5%（VOL）。

◆四轮次酒，也称大回酒。无色透明，无悬浮物；其风味特征是酱香显著，香味协调；较醇厚，味净，后味绵长；酒精度≥ 52.5%（VOL）。

◆五轮次酒，也称大回酒。无色（微黄）透明，无悬浮物；其风味特征是酱香明显，略有焦香；味醇厚，后味长、微苦；酒精度≥ 53%（VOL）。

◆六轮次酒，也称小回酒。无色（微黄）透明，无悬浮物；其风味特征是有酱香；味醇和，有枯糊味，余味略苦；酒精度≥ 53%（VOL）。

◆七轮次酒，也称为追糟酒。无色（微黄）透明，无悬浮物；其风味特征是有酱香；味醇和，有枯糊味，余味略苦；酒精度≥ 53%（VOL）。

酱香型白酒的基酒特点：将传统大曲酱香型白酒生产过程中所蒸馏摘取的一轮次基酒、二轮次基酒、三轮次基酒、四轮次基酒、五轮次基酒、六轮次基酒和七轮次基酒，贮存一定时间后，按一定比例勾调组合而成的基酒称为综合基酒。综合基酒的特点：无色，澄清透明，无浑浊，无悬浮物，无沉淀物；酱香突出，喷香，复合香显著，空杯留香长；味全面，酒醇厚、丰满、细腻、协调，回味长；酒精度 53%（VOL）。

此外，酱香型白酒产品还具有以下特点：

◆风味成分多。据权威检测，酱香型白酒有超过 1500 种的风味成分，其中定量的有 300 多种。但酱香酒的香气成分中迄今尚未找到主体香味物质。

◆易挥发物质少。新酒杂味成分多为低沸点易挥发物质。酱香酒是高温馏酒，有利于这些低沸点杂质的挥发。此外，酱香酒要经三年以上的贮存，贮存期间低沸点易挥发物质进一步挥发，酒的损失也超过 2%，所以酒体中保存的易挥发物质少，饮后体感好，对人体的刺激少，饮后不上头、不辣喉、不烧心。

◆有机酸含量高。酱香型大曲酒中的有机酸有乙酸、乳酸、丙酸、甲酸、正丁酸、异丁酸、丙酮酸、戊酸、异戊酸、2- 乙基丁酸、庚酸等，是其他香型白酒的 3 ～ 5 倍，主要是乙酸、乳酸和不饱和脂肪酸。

◆酚类化合物多。酱香白酒用曲量大，酒中的酚类化合物比其他香型白酒高。近年来的研究表明，酚类化合物具有抗氧化、强化血管壁、促进肠胃消化、防止动脉硬化、预防血栓形成、抑制细菌与癌细胞生长等作用。

◆含有益健康的物质。酱香型白酒中含有大量吡嗪类物质以及酚类化合物，这些化合物也是重要的有益健康的成分。另外，近期研究表明，酱香型白酒中含有小分子的肽等化合物，可抑制癌细胞的生长。

◆空杯留香。即盛过酱香型白酒的杯子，酒的香气会保留很长时间，并且香气绵绵不绝，沁人心脾。

三、酱香型白酒的产地产区

酱香型白酒的原产地和主产区是赤水河流域，其生产企业有赤水河流域上游的金沙酒业、中游的茅台集团、国台酒业、钓鱼台酒业、习酒集团、郎酒酒庄、安酒集团、唐庄酒业等，以及下游赤水市的生产企业。除了赤水河流域，在贵州其他地区还有珍酒、贵酒、毕节酒厂、平坝酒业、青酒、匀酒、木黄酒业等生产酱香型白酒的企业，在全国其他地区也有酱香型白酒生产企业，如山东、广西、福建、湖北、新疆、黑龙江等。可以说，酱香型白酒在全国各地均有生产。

关于酒的产区概念，一般认为是源于葡萄酒的产区概念。在中国，白酒生产地通常是讲江河流域，例如我们讲酱香型白酒的主要生产地是赤水河流域，讲浓香型白酒的主要生产地是长江流域、嘉陵江流域和江淮流域等。现在，有关葡萄酒产区的概念也被引入白酒生产领域，为白酒生产行业所接受，白酒产区已经是一个可以被接受的概念。2022 年，国务院国发〔2022〕2 号文件明确提出，鼓励贵州省打造赤水河流域酱香型白酒原产地和主产区，建立优质酱香型白酒生产基地。2022 年，仁怀市获得“中国酱香型白酒核心产区（仁怀）”称号，2023 年仁怀市获得“世界酱香型白酒核心产区”的荣誉称号。

有关酱香型白酒的产区，有位于贵州省仁怀市茅台镇的酱香型白酒核心产区。这里具有良好的环境、生态、气候、地质、地貌和水资源特征，由于长期从事酱香型白酒生产，特别是有酱香型白酒生产的核心企业茅台集团，酿酒微生物得到长期的驯化，形成良好的自然风土和微生物风土，也形成了良好的酱香型白酒生态酿酒小气候，是生产优质酱香型白酒的核心产区。

赤水河流域，包括金沙、习水、二郎、太平、土城、赤水等地，是酱香型白酒的主产区。这里有良好的环境、生态、气候、地质、地貌特征，有长期从事酱香型白酒生产的习俗，特别是有从事酱香型白酒生产的知名企业，如金沙酒业、习水酒厂、郎酒厂、川酒集团、安酒厂等。这里的酿酒微生物得到了长期的驯化，是生产优质酱香型白酒的主产区。

贵州省地区的黔北、黔南、黔中、黔东、黔西等地，都拥有良好的环境、生态、气候、地质、地貌特征，由于贵州有长期从事酱香型白酒生产的习俗，特别是有酱香型白酒生产的主要企业，包括珍酒、青酒、贵酒、平坝、毕节、贵州醇等，这里的酿酒微生物得到了长期的驯化，是生产优质酱香型白酒的贵州产区。

中国酱香型白酒产区，有良好的环境、生态、气候、地质地貌特征，一直从事酱香型白酒生产，酿酒微生物均得到了长期的驯化，是生产优质酱香型白酒的中国产区。

四、酱香型白酒知名生产企业

酱香型白酒生产企业很多，单是在贵州仁怀，高峰时期有三千余家，因此贵州是酱香型白酒的主要产区，有许多知名的酱香型白酒生产企业。

中国贵州茅台酒厂（集团）有限责任公司，包括贵州茅台酒股份有限公司、贵州茅台酒厂（集团）保健酒业有限公司等，主要产品有五星茅台、飞天茅台、茅台 1935、茅台王子酒、茅源酒、赖茅酒等系列产品，其中茅台酒是绿色食品、有机食品、地理标志产品。

贵州习酒投资控股集团有限责任公司，包括贵州习酒有限责任公司，主要产品有君品系列、窖藏系列、金钻系列等，主导品牌“习酒”被认定为地理标志产品。

贵州国台酒业集团股份有限公司，包括国台酒庄、国台怀酒等生产基地，主要产品有国台龙酒、国台十五年、国台国标酒等系列产品。

贵州珍酒酿酒有限公司，包括遵义珍酒赵家沟生态酿酒区、白岩沟珍酒庄园、石子铺老厂区及仁怀产区，主要产品有珍酒•珍三十、珍酒•珍十五、珍酒•珍八、珍酒•珍五等系列产品。

贵州金沙窖酒酒业有限公司位于贵州省金沙县城关镇，地处赤水河流域酱香白酒集聚区的金沙产区，主要产品有摘要酒、金沙回沙酒等系列产品。

除贵州产区外，目前在全国，有较大影响的酱香型白酒生产企业主要有以下企业：

四川郎酒集团有限责任公司，包括四川省古蔺郎酒厂有限公司、四川省古蔺郎酒厂（泸州）有限公司等，主要产品有青花郎、红花郎等系列产品。

湖南武陵酒有限公司坐落于风景秀丽的常德德山，是一家集产品系列化、包装系列化和生产标准化于一体的大型酒类生产企业，主要产品有武陵元帅、武陵上酱、武陵中酱、武陵少酱、武陵王系列、琥珀等系列产品。

山东古贝春集团有限公司地处鲁西北平原、京杭大运河畔，是一家集浓香、酱香系列产品研发、生产、销售于一体的大型酒类生产企业。

第五章　酱香型白酒生产用原辅料

酱香型白酒生产过程中的原辅料包括制曲用原辅料、酿酒用原辅料以及酱香型白酒生产用水等，酱香型白酒生产用原辅料种类多，其中原料主要是小麦、高粱，辅料主要是稻草、谷壳等。酱香型白酒生产用水也是酱香型白酒酿造质量的重要保证。此外，生产麸曲酱香型白酒和混合曲酱香型白酒的原辅料还有麸皮、糖化酶、酿酒活性干酵母等。

第一节　酱香型白酒制曲用原辅料

酱香型白酒生产用曲为酱香高温大曲，制曲温度达到65℃，其制曲用原料主要是小麦，辅料有稻草、麸皮等。麸曲酱香型白酒生产用曲是纯种麸曲，其制曲原料是麸皮。

一、小麦

小麦是广泛种植的禾本科植物，常见的有黄白色、黄色和金黄色。小麦颗粒由皮层、胚和胚乳三部分组成。小麦胚乳是制粉的基本成分，占小麦质量的80%以上，其主要成分是淀粉，其次为蛋白质。小麦富含淀粉、蛋白质、脂肪、矿物质、维生素等营养物质，黏着力较强，适合微生物生长，是微生物生长、繁殖和产酶的优良天然培养基物料，因此它也是酱香型白酒酿造制曲的良好原料。若粉碎适度、加水适中，则制成的曲坯有利于微生物生长繁殖。

小麦分为软小麦和硬小麦，软小麦的胚乳结构疏松，呈石膏状，亦称为粉质；就小麦籽粒而言，当其角质不足1/2时，称其为粉质粒，为软小麦；软小麦粉质率不低于70%。硬小麦的胚乳结构紧密，呈半透明状，亦称为角质或玻璃质；就小麦籽粒而言，当其角质占其中部横截面1/2以上时，称其为角质粒，为硬小麦；硬小麦角质率不低于70%。酿酒制曲以软小麦为佳，但目前大多数酱香型白酒生产企业制曲时将软小麦和硬小麦混合使用，一般硬小麦使用量占总小麦使用量的两成至四成。

酱香型白酒制曲小麦常选用本地冬小麦，现在由于产量规模扩大，河南、安徽等地的冬小麦更常采用。

酱香高温大曲制曲用小麦的品质要求：淡黄色、粒端不带褐色，颗粒坚实、饱满、均匀、皮薄、无虫蛀、无霉变、夹杂物甚少，断面呈粉状。小麦水分含量≤ 12%，淀粉含量≥ 60%，蛋白质含量≥ 12%，千粒重超过 35 克。

二、稻草

稻草是水稻收获后剩余的秸秆部分，在酱香型白酒制曲生产过程中，通常采用稻草作为辅料，其作用是分隔大曲，使大曲保持一定的空间距离，避免大曲之间粘连，不利于大曲培养，同时稻草还起到保温和保湿的作用。传统酱香大曲经踩曲成型后，入曲房发酵培养，一般曲的发酵培养过程需要 40 天左右。在这期间，需要用稻草进行保温、保湿，同时曲块之间也是用稻草间隔。

酱香高温大曲制曲所用的稻草品质要求：新鲜、干燥、无霉变、呈金黄色。

三、麸皮

麸皮是麸曲酱香型白酒制曲的主要原料，麸皮是小麦制粉以后的副产物，具有营养全面，吸水性好，表面积大、疏松度大等优点。麸皮本身具有一定的糖化能力，麸皮还是各种微生物生长繁殖及产酶的良好载体。

麸皮质量与小麦加工制粉工艺密切相关，例如质量较差的红麸皮，其出粉率较高但含氮量低，属于“全麦面麸皮”。用于制麸曲时，应考虑添加适量氮源（如无机氮的硫酸铵或有机氮的豆饼粉等），以增加其氮源。

四、糖化酶

糖化酶也称 α-1,4- 葡萄糖苷酶、糖化型淀粉酶、葡萄糖淀粉酶，是白酒酒曲中主要的淀粉酶类。它能将淀粉和糊精从非还原性末端开始，逐个切下 α-1,4- 葡萄糖苷键，生成葡萄糖。该酶也可分解淀粉的 α-1,6- 葡萄糖苷键和 α-1,3- 葡萄糖苷键，生成葡萄糖，但水解速度较低，故该酶的最终产物是葡萄糖。

能产生糖化酶的微生物以霉菌为主，主要是黑曲霉、根霉、米曲霉、红曲霉和拟内孢霉等。

工业糖化酶制剂的pH范围为3.0～5.5，最适pH范围为4.0～4.5。作用温度在30～65℃，超过65℃则失活加快，70℃完全失活。大部分金属离子（如铜、银、汞、铝等）都对糖化酶起抑制作用。糖化酶品种多，通常与其他淀粉酶组合为复合酶应用。混合曲酱香型白酒生产，糖化酶是与酿酒活性干酵母一起混合使用。

五、酿酒活性干酵母

酿酒活性干酵母亦称酒用活性干酵母，缩写为酿酒ADY（active dry yeast）。目前，酿酒ADY已在白酒行业广泛应用，已成为各酒厂稳定质量、降低消耗、安全度夏、提高原料出酒率和经济效益的主要措施。活性干酵母的含水量为4%～8%，而自然状态的正常酵母细胞含水分为70%左右。酵母在进行发酵或繁殖之前，首先必须吸收大量水分恢复至原来自然状态的含水量，此即复水。复水后，再经一定时间的培养，恢复成具有自然状态细胞的正常功能，此即活化。掌握活性干酵母复水、活化的机理，选择合适的复水及活化条件，以获得最大的活性，是使用活性干酵母至关重要的技术问题。酿酒活性干酵母的复水、活化条件包括复水、活化液的组成和用量，以及复水、活化的温度和时间。

复水活化液：尽管有报道在复水培养基中添加葡萄糖、麦汁浓缩物、牛奶乳清、铵盐等物质，有利于活性干酵母的复水及活化，但在酿酒工业中使用活性干酵母时，添加这些物质会使成本增高，而活性的提高很有限。在白酒生产中，活性干酵母的复水活化液一般有三种：一是自来水；二是含糖量为2%～4%的白糖或红糖溶液；三是浓度为4～5°Bx的稀糖化醪。

对于固态白酒生产，一般采用糖溶液作为复水活化液；液态白酒生产可采用大生产的稀糖化醪作复水活化液。采用稀糖化醪不仅可省去糖的成本，较为经济，同时在稀糖化醪中除糖外还含有酵母生长所需的其他营养成分，有利于酵母的活化与生长繁殖。自来水适合于带载体的酿酒活性干酵母的活化，因为在这些产品的载体中，含有一定的糖及其他营养物质，可部分满足酵母活化时营养的需要。

活化液的酸度在卫生条件良好和糖化醪质量正常的情况下，一般不需调酸。若车间卫生条件差或糖化醪有轻微杂菌污染，则需调酸的pH=4.5～5.0，且需进行高温处理后才能使用。

复水活化液的用量：活性干酵母恢复至自然状态必须吸收大量水分，复水活化液与活性干酵母的质量比最小为4.0，最大则不限，可结合使用时的工艺用水量来确定，一般情况下取复水活化液的用量为活性干酵母的20倍左右。若采用较长时间的活化，以便在活化过程中增殖一定量的酵母，从而可适当减少活性干酵母的用量，则活化液的用量应为活性干酵母的50倍以上。

复水活化的温度：如果在低于30℃条件下复水，细胞的活性损失将很大，特别是对没有添加保护剂的活性干酵母，更是如此。工业生产中复水的温度范围可在30～43℃，对于常温活性干酵母大多采用35～38℃复水，耐高温活性干酵母则在38～43℃复水。对于不添加保护剂的活性干酵母，其复水温度要求严格控制，而添加保护剂的活性干酵母则可采用适当较低的复水温度，但不得低于30℃。酵母细胞的复水过程一般在10分钟左右即完成，复水过程完成后，即为活化过程。活化过程的最适温度也就是酵母生长的最适温度，一般为28～33℃。若活化时温度太高，容易使酵母老化，对发酵不利。因此复水10～15分钟后，若不投入使用，则应使其温度逐渐下降为28～33℃。当活性干酵母使用量不大，活化液体积亦不大时，往往在复水后可自然下降至30℃左右；而当活性干酵母用量大，活化液体积大时，则需采用冷却降温措施。

复水活化的时间：复水活化时间的长短与复水活化液的组成、用量及活性干酵母的接种量有关。若复水活化液为自来水，由于自来水中不含有细胞生长所需的各种营养成分，因此活性干酵母复水10～15分钟后应立即投入使用，否则细胞就会老化。时间长了，还会引起酵母菌自溶、杂菌污染等现象。对于带有大量载体的活性干酵母，则由于载体中含有一定的营养物质，用自来水复水活化时，时间可为15～60分钟，一般以30分钟左右为宜。若复水活化液为白糖或红糖溶液，复水活化时间可在15分钟至3小时以内，一般以2小时左右为宜。在纯糖溶液中，虽然含有酵母细胞生命活动所需的基本成分——糖，但缺乏其他营养，因此当酵母细胞开始出芽时应投入生产。一般情况下，复水活化时间不应超过3小时。此外，当活性干酵母浓度较大时，活化液中的糖会很快耗尽，这时应缩短活化时间。若复水活化液为稀糖化醪，复水活化的时间可在15分钟至8小时范围内，一般以2～4小时为宜。采用较长的活化时间可适当减少活性干酵母的用量，当活化时间为6～8小时时，活性干酵母的用量一般可减少一半。应当注意的是，当活化时间超过3～4小时时，酵母便开始大量繁殖，此时活化液的用量应为活性干酵母用量的50倍以上（对于带载体活性干酵母，在25倍以上即可），因为酵母浓度太高不利于细胞的正常生长与繁殖。此外，活化一定时间后，若活化醪中停止或很少产生气泡，说明糖已耗尽，应该停止活化，投入使用。若因各种原因不能及时投入使用，则须在活化醪中补加一定的新鲜糖化醪，同时检测活化醪的 pH 看是否需要调酸或加碱。有时，采用降低温度的办法（20℃以下），亦可延长活化时间。

第二节 酱香型白酒酿酒用原辅料

酱香型白酒酿酒用原料主要是高粱，酿酒用辅料主要是谷壳。

一、高粱

高粱也称秫、蜀黍、红粮，禾本科，一年生草本植物，酿酒用的是该作物的籽实。高粱按品种可分为粳高粱和糯高粱，按照高粱的颜色可分为红、黄、白、青、黑等高粱。其籽实呈椭圆形和扁圆形、圆形，化学成分由于品种、地区、土壤的不同而有差异。

高粱的基因型和生长环境会影响其颜色、外观和营养组成，按高粱色泽可分为深红色、瓷白色、花色、黑色，原花青素含量范围在 0.01% ～ 4%。高粱籽粒单宁主要存在于果皮和种皮中，果皮厚度、种子颜色和种皮的有无是影响单宁含量的重要因素。果皮和种皮越厚，种子颜色越红，籽粒的单宁含量就越高。不同的酿造工艺对籽粒单宁含量有着不同的要求，以茅台为代表的酱香型白酒生产原料红缨子高粱籽粒单宁含量在 1.4% ～ 1.7%。

高粱是我国重要的谷类作物，其较强的抗旱、抗涝、耐盐碱特性和适应性，使其在平原、山丘、涝洼、盐碱地均可种植，具有较高且稳定的生物学产量和经济产量。目前，高粱种植主要分布在东北、华北、西北、华中、西南五大优势地区。西南地区是糯高粱的主产区，大规模种植的糯高粱支撑着四川、贵州数千亿白酒产业，大量和大型白酒企业的存在，也直接影响了西南地区高粱种植的规模和产量，高粱是西南地区地方经济发展的重要经济作物。

经过长期的生产实践和高粱品种选育，我国已经形成了较为丰富的酿酒用糯高粱品种群，为糯高粱的产业化种植及优质酿酒高粱的生产奠定了基础。2018 年，全国高粱种植面积 71 万 hm^2，总产量 345.7 万吨，分为粒用高粱、甜高粱、草高粱等，其中粒用高粱主要用于酿酒，约占全国高粱产量的 80%。表 5-1 给出了 2018 年全国高粱种植主要分布情况。

表 5-1　2018 年全国高粱种植分布情况

种植产区	种植省份	种植面积（万公顷）	种植主要类型
东北	辽宁省、吉林省、黑龙江省	24.40	粳高粱
华北	内蒙古自治区、河北省、山西省	16.38	粳高粱
西北	甘肃省、陕西省	2.52	粳高粱
华中	河南省、湖南省	2.76	糯高粱
西南	四川省、贵州省、重庆市	21.00	糯高粱

在中国用高粱酿造白酒已经有 700 多年的历史，其品种种类繁多，分布广泛，品种间存在较大的差异，不同产地高粱营养成分见表 5-2。

表 5-2　不同产地高粱营养组成对比

计量单位：%

类型	淀粉含量	蛋白质含量	脂质含量	单宁含量
红缨子糯高粱	≥ 70.0	7.0~9.0	3.0~3.5	1.4~1.7
四川糯高粱	≥ 70.0	8.0~10.0	4.0~4.5	1.2~1.4
辽宁粳高粱	≥ 70.0	8.0~9.0	2.8~3.0	0.6~0.8
内蒙古粳高粱	≥ 73.0	9.0~10.0	2.0~2.5	0.3~0.6
澳大利亚粳高粱	≥ 75.0	10.0~12.0	2.0~3.0	0.4~0.5

粳高粱产量高，是最适合种植的高粱，但对于白酒酿造，大量研究和生产实践证明，糯高粱品质更胜一筹。高粱原料对白酒品质的影响主要表现在以下方面：一是原料中的淀粉在微生物作用下发酵生成酒精以及众多风味成分；二是原料中的蛋白质、脂肪、单宁等成分，在发酵过程中会分解成小分子化合物，其本身作为风味成分或风味成分的前体物质；三是原料本身带来的风味，包括生熟高粱籽粒中的游离态和结合态香气组分。众多代谢产物除了作为风味成分外，部分有机酸和酚类等物质也在酒中体现出良好的功能。

高粱淀粉的组成、结构与白酒的品质息息相关。直链淀粉含量较高的粳高粱，其直链淀粉具有抗润胀性，破碎值低，不易被糊化，其糖化性能、发酵性能相对较差。糊化后的直链淀粉在摊晾冷却过程中，容易发生短期的老化回生。回生是淀粉分子从无序到有序化，重排结晶的过程，淀粉分子再结合形成的凝胶网络会包裹未被吸收的水分，并且黏结成完整或破碎的肿胀颗粒，导致微生物利用困难，从而影响高粱的出酒率和酒的品质。支链淀粉含量较高的糯高粱，其支链淀粉分子组成分支较多，易吸水糊化，具备高糊化温度、高崩解值和低回生值等适宜酿酒的重要特征，在吸水率、糊化率等方面均优于粳高粱，呈现出易糊化、抗老化的酿造特性，有利于双边发酵的协同性，更适合白酒固态发酵的生产工艺。有利于微生物的分解利用，更容易转化为乙醇和香味物质，从而使酒体丰富饱满，提高白酒的品质。

酱香型大曲酒生产用高粱原料的感官要求：红褐色，不带青白色，颗粒坚实饱满、均匀、无霉变、无污染、无杂质，断面呈玻璃质状。理化指标要求：淀粉含量≥ 60.0%，其中支链淀粉含量≥ 88%，水分含量≤ 13%，单宁含量≥ 1%。

二、谷壳

稻壳又称稻皮、谷壳、糠壳，是稻谷加工的副产物。稻壳含有纤维素 35% ～ 43%，多缩戊糖 16% ～ 22%，木质素 24% ～ 32%，是理想的疏松剂和保水剂，用于酱香型白酒生产用辅料的时间较长。

稻壳是填充料，所以使用时不能太细，一般使用脱粒后 2 ～ 4 瓣的稻壳，在蒸粮和蒸酒时起到减少原料相互黏结，避免塌气，保持酒醅柔熟不腻的作用。稻壳中含有果胶及多缩戊糖等成分，在酿酒过程中会生成糠醛和甲醇，所以使用前一般需要清蒸 30 分钟，除去谷壳中的邪杂味。

酱香型大曲酒生产用谷壳填充料的要求：气味正常，新鲜，无污染、无异味、无霉变、无虫蛀的金黄色干燥谷壳，谷壳成块瓣，夹杂物少，宜粗，以一破两开为宜；杂质≤ 1.2%；水分≤ 12%。

第三节　酱香型白酒生产用水

酱香型白酒生产用水包括生产过程中各种用水的总和，具体指酿造工艺用水、锅炉用水、冷却用水等。酿酒工艺用水是指与原料、半成品、成品直接接触的水，可分为三部分：一是制曲时拌料用水、微生物培养、酿酒原料浸泡、蒸煮糊化、打量水等工艺过程使用的酿造用水；二是用于设备、工具、容器等清洗的洗涤用水；三是酒瓶洗涤用水。

水对白酒酿造至关重要，“名酒产地，必有佳泉”，这是中国古代对水与酒质关系的结论。酱香型白酒——茅台酒、郎酒、习酒等均采用赤水河的水作为酿酒生产用水。水是酱香型白酒生产过程中的原料，有了水微生物就可以完成生长代谢和分解代谢，可以产生酒精及各种风味物质。因此，酱香型白酒生产企业对生产用水高度重视，“水是酒的血”，要酿造高品质的酱香型白酒，必须重视酿酒生产用水。一般对酿酒生产用水的感官要求：无色透明，无臭味，具有清爽、微甜、适口的味道，应达到国家规定的生活饮用水的标准。

一、酿酒工艺用水

酱香型白酒酿造工艺用水中所含的各种组分，均与有益微生物的生长、酶的形成和作用，以及酒醅或醪液的发酵直至成品酒的质量密切相关。酱香型白酒酿造工艺用水应符合一般生活用水的标准，并在以下方面高于生活用水水质标准：

① pH=6.8 ～ 7.2；

②总硬度 2.50 ～ 4.28mmol/L；

③硝酸态氮含量 0.2 ～ 0.5mg/L；

④游离余氯含量在 0.1mg/L 以下；

⑤无细菌及大肠杆菌。

二、水中离子对酒质的影响

硬度：水的硬度是指溶解在水中的钙、镁离子沉淀肥皂水化液的能力。其中钙盐和镁盐是硬度指标的基础。我国水的硬度曾采用德国硬度，即 1L 水中含有相当于 10mg 氧化钙的钙、镁盐类为 1 度。现在我国使用的硬度单位是 mmol/L，1mmol/L=2.804 度。通常，根据硬度将水分为六个等级，硬度在 0 ～ 1.427mmol/L（0 ～ 4 度）的水为最软水，硬度在 1.463 ～ 2.852mmol/L（4.1 ～ 8 度）的水为软水，硬度在 2.890 ～ 4.280mmol/L（8.1 ～ 12 度）的水为中等硬度，硬度在 4.316 ～ 6.419mmol/L（12.1 ～ 18 度）的水为较硬水，硬度在 6.455 ～ 10.700mmol/L（18.1 ～ 30 度）的水为硬水，硬度在 10.700mmol/L（30 度）以上的水为超硬水。酱香型白酒酿造工艺用水以硬度在 2.889 ～ 4.280mmol/L（8.1 ～ 12 度）的中等硬度水较为适宜。

无机成分：水中的无机成分有几十种，它们在酱香型白酒酿造的整个生产过程中起不同的作用。磷、钾、镁、钙、钠等无机成分对微生物生长具有促进作用，也是酶的生成促进剂，或具有保持体系的缓冲作用。亚硝酸盐、硫化物、氟化物、氰化物及水中的重金属

（如砷、汞、铬、镉、铅、锰等），即使是微量的存在，对微生物生长和代谢、对酶的生物催化作用，以及对发酵和成品酒的质量，均有不良的影响。

水是酒的主要成分，水质的好坏直接影响酒的质量。酒瓶洗涤用水因直接接触成品酒，所以对最后洗涤酒瓶的用水要求是纯净水。

要特别注意的是，硬度、余氯、铁、腐殖质、微生物等指标，其基本要求如下：

①总硬度应小于 1.783mmol/L，低矿化度，总盐量少于 100mg/L，一般不用蒸馏水，因微量的无机离子也是白酒的组分；

② NH_3 含量低于 0.1mg/L，铁含量低于 0.1mg/L，铝含量低于 0.1mg/L；

③不应含有腐殖质的分解产物。将 10mg 高锰酸钾溶解在 1L 水中，若在 20 分钟内完全褪色，则不能作为降度用水；

④自来水应用活性炭将余氯吸附，并经过滤后使用。

三、冷却用水和锅炉用水

酿造过程中需要冷却水，用于酱香型白酒酒醅蒸馏时的冷却。冷却水不与产品直接接触，只需要温度低，硬度适当即可。过高的硬度会使冷却器结垢，影响传热。冷却水要循环利用，现在许多地方和企业的固态发酵生产酱香型白酒，已经采用风冷却器代替水冷却器，其目的是节约用水。

锅炉用水要符合国家相关要求，通常应无固体悬浮物，是硬度低的软水，如果达不到要求，需要对锅炉用水进行处理。

四、水的净化处理

水的净化关系到产品质量，因此越来越受到酿酒企业的高度重视。一般水有以下一些净化方法。

（1）絮凝沉淀

加入铝盐或铁盐，对浑浊水进行絮凝沉淀，使水中的胶体及细小物质被吸附、絮凝沉淀，得到清亮水质，一般要联合过滤器使用。

（2）沙滤

浑浊不清的水通过自然澄清后再经过沙滤，即可得到清亮的水。沙滤有专门的沙滤设备，也可人工制备沙滤设备。该过滤系统由陶瓷缸或水泥池构成，池体两侧分别铺设多层滤料（依次为卵石、木炭、粗砂、细砂）。浑浊水经过此过滤系统处理后，可有效去除悬浮物。

（3）活性炭吸附

活性炭比表面积大，表面及内部布满 2 ～ 5nm 的微孔，能将水中的细微粒子等杂质吸附，再采用过滤的方法将活性炭与水分离。活性炭吸附处理水是比较简单易行的方法，一般活性炭用量为 0.1% ～ 0.2%（质量浓度）。先将粉末状活性炭与水混匀，静置 8 ～ 12 小时，吸取上清液，经石英砂或硅藻土滤层过滤，即可得到清亮的水。也可装设活性炭过滤器，即在过滤器底部装填 0.2 ～ 0.3m 厚的石英砂，作为支柱层，再在其上面装填 0.75 ～ 1.5m 厚的活性炭，原水从顶部进入，从过滤器的底部出水。

吸附饱和的活性炭可以再生，即先用清水、蒸气从过滤设备底部进行反洗、反冲后，再从过滤设备底部通入 40℃、浓度 6% ～ 8% 的 NaOH 溶液（用量为活性炭体积的 1.2 ～ 1.5 倍），然后用原水从过滤设备顶部通入，正洗至出水符合规定水质要求即可正常运转。通常，运转期可达 3 年。若再生的活性炭无法恢复吸附能力，则应更新活性炭。

（4）离子交换法

离子交换法是白酒生产企业普遍采用的水处理方法。使水中的阴阳离子与离子交换树脂进行反应吸附水中的各种离子，再以酸、碱液冲洗再生离子交换树脂，即可继续使用。

离子交换树脂有阳离子交换树脂和阴离子交换树脂两种，阳离子交换树脂又分为强酸型和弱酸型；阴离子交换树脂又分为强碱型和弱碱型。若只是除去钙、镁离子，则可选用弱酸型阳离子交换树脂，若还需要除去氢氰酸、硫化氢、硅酸、次氯酸等成分，则可选用弱酸型阳离子交换树脂和强碱型阴离子交换树脂联用，或强酸型阳离子交换树脂与弱碱型阴离子交换树脂联用的方法。

离子交换树脂一般装在柱子内，一个柱子内可装填一种或两种树脂的单元装置，也可由两个或多个柱子串联使用，按处理水量要求而定。一般柱体的直径相当于柱子高度的 1/5，柱子材料为有机玻璃，内有筛板，装填的树脂高度为 1.2 ～ 1.8m。

通常，对于余氯量高的自来水，应先经活性炭吸附，再从柱子顶部进入，1 小时的出水量为树脂体积的 10 ～ 20 倍。树脂再生时先用相当于树脂体积 1.5 ～ 1.7 倍的纯水进行反洗 10 ～ 15 分钟，然后再用再生剂冲洗。阳离子交换树脂一般以盐酸或硫酸为再生剂，阴离子交换树脂通常用氢氧化钠为再生剂。再生剂的具体浓度、温度以及冲洗流速、流量和时间等条件，以再生后达到水质要求而定。最后再用纯水正洗，其用量为树脂体积的

3～12倍。

（5）反渗透法

反渗透是采用一定的压力使溶液中的溶剂通过反渗透膜分离出来。因为它与渗透的方向相反，故称为反渗透。根据物料不同的渗透压，就可以利用反渗透法达到分离、提取、纯化和浓缩物料的目的。常温条件下，可以对溶质和水进行分离或浓缩，其作用的能耗低、杂质去除范围广，可除去无机盐及各类有机杂质。反渗透膜孔径很小，它能去除滤液中的离子范围广，也能去除相对分子质量很小的有机物，如细菌、病毒、热源等。

反渗透水处理属于物理方法，具有明显优点。例如，室温下就可处理，仅靠压力作用，处理不需要化学药剂，系统简单，操作简便，设备占地面积小，处理水的范围广，可连续出水等。

反渗透系统由原水罐、增压泵、多介质过滤器、活性炭过滤器、保安过滤器、高压泵、反渗透装置、纯水罐、纯水泵等构成。原水经增压泵进入多介质过滤器过滤（沙滤），再进入活性炭过滤器，然后再经过保安过滤器（精过滤器），得到含杂质极少的水，经高压泵进入反渗透装置，得到纯水，进入纯水罐备用。

第六章　酱香型白酒制曲生产技术

酒曲是中国白酒酿造过程中的糖化发酵剂和生香剂，是白酒酿造的动力。中国是世界上制曲酿酒的发源地，酒曲酿酒是世界上独特的酿酒技术。传统的制曲过程其实就是多种微生物共同培养作用的过程，是微生物进入曲料竞争生存，适应制曲环境而保存下来，并生长繁殖、积累丰富的代谢产物和种类繁多的酶系的过程。酒曲是白酒发酵生产中微生物的主要来源，酒曲中的微生物主要包括转化淀粉等生物大分子的微生物、将葡萄糖及其他小分子糖转化为乙醇的酿酒微生物和使酒醅生香的微生物等三大类，构成中国传统白酒发酵不可缺少的微生物菌群结构和体系。

第一节　酱香高温大曲的生产

酱香高温大曲是酱香型白酒生产关键的糖化发酵剂。该大曲以小麦为原料，制曲过程中最高温度可达 65℃，故称高温大曲。在酱香型白酒酿造过程中，高温大曲兼具糖化剂、发酵剂和生香剂三重功能：其富含的微生物群落能将淀粉等大分子物质水解为葡萄糖，进一步将糖类转化为乙醇及各类风味物质。此外，酱香型白酒酿造时高温大曲的添加比例较高（通常与原料比例为 1:1），因此高温大曲也兼具部分投粮功能。

一、酱香高温大曲生产工艺流程

（一）酱香高温大曲制曲工艺流程

酱香高温大曲制曲工艺流程见图 6-1。

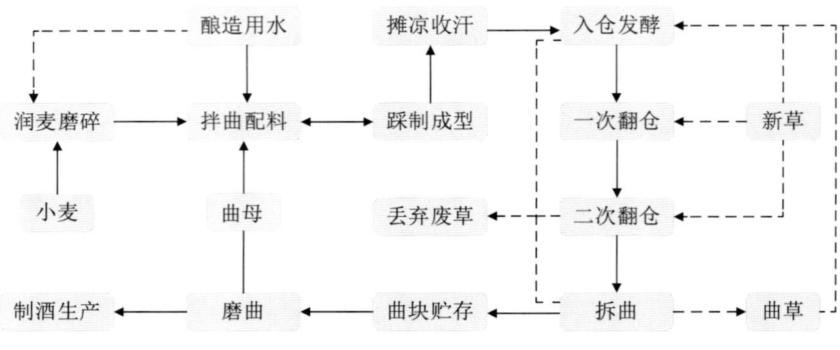

图 6-1　酱香高温大曲制曲工艺流程

（二）酱香高温大曲的制作

原料：酱香型白酒制曲小麦常选用本地冬小麦，现在由于产量规模扩大，本地小麦供给不足，河南、安徽等地的冬小麦也有采用。制曲用小麦要求淡黄色、粒端不带褐色，颗粒坚实、饱满、均匀、皮薄、无虫蛀、无霉变、夹杂物甚少，断面呈粉状。小麦水分含量≤ 12%，淀粉含量≥ 60%，蛋白质含量≥ 12%，千粒重在 35 克以上。

小麦磨碎：小麦磨碎前要按照每仓 800 ～ 1000 千克的原料小麦量加入 1% ～ 2% 的清洁水进行润粮。小麦用滚筒式磨粉机进行磨碎，磨碎要求形成梅花片状，尽量减少沙粒状，不通过 20 目的粗粒和麦皮占 60%，通过 100 目的细粉占 40%，感官上麦粉不糙手、不腻手。

配料：制曲用母曲是贮存半年以上的干曲磨细，用曲量为小麦量的 5% ～ 8%，夏季少用，冬季多用。加水量为小麦的 36% ～ 38%。先将选出的母曲磨好，按比例与磨碎的小麦粉同时进入搅拌箱，再按照比例加入适量的水，进行充分搅拌，使麦粉、母曲、水混合均匀，无疙瘩、无白粉，手捏能成团，丢下能散开。

大曲酱香型白酒生产中，大曲质量的好坏直接关系到大曲酱香型白酒的质量及风格，而酱香高温大曲生产中，配料工序处于举足轻重的地位。配料对上道工序中母曲磨粉的要求是通过 40 目的细粉占 50%，其中通过 100 目细粉的占 30%，不得有粗粒、整粒。配料好的曲料，含水量 36% ～ 38%，含母曲 5% ～ 8%，手捏能成团，丢下能松开。

原料加水量和制曲工艺有很大的关系，各类微生物对水分的要求是不同的。加水量过多，曲胚容易被压制过紧，不利于有益微生物的生长，影响微生物的繁殖速度及曲块的干燥，并且在高温下曲胚容易变黑，曲块不香。水分过少，又会使曲胚的黏合力不足，容易松散破碎，不易成型，造成次品，浪费原料。因此，加水量为原料的 36% ～ 38%，其中冬季、春季用水量为 36%，夏季用水量为 38%，秋季用水量为 37%。

母曲用量不足，会影响麦曲的成熟，母曲用料量为 5% ～ 8%，其中冬季母曲用量为 8%，春季、夏季母曲用量为 5%，秋季母曲用量为 6%。

踩曲成型：将拌和好的曲料放到 35cm×18cm×6.5cm 的曲模中，将四边踩紧，中间踩平，做成四边紧中间松，不毛糙，四角齐整，成龟背形的曲块。然后将曲块放置在晾堂中摊凉，使曲块外表收汗，不粘手，即可装仓堆曲。不得放置时间过长，以免水分散失过多，影响曲块质量。

入仓堆曲：将已经收汗的曲块及时运进发酵仓中，铺好底草和隔墙草，压紧后大概有 17 厘米，按照横三竖三的形式，将曲块交叉放置好，并用稻草将曲块卡紧、垫平。稻草以使用过的为主，新稻草每个发酵仓不超过 500 千克。每间发酵仓堆曲块六行，每行堆曲块四至五层。曲块堆完后，在曲块上面覆盖并适当压紧 17 厘米以上的稻草，然后撒上 0.5% ～ 1% 的凉水，保持一定的湿度，关好门窗，以利于保持堆积发酵升温。

翻曲：入仓 6 ～ 8 天，在曲堆的上部、下部、中部分别取六点测量曲堆的温度，当温度达到规定的要求时进行翻仓。入仓 6 ～ 8 天，品温升至 60 ～ 62℃时，进行第一次翻曲，此时曲块的淀粉含量为 42% ～ 46%，水分含量为 33% ～ 37%，糖分含量为 2% ～ 2.5%，酸度 <2mg 当量数 /10g 曲，糖化力为 100 ～ 200mg 葡萄糖 /30℃ · 克曲 · 小时，曲块颜色为黄褐色，曲味具有黄粑味、酸甜味、无生麦味，曲块略有变形。再经过 6 ～ 8 天，品温升至 50 ～ 55℃，进行第二次翻曲，此时曲块的淀粉含量为 46% ～ 50%，水分含量为 31% ～ 34%，糖分含量为 2% ～ 3.0%，酸度 <2mg 当量数 /10g 曲，糖化力为 150 ～ 250mg 葡萄糖 /30℃ · 克曲 · 小时，颜色为黄褐色，曲味具有酱香味、曲香味，曲块基本定型。

翻曲时保持室内温度，冬季不得开启门窗，要将贴在曲块表面的稻草摘开，将曲块上与下、边与中、前与后、内与外位置进行调换，使所有曲块发酵均匀，再将隔草和卡草抖松，排除废气。第二次翻曲时要加大草量，有利于曲块干燥，翻曲速度要快，防止曲块品温下降过大而影响曲块质量。

翻仓发酵在整个制曲生产过程中起到举足轻重的作用，曲的质量好坏取决于仓内的发酵管理，而曲的质量又是制酒生产的重要基础。

仓内发酵时间一般为 40 天，在整个发酵过程中必须进行两次翻仓。第一次翻仓时间为曲块入仓的 6 ～ 8 天（夏天为 6 ～ 7 天，冬天为 7 ～ 8 天），此时曲块中间品温为

60～62℃；第二次翻仓为第一次翻仓后的6～8天（夏天为6～7天，冬天为7～8天），曲块中间品温为50～55℃。翻仓早了，曲块品温达不到工艺培养质量要求，制出的白曲多，曲块发酵不彻底；翻仓迟了，曲块品温过高，要烧坏曲，制出的黑曲多。因此翻仓过早、过迟均会影响曲块的质量。温度对制曲影响很大，冬季翻仓，必须做好保温工作。第一次翻仓时应该关好门窗，否则曲块品温下降过快，造成翻仓后的曲块品温回升缓慢，到第二次翻仓时，曲块品温达不到工艺要求。第二次翻仓时若曲块品温下降过大，不利于曲块在仓中继续发酵和干燥，制出的曲块质量会较差。

拆曲：进仓发酵满40天后，进行拆曲工作。拆曲必须将曲块表面的稻草拆干净，不得留有长3cm以上的稻草。要节约稻草，尽量将能使用的稻草保留下来。拆曲后的出仓成品曲，一般黄曲占70%，白曲占20%，黑曲占10%。曲块闻香要求：曲香浓郁，具有典型的酱香高温大曲风格。水分含量少于13%。糖化力为100～300mg葡萄糖/30℃·克曲·小时。酸度为2～2.5mg当量数/10g曲。

黄曲，一般为金黄色或褐黄色，曲色均匀，皮厚，曲香浓郁，无霉味、油味和酸味，曲块表面无青霉、毛霉等异常状况，具有典型的酱香型大曲风格。

黄曲含量占比大于85%。黄曲指标大于85%是定性指标，而不是定量指标。故没有黄曲、白曲、黑曲各多少吨的说法。

黑曲，棕黑色，曲色均匀，皮薄，曲香明显，略有焦香味，无霉味、油味和酸味，曲块表面无青霉、毛霉等异常状况。

白曲，麦粉色，曲色均匀，皮薄，有曲香味和生麦味，无霉味、油味和酸味，曲块表面无青霉、毛霉等异常状况。

曲块贮存及磨曲：将拆好的曲块装进干曲仓中贮存半年以上，要防止曲块受潮生霉二次发酵。做好进仓记录，用曲时遵循先进先用、后进后用的原则。磨曲按照进仓日期的先后顺序，将贮存半年以上的曲块进行磨碎。磨碎要求通过40目的曲粉占50%以上，其中通过100目的占30%，不得有粗粒、整粒。

成品曲块入库须经3～6个月时间的贮存。贮存期内应严防受潮、发霉、虫蛀、鼠食及其他污染。用于制酒时必须经磨碎，其磨碎度越细越好。

车间现场管理要求：生产场地保持清洁卫生，曲仓、发酵室、干曲仓也要保持清洁卫生，每仓曲拆曲完成后要将稻草清除干净，关好门窗。

二、成品曲的质量要求

成品曲块的质量要求见表 6-1。

表 6-1　成品曲质量要求

项目	糖化力（mg 葡萄糖 /30℃ · 10 克曲 · 小时）	酸度（mg/ 当量数 10g 曲）	水分（%）	淀粉（%）
优级	150 ～ 300	1.3 ～ 1.6	≤ 12	≥ 55
一级	大于 150 且小于 300	1.3 ～ 1.6	≤ 13	≥ 52

高温大曲以酱香高温大曲为代表。制曲时注重于曲的堆积，覆盖严密，以保温保潮为主，当品温升至 60 ～ 65℃时才开始翻曲。酱香高温大曲的糖化力、液化力和发酵力均较低，故用曲量大。酱香型白酒酿造用曲，粮曲比接近 1:1。在发酵酿酒过程中，除生成乙酸、乳酸及乙酯外，同时还产生大量的高级醇、醛类、酚类、吡嗪类、呋喃类等香味物质，使产品具有酱香突出、幽雅细腻、回味悠长的独特风格。这类酒的香味物质，应该说是曲药香味物质带入和酿酒发酵产生的香味物质的复合体。

三、酱香高温大曲制曲新技术

酱香高温大曲制曲的基本技术大约在数百年前就已经形成，但酱香高温大曲制作的生产条件仍然未有大的变化。新中国成立以来，酿酒行业不断取得新的技术进步，酱香高温大曲生产的技术革新主要集中在酱香高温大曲的制曲成型机械化、酱香高温大曲微生物菌群结构解析、酱香高温大曲微生物资源的挖掘和应用、酱香高温大曲曲房的计算机控制与管理等方面。

机械制曲坯：酱香高温大曲已经实现了机械化制曲坯。机械化制曲坯始于 20 世纪 70 年代，最初制曲坯的机械设计简单，只是考虑机械成型，没有考虑制曲坯时曲坯不同部位的受力情况，人工踩曲对曲坯的提汗、曲坯中心到表面形成毛细管通路等问题。机械成型只是考虑机械压制成型，没有注意受力情况、曲块的通气等，使得机械成型的曲坯只是在酱香型大曲的表面长菌，微生物不能深入生长到酱香型大曲的曲心，曲的质量达不到要求，因此酱香高温大曲的机械成型技术未能够获得成功推广。

现在的酱香高温大曲机械制曲坯已经采用包括液压式、气动式、弹簧冲压式等各种机械制曲坯成型，同时还结合计算机控制、人体工程学原理等，在曲坯不同部位受力模拟人工踩曲，使机械制曲坯满足了人工踩曲的各项条件。机械制曲坯适合大规模生产，具有速度快、曲坯成型好、劳动生产率高的特点，其成熟曲坯的糖化力、液化力和发酵力均达到或优于人工踩曲。目前，大多数的大型酱香型白酒生产企业均采用机械制曲坯技术。

强化大曲：长期以来，酱香高温大曲是靠网罗自然界中各类微生物在曲坯上生长而制成的，因此酱香高温大曲微生物的种类多，多样性复杂。然而，自然界中的微生物菌体主要是细菌、放线菌、酵母、丝状真菌等，除了对酿酒发酵有益的微生物外，还存在许多对酿酒发酵有害的微生物，影响酱香高温大曲的品质，进而影响酿酒生产的出酒率、优质品率等。此外，自然界中的微生物受环境、气候等外部自然条件的影响较大，从而导致酱香高温大曲质量的不稳定。20世纪80年代，随着人们对酱香高温大曲微生物的研究不断深入，从传统酱香高温大曲中分离筛选到许多有益的微生物，将酱香高温大曲中分离得到的有益微生物进行纯培养后，再加入酱香高温大曲制曲过程中，增加有益微生物的种类和数量，达到提高酱香高温大曲质量的目的，称为强化大曲。

尽管强化大曲增加了有益微生物在酱香高温大曲中的种类和数量，使得酱香高温大曲的一些性能增加（例如糖化力、发酵力等），但由于强化大曲打乱了自然接种微生物大曲的微生物菌群关系，可能导致发酵酿造酒时所得酱香型白酒产品的品质降低，因此从生产及管理角度而言，对强化大曲的使用仍须保持谨慎。

第二节　酱香麸曲的生产

1955年，山东烟台试点提出以米曲霉加酵母为糖化发酵剂生产白酒，淀粉出酒率达到70%，并总结经验，决定在全国推广。烟台试点在总结烟台酿制白酒经验的基础上，对全国白酒生产技术进行了系统的整理，编写了《烟台酿酒操作法》一书，此操作法经第一届全国酿酒工业会议推广后，在白酒生产工艺改进、节约粮食、提高出酒率、增加白酒产量等方面均取得了很大的成绩，可称之为中国酿酒工业的一次大的技术改革。

烟台酿造白酒试点总结的经验是“麸曲酒母，合理配料，低温入窖，定温蒸烧”。所谓“麸曲酒母”就是要选择适应性强、繁殖能力强、代谢能力强的优良曲霉菌和酵母。“合理配料”是生产工艺的基础，是微生物作用的基础物质（如水、淀粉、糖分、酸度等）合理搭配，包括制曲配料、酒母配料、制酒配料三个部分，以期提供最佳的糖化发酵和生香条件。“低温入窖”是指控制适宜的发酵温度，尽量做到低温入窖。这样既有利于有益菌的充分作用，又能抑制杂菌，从而提高出酒率，稳定酒质。“定温蒸烧”就是确定合理的发酵期，当发酵温度达到一定程度时，即着手蒸馏，以确保丰产丰收。它是白酒酿造工艺技术的一次科学总结。

通过对烟台酿造白酒总结经验的推广，在全国范围内出现了麸曲酿酒的热潮，先后诞生了麸曲清香、麸曲浓香、麸曲酱香、麸曲其他香型白酒等，并确定了“芝麻香”这一香型。这些新工艺技术的产品，都有全国优质酒出现，这不能不说是麸曲酿酒法所取得的巨大成绩，它在中国酿酒历史上为节约粮食、保障供给做出了很大贡献。

麸曲酱香型白酒是以高粱、小麦等含淀粉粮食为原料，以纯种培养的酱香麸曲为糖化发酵剂和生香剂，经发酵、蒸馏、贮存、勾调而成的蒸馏白酒。麸曲酱香型白酒具有出酒率高、生产周期短等特点，但由于菌种单一，麸曲酱香型白酒的品质与酱香型大曲酒相比具有香味淡薄、酒体欠丰满等缺点。一些生产企业采用多种菌种混合使用，进行糖化发酵和生香，并参照和采用固态大曲酒的一些工艺技术，以增加麸曲酱香型白酒中的风味物质，使麸曲酱香型白酒的品质得到大幅度的提高。

麸曲酱香型白酒采用分离自酱香高温大曲中的产酱香型风味的细菌多株，结合酿酒酵母和产香酵母，再组合具有糖化作用的白曲，形成麸曲酱香混合菌种，作为糖化发酵剂和生香剂。因此在麸皮上培养细菌、酵母和白曲是制作酱香麸曲的关键环节。

麸曲酱香型白酒采用纯种制曲，主要由白曲、酵母和细菌三类微生物经过四级纯种扩培分别制备成麸曲白曲、麸曲酵母和麸曲细菌，再以一定的比例混合作为发酵剂参与麸曲酱香型白酒的发酵制备。

一、白曲的培养

白曲一级种制备：白曲一级种采用察氏培养基琼脂试管斜面培养。先配制察氏培养基琼脂试管斜面，即培养基为$NaNO_3$（3g）、K_2HPO_4（1g）、KCL（0.5g）、$MgSO_4 \cdot 7H_2O$（0.5g）、$FeSO_4$（0.01 g）、蔗糖（30g）、琼脂（20g）、水（1000mL），然后在0.1MPa下灭菌30分钟即得。在无菌条件下，挑取2环孢子接种于制备好的察氏培养基琼脂斜面上，于28～30℃下培养4～5天，置于5℃冰箱中备用。

白曲二级种制备：白曲二级种采用试管麸皮培养。称麸皮，按麸皮质量的80%～

100% 加水，拌匀并装试管，在 0.1MPa 下灭菌 30 分钟，冷却后，挑取白曲一级种（察氏培养基琼脂斜面中的白曲）孢子接入麸皮试管，然后在 28 ～ 30℃下培养。在 20 ～ 24 小时后摇晃试管，使物料被打散呈疏松态，48 小时后将麸皮置于试管中间，水平放置培养 4 ～ 5 天后，待孢子布满试管中麸皮物料表面，烘干备用。

白曲三级种制备：白曲三级种采用浅盘（木盒、竹编圆簸箕、搪瓷盘等）盛麸皮物料培养。称麸皮，加水 80% ～ 100%，拌匀，在 0.1MPa 下灭菌 30 分钟，冷却后接种，接种量约为麸皮质量的 0.5%（w/w）。为使接种均匀，通常先将白曲二级种和少量灭菌冷却好的麸皮物料充分拌匀后，再和所有麸皮物料做二次拌匀，装入浅盘，在 28 ～ 30℃下培养。培养期间，视物料温度进行适时的划盒操作，以达到控温目的，培养 3 ～ 4 天即可得到成熟的白曲三级种，烘干备用。烘干后的白曲三级种可在干燥器中室温保存 2 个月。

白曲四级种制备：白曲四级种通常采用帘子、通风池或圆盘制曲机进行制备。固体物料以麸皮、酒糟和谷壳构成，其中麸皮 75%（w/w），酒糟 15%（w/w），谷壳 10%（w/w），加入固体物料 80% ～ 100% 的水，拌匀，在 0.1MPa 下灭菌 30 分钟，冷却后接种，接种量约为麸皮质量的 1.0%（w/w）。为使接种均匀，通常先将白曲三级种和少量灭菌冷却好的物料充分拌匀后，再和所有物料做二次拌匀，装入发酵容器，在 28 ～ 30℃下培养。培养期间控制温度在 30 ～ 36℃，上层品温不宜超过 38℃，培养 36 小时即可得到成熟的白曲四级种，烘干备用。

二、酵母的培养

酵母一级种制备：酵母一级种采用麦芽汁（7 度波美）或豆芽汁葡萄糖培养基或马铃薯葡萄糖培养基，2% 的琼脂，混匀后装入试管，在 0.1MPa 下灭菌 30 分钟，制备斜面。在无菌条件下，挑取 1 环酵母种于制备好的斜面，于 28 ～ 30℃下培养 48 小时。

酵母二级种制备：酵母二级种采用麦芽汁（7 度波美）或豆芽汁葡萄糖培养基或马铃薯葡萄糖培养基，将培养基分装至锥形瓶，在 0.1MPa 下灭菌 30 分钟。挑取酵母一级种 2 环接入灭好菌并冷却至 30℃左右的锥形瓶液体培养基中，在 28 ～ 30℃、160rpm 下培养 24 小时。

酵母三级种制备：酵母三级种采用浅盘（木盒、竹编圆簸箕、搪瓷盘等）培养，培养基固体物料由 70%（w/w）的麸皮和 30%（w/w）的酒糟构成，加水量为固体物料的 80%～100%，拌匀，在 0.1MPa 下灭菌 30 分钟，冷却后接种，接种量约为麸皮质量的 3%

（w/w）。为使接种均匀，通常先将酵母二级种和少量灭菌冷却好的物料充分拌匀后，再和所有物料做二次拌匀，装入浅盘，在 28 ～ 30℃下培养。培养期间，视物料温度进行适时的划盒操作，以达到控温目的，培养 36 小时后即得到成熟的酵母三级种。

酵母四级种制备：酵母四级种通常采用帘子、通风池或圆盘制曲机进行制备。培养基固体物料由 70%（w/w）的麸皮和 30%（w/w）的酒糟构成，加水量为固体物料的 80% ～ 100%，拌匀，在 0.1MPa 下灭菌 30 分钟，冷却后接种，接种量约为固体物料质量的 3%（w/w）。为使接种均匀，通常先将酵母三级种和少量灭菌冷却好的物料充分拌匀后，再和所有物料做二次拌匀，装入发酵容器，在 28 ～ 30℃下培养。培养期间控制温度在 30 ～ 36℃，上层品温不宜超过 38℃，培养 36 小时后即得到成熟的酵母四级种，烘干备用。

三、细菌的培养

细菌一级种制备：细菌一级种采用肉汁胨培养基（用于保存菌种），即牛肉膏 3 g，蛋白胨 10g，NaCl 5g，琼脂 20g，溶于 1000mL 自来水中，用 10% 的 NaOH 溶液调 pH 至 7.0 ～ 7.4，混匀后装入试管，在 0.1MPa 下灭菌 30 分钟，制备斜面。在无菌条件下，挑取 1 环细菌种于制备好的斜面，于 37℃下培养 36 小时。

细菌二级种制备：细菌二级种采用肉汁胨葡萄糖培养基（用于生产），即牛肉膏 4g，蛋白胨 10g，NaCl 5g，自来水 1000mL，pH=7.0 ～ 7.4，将培养基分装至锥形瓶内，在 0.1MPa 下灭菌 30 分钟。挑取细菌一级种 2 环接入灭好菌并冷却至 37℃左右的锥形瓶液体培养基中，在 37℃、160rpm 下培养 36 小时。

细菌三级种制备：细菌三级种采用浅盘（木盒、竹编圆簸箕、搪瓷盘等）培养，培养基为麸皮，加水 80% ～ 100%，烧碱（NaOH，工业用）0.6%，或纯碱（Na_2CO_3，工业用）0.8%，拌匀，在 0.1MPa 下灭菌 30 分钟，冷却后接种，接种量约为麸皮质量的 3%（w/w）。为使接种均匀，通常先将细菌二级种和少量灭菌冷却好的物料充分拌匀后，再和所有物料二次拌匀，装入浅盘，在 28 ～ 30℃下培养。培养期间，视物料温度进行适时的划盒操作，以达到控温目的，培养 48 小时即得成熟的细菌三级种。

细菌四级种制备：细菌四级种通常采用帘子、通风池或圆盘制曲机进行制备。培养基为麸皮，加水 80% ～ 100%，烧碱（NaOH，工业用）0.6%，或纯碱（Na_2CO_3，工业用）0.8%，拌匀，在 0.1MPa 下灭菌 30 分钟，冷却后接种，接种量约为麸皮质量的 3%（w/w）。为使接种均匀，通常先将细菌三级种和少量灭菌冷却好的物料充分拌匀后，再和所有物料二次拌匀，装入发酵容器，在 37℃下培养。培养期间控制培养温度不宜超过 57℃，培养 36 小时后即得到成熟的细菌四级种。

白曲、酵母和细菌种子制备后，根据比例混合，即得到麸曲酱香型白酒的麸曲。

第七章　酱香型白酒生产技术

白酒是以大曲、小曲和麸曲为糖化发酵剂生产的各种香型白酒的总称，是中国特有的蒸馏型白酒。目前，中国白酒市场已经定型了12种白酒香型，其中典型香型的白酒有清香型白酒、浓香型白酒、酱香型白酒、米香型白酒和兼香型白酒等。清香型白酒主要以山西及华北、东北、西北地区为主，浓香型白酒主要以四川及江淮地区为主，酱香型白酒主要以贵州、四川、山东等地区为主，米香型白酒主要以广东、广西地区为主，兼香型主要以湖北、黑龙江、江苏地区为主。在各种香型白酒中，酱、浓、清、米香型白酒是最基本的白酒香型，它们独立地存在于各种白酒香型之中。其他8种香型白酒是在这4种基本香型的基础上，以一种、两种或两种以上的香型，结合自身的独特工艺衍生出来的香型，有关12种香型白酒的相互关系见图7-1。

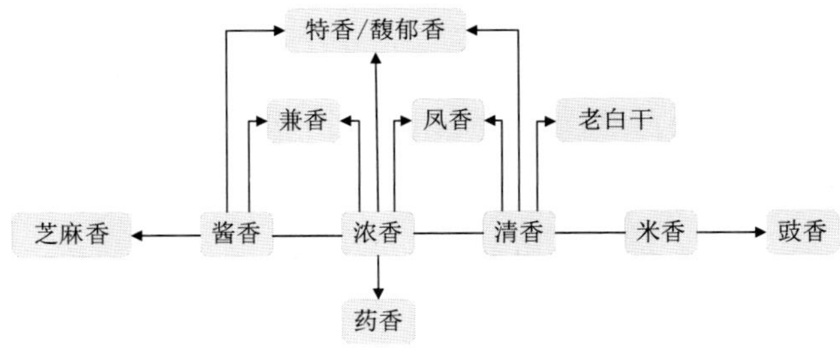

图7-1　白酒香型衍生图谱

以浓香、酱香型白酒结合衍生出兼香型白酒，如酱中带浓、浓中带酱的白酒香型，其典型代表白酒为黑龙江的玉泉酒和湖北的白云边，均是兼香型白酒。

以浓、清香型白酒结合衍生出凤香型白酒，如陕西的西凤酒。

以浓、清、酱香型白酒结合衍生出特香型白酒和馥郁香型白酒，例如江西的四特酒、湖南的酒鬼酒。

以清、酱香型白酒结合衍生出清酱香型白酒，如贵州的人民小酒。

以酱香型白酒为基础衍生出芝麻香型白酒，如山东的景芝白酒和国井酒。

以米香型白酒为基础衍生出豉香型白酒，如广东的玉冰烧。

以浓、酱、米香型为基础衍生出药（董）香型白酒，如贵州的董酒。

以清香型为基础衍生出老白干香型白酒，如河北的衡水老白干。

不同的香型白酒体现着不同的风格特征，而这些风格特征的形成源于酿酒过程中各自采用的原料、曲种、发酵容器、生产工艺、贮存、勾调技术以及不同的地理环境，从而形成了中国白酒百花争艳、各有千秋的格局。

第一节　酱香型大曲酒生产技术

酱香型大曲酒是以粮谷为原料，以酱香型高温大曲为糖化发酵剂和生香剂，经传统固态法发酵、蒸馏、陈酿、勾调而成的，未添加食用酒精及非酱香型大曲酒发酵产生的呈香呈味物质，具有其特征风格的白酒。酱香型大曲酒又称为茅香型白酒，是以茅台酒为典型代表，以“微黄透明、酱香突出、幽雅细腻、后味悠长、空杯留香持久、大曲酱香风格典型”而著称，深受广大消费者喜爱。酱香型大曲酒的国家名酒还有四川郎酒、湖南武陵酒。

酱香型大曲酒的生产工艺复杂，周期长，与其他香型酒生产工艺区别较大。酱香型大曲酒是目前香味物质最复杂的白酒，其香气组成成分极为复杂，已经检测鉴定定性的风味物质超过 1500 种，其中定量了 300 余种。但酱香型大曲酒的主体香成分至今未有定论。

一、酱香型大曲酒的生产工艺

（一）酱香型大曲酒生产工艺流程

酱香型大曲酒的生产工艺流程图见图 7-2。

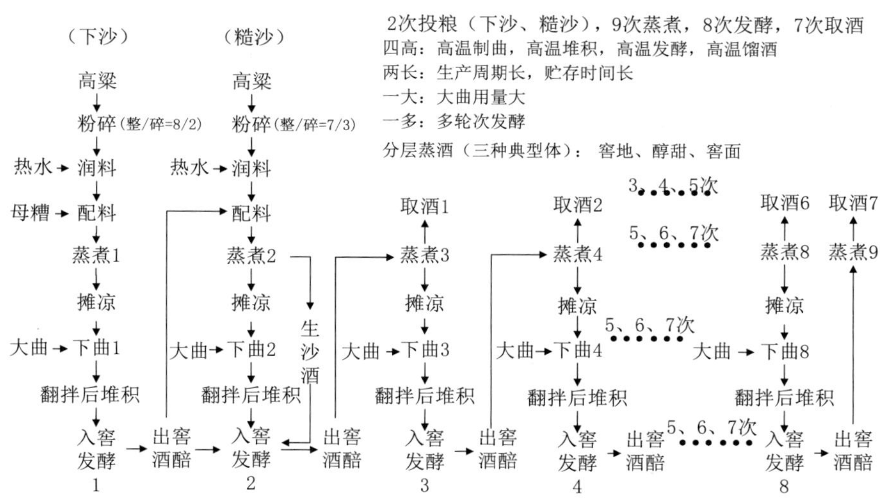

图 7-2 酱香型大曲酒的生产工艺流程图

（二）酱香型大曲酒工艺操作要点

1. 原辅料

高粱：酱香型大曲酒生产原料主要采用贵州仁怀本地或周边地区种植的红缨子糯高粱，红缨子糯高粱具有皮厚，粒小，胚芽所占比例大，支链淀粉含量高、单宁含量高的特点。其吸水量低，耐蒸煮，不易糊化，为仁怀白酒产区酱香型大曲酒两次投料、七次蒸馏提供了特殊的原料条件。

酱香型大曲酒生产用高粱原料的感官要求：红褐色，不带青白色，颗粒坚实饱满，均匀，无霉变、无污染、无杂质，断面呈玻璃质状。理化指标应符合表 7-1 的规定。

表 7-1 高粱理化指标

项目	水分	淀粉	支链淀粉	容重（g/L）	不完善粒	夹杂物	单宁
指标	≤ 13%	≥ 60.0%	≥ 88%	≥ 720	≤ 3.0%	≤ 1.0%	≥ 1%

谷壳：酱香型大曲酒生产用辅料主要是用作填充剂的谷壳。谷壳也称稻壳，是水稻籽粒的附属物，一般在磨米脱粒过程中被分为 2 ～ 4 瓣，酿酒要求谷壳新鲜、干燥、无霉味，呈金黄色，使用前用蒸汽清蒸 30 分钟，以除去谷壳中的邪杂味。

酱香型大曲酒谷壳填充料要求：气味正常，新鲜，无污染、无异味、无霉变、无虫蛀的金黄色干燥谷壳，谷壳成块瓣，夹杂物少，宜粗，以一破两开为宜。杂质≤ 1.2%，水分≤ 12%。

酿酒用水：水对白酒酿造至关重要，“名酒产地，必有佳泉”，这是中国古代对水质与酒质关系的结论。中国知名白酒生产均与优质水源密切相关，茅台酒、郎酒、习酒等均采用赤水河的水作为酿酒用水，泸州老窖特曲酒取用龙泉水，洋河大曲酒有美人泉，古井贡酒采用当地古老的名井作为水源。水，之所以重要，是因为水参与了酿酒的全过程，并最终进入成品酒中，因此酿酒对水质要求特别严格。白酒为蒸馏酒，相对于发酵酒，对水质的要求略微宽松，但仍然要求纯净、硬度低。一般生产过程的工艺用水，要符合生活饮用水卫生标准，有利于酿酒微生物的生长繁殖，无异臭、异味、无污染。

如果原水水质不符合酿酒用水标准，需经过适当处理以满足要求。在白酒酿造过程中，工艺用水（包括制曲用水、粮食浸泡用水、打量水等）必须符合《地下水质量标准》（GB/T 14848-2017）中酿酒工艺用水的相关规定。此外，洗瓶用水、锅炉用水及冷却用水等辅助工艺用水，也需根据各自用途进行针对性处理，以确保最终酒产品的品质稳定。

2. 发酵窖池和晾堂

发酵窖池：酱香型大曲酒发酵窖池为紫红泥底红砂条石壁窖池。

晾堂：堆积发酵是酱香型大曲酒生产的重要过程，堆积发酵一般是在车间晾堂进行。晾堂是酱香型大曲酒生产的重要场地，一般用三合土制作晾堂，三合土晾堂由石灰、黏土和煤渣筑成，具有一定强度、耐水性和透气性，更有利于酱香型大曲酒清洁的堆积发酵，同时可网络车间工器具上的酿酒微生物和空气中的酿酒微生物，形成二次制曲作用。

3. 高粱磨碎、润粮、蒸粮

磨碎：下沙阶段是酱香型大曲酒的第一次投粮，要求高粱原料整粒高粱占 80%，破碎高粱占 20%；糙沙阶段是酱香型大曲酒的第二次投粮，要求高粱原料整粒高粱占 70%，破碎高粱占 30%。高粱的破碎只能是磨碎，不能磨成粉。

润粮：润粮水要清洁，水温≥ 95℃，加水量为原料的 56% ～ 60%（包括润粮水和凉水），润粮水占 51% ～ 52%，凉水占 5% ～ 8%，配料一定要准确。润粮每甑为 750 千克，加水量要严格按照标准准确计量，要边加水边翻拌，水分不得流失。润粮持续时间可延长至 24 小时，做到先润先蒸，如遇到特殊情况延长了润粮持续时间，必须将高粱散开，中途翻拌一次，以免高粱发芽变霉。

润粮工序质量对酱香型大曲酒的生产质量影响很大，润粮质量好，给全年的生产打下良好的基础；润粮质量差，给下道工序糊化造成困难，同时影响一、二轮次酒的质量，是二轮次酒掉排的重要因素之一。润粮水温、润粮水量、翻拌均匀是三个关键工序。润粮水温低，高粱吸水率低，造成水分流失，润粮水温必须≥ 95℃，所加入的水才能被充分吸收，润粮效果好。投入水量低，难糊化，淀粉利用不好，微生物代谢产生的营养成分不丰富；投入水量大，增加辅料，给下道工序操作带来困难。因此，润粮水必须控制在 51% ～ 52%，第一次润粮加水量为 31% ～ 32%，第二次润粮加水量 20%，总加水量控制在 51% ～ 52%。第一次润粮和第二次润粮间隔时间控制在 4 ～ 5 小时，润粮持续时间可延长到 24 小时，做到先润粮先蒸粮。翻拌粮食均匀度和翻拌速度对润粮质量有较大影响。翻拌速度慢，水温下降快，影响高粱的吸水率，造成水流失，因此翻拌时间为每堆粮食控制在 5 ～ 8 分钟。翻拌不均匀，影响高粱吸水，一般每堆粮食至少要快速翻拌 3 次。

蒸粮：蒸粮每甑 750 千克，不准多蒸，要求做到见汽上甑，严禁乱倒乱装，违反上甑操作。蒸粮时间以冷凝器来水之时间开始计时，蒸汽气压控制在 0.08 ～ 0.15MPa，下沙蒸粮 2 小时至 2 小时 10 分，糙沙蒸粮时间为 2 小时 10 分至 2 小时 30 分，蒸汽气压低于正常范围时要适当延长蒸粮时间，保证高粱蒸熟、蒸透、蒸匀。

配糟：配糟的母糟应选用未烤六次酒的好的酒醅做母糟，不能用霉变或有异味的酒醅做母糟，用量为高粱原料质量的 7% ～ 10%，母糟必须打细，与高粱拌匀后进行蒸粮。

蒸粮要求均匀、透心、熟而不烂，要保证蒸汽压力和控制蒸粮时间。母糟配糟用量为高粱原料质量的 7% ～ 10%，下沙 10%。在配糟环节中，生沙（糙沙润粮）与熟沙（经下沙入窖发酵后的酒醅）的比例各占 50%。

4. 晾堂操作

撒量水：量水洒在摊凉酒醅的埂子上，一定要洒匀，严禁在甑子内撒量水。

撒尾酒：下沙、糙沙所用尾酒的酒精度要求在 10%（V/V，20℃）以上，用量为高粱原料量的 2% ～ 3%，尾酒要洒在收成埂子的酒醅上，边洒边立即翻拌均匀，严禁在摊凉的酒醅上撒尾酒。入窖撒尾酒的数量，根据堆积发酵时的老嫩、水分含量等实际情况而定，并要求洒匀，入窖时间要根据气候条件掌握，酒师或班长要现场指挥，严禁用抱斗直接下窖。

加曲：下沙、糙沙加曲温度控制是加曲前 26 ～ 30℃，上堆 23 ～ 26℃。烤轮次酒，冬春季加曲前，28 ～ 32℃，上堆 26 ～ 30℃。夏季，加曲前温度与室温持平，最低为 26℃。总用曲量为原料高粱用量的 92%，各轮次严格按照计划执行，不得突破，允许超用的曲药必须在三轮次前用完。各轮次用曲计划是：下沙 5%，糙沙 14%，一次酒 15%，二次酒 14%，三次酒 12%，四次酒 11%，五次酒 8%，六次酒 6%，合计 85%（未包括窖底用曲）。每甑用曲量根据每轮次总甑数的变化自行调节，严格控制用曲量。冬春季稍高，夏季从三轮次起不能突破用曲比例。下沙、糙沙加曲方法是酒醅收成埂子洒上尾酒翻匀后，再把酒曲洒放在埂子上，翻拌均匀，三翻上堆。要做到曲药与酒醅翻拌均匀，无团块，严禁曲醅不匀，大团块上堆。

翻拌酒曲：要求拌曲均匀，用曲量合理。摊凉厚薄不一致，容易造成糟醅冷却不均匀，影响堆积发酵质量。拌曲采取一踢、二拉、三扫的方法，保证拌曲均匀。

窖底用曲：窖底用曲不包括在轮次用曲内，窖底、窖面、封二层窖和其他配料下窖用曲，每轮次用量为 1105 千克，全年 8840 千克，各轮次必须培养好窖底，做好保窖工作。

窖面、窖底香醅的制作：窖底香醅从下沙开始做好，每个轮次都要加工。做好后用工具将其掏平整，再用工具拍平，不能出现坑洼的现象，然后洒一层谷壳，起隔离作用。到三次酒时，每个窖取一半窖底香醅来烤酒，另一半香醅是否烤酒根据实际情况而定。窖面香醅从下沙至六轮次，每个轮次均要加工。将已经制作好的窖面香醅铺在“鱼背脊”的顶部，用工具拍平整，不能出现坑洼不平现象。拍平后再在窖面香醅表面均匀洒 2.5 千克左右的曲药及 5 千克左右的尾酒，浓度在 25% ～ 30%（V/V，20℃），然后再洒一层谷壳，起到隔离作用。

5. 堆积发酵

酒醅要从四周上堆，并且上得圆、上得匀，严禁用行车抱斗直接上堆。每天一个堆子，上堆甑数不宜过多，尽量少用拦糟板。起堆温度可比正常情况高 2 ～ 3℃，起堆时要离拦糟板远些，收醅温度要均匀，防止出现包心、腰线和发酵不均匀的现象。

堆积发酵顶部温度，下沙、糙沙温度控制在 (50±3)℃，以后各轮次控制在 40 ～ 50℃即可下窖。冬季要做好保温工作，可采取适当保温措施，以保证发酵正常进行。如果堆积发酵升温难，堆子温度升不起来，可打底沙一甑，并注重疏松下窖，下窖后适当延长 1 ～ 2 天后封窖。

6. 窖内发酵

窖内发酵时间以封窖之日起 30 天计，不准提前开窖。下窖要集中精力，抓紧时间，下窖后酒醅要疏松。要培养好封窖泥，封窖时要求面平，封窖泥要求厚度为 5 ～ 7 厘米，封窖泥为紫红沙泥。每年结束生产前留三分之一封窖泥与新封窖泥混合使用，要安排搞好窖期的管窖工作。必须保持封窖泥不干裂，洒水前必须压紧窖边，防止水渗入窖中。封窖泥干后及时盖好塑料布，保证封窖泥不稀、不干裂。

7. 上甑、接酒

烤酒不允许同时开两个窖。上甑前必须检查好甑子、底锅水、冷凝器、水管等各种设备及做好其他准备工作。酒醅要分型打散，谷壳要加匀，谷壳使用前要清蒸 30 分钟，要控制谷壳使用量。上甑要见汽上甑，要做到轻、松、匀、薄、准、平。蒸馏时蒸汽压力控制在 0.08 ～ 0.15MPa 范围内，要合理使用蒸汽，坚持一人掏糟，一人上甑，发酵酒醅要分型上甑。

上甑按照“轻、松、匀、薄、准、平”六字原则进行。“轻”表示上甑手法要轻，“松”表示酒醅要松散，“匀”表示上甑覆盖要均匀，“薄”表示每层覆盖要薄，“准”表示覆盖位置要准，要见汽上甑，“平”表示甑内酒醅表面大致平整，没有大的歪斜凹凸现象。上甑是手工操作，上甑人员要经过技能培训，同时上甑工序要老带新，逐步培训后续人员。上甑前应将酒醅用打糟机打散打细，并根据酒醅干湿情况添加辅料谷壳。上甑时蒸汽压力控制在 0.08 ～ 0.12MPa（下糙沙除外）。

摘酒要把好质量和浓度关，摘酒时以看花、量浓度、口尝鉴定相结合，严格按照规定酒度入库，要量质摘酒，分型存放，按轮次分型入库，不准轮次间混合入库。酒精浓度要求：一次酒≥ 57（V/V，20℃），二次酒≥ 55（V/V，20℃），三、四次酒≥ 54（V/V，20℃），五、六、七次酒≥ 53（V/V，20℃），允许误差 ±0.3%（V/V，20℃）。

摘酒按照窖面酒、窖中酒和窖底酒分型摘酒。摘酒蒸汽压力控制在 0.08MPa 以下，摘酒温度控制在 40℃左右。摘酒应该按质摘酒，采取看酒花、量酒度和品尝的方法。

8. 各轮次酒的质量

轮次酒分为酱香、醇甜、窖底三种典型酒体。新酒入库时，通过感官品评分香型、分等级分别贮存。酱香型白酒生产企业一般执行三个典型酒体、八个等级，分别是一等酱、二等酱、一等甜、二等甜、一等窖、二等窖、混合型及次品。

酱香：酱香味明显，味醇和，尾净，回味长。

醇甜：有酱香，入口醇和，尾净。

窖底：窖香味浓郁，味醇和，尾较净。

混合：窖香明显带酱味，味醇和，尾净。

次品：酒色浑浊；酒的邪杂味明显，涩酸过重；酒精度低于各轮次酒标准。

除上述各轮次酒质量标准外，由于各生产企业各轮次酒工艺条件的差异，判定各轮次酒的香型和等级时，也可以按照以下标准执行：

一轮次酒：略有生粮味、酸味，有涩味，后味微甜；酒精度（VOL，20℃）≥ 57%

二轮次酒：香气清雅，回甜，略有涩味，酸味不明显；酒精度（VOL，20℃）≥ 55%

三轮次酒：味醇，酱香明显，协调，尾净；酒精度（VOL，20℃）≥ 54%

四轮次酒：味醇，酱香明显，协调，后味长；酒精度（VOL，20℃）≥ 54%

五轮次酒：味醇，有酱香味，略有苦味、糟味；酒精度（VOL，20℃）≥ 53%

六轮次酒：味醇，有酱香味，略有苦味，允许略有糊味；酒精度（VOL，20℃）≥ 53%

七轮次酒：味醇和，略有苦味，可以有糊味；酒精度（VOL，20℃）≥ 53%

对酱香型大曲酒的各轮次新酒进行质量鉴定时，一般应根据标准，由质量部门按照轮次、香型、等级制定实物标准，以便于执行和判定。

9. 新酒入库贮存

根据生产的特点，制酒车间蒸馏产出的新酒在经过检验中心品尝鉴定，确定其香型、酒精度后入库贮存，检验后的酒作为勾兑用“基础酒”。因此检验判定新酒的香型、酒精度至关重要。检验判定新酒的香型、酒精度定质是重要的生产工序，必须以“酱香、醇甜、窖底”三种香型的实物标准为对照，鉴定入库的新酒，判定其等级。鉴定后的酒在填写标签编号时必须与相应的酒坛号对应。实物标准是按照轮次、香型等级取上一年的酒，对照此标准判定鉴定出一批新酒后，换用本年同轮次酒，作为新的鉴定实物标准，该标准必须由企业技术部门、品评权威部门确定后才能使用。

装酒的酒坛在装酒前必须检查筛选，防止漏酒的酒坛进入酒库，同时要清洗干净；新酒要经过过滤去除杂质后方能入库。酱香型大曲酒的特殊性表明每轮次的酒质是不一样的。在品评判定酒样时，会因为人的因素（例如年龄、性别、味觉判断能力等）不同，造成一定的偏差和不一致，因此品评鉴定酒样的人员要经过培训，具备一定的鉴别判定能力，才能上岗进行品评鉴定和分型分级。在品评新酒时要注意品评环境良好，品评人员能够集中精力，保持安静，认真品评。品评场地的卫生要干净整洁，品评用具酒杯要干净、无异味。

10. 酱香型大曲酒的工艺特点

酿酒高粱：酱香型大曲酒的酿造，必须选用糯高粱，要求色泽红润，颗粒饱满，富含单宁，支链淀粉含量高，具备高糊化温度、高崩解值和低回生值等适宜酿酒的重要特征和易糊化、抗老化的酿造特性。糯高粱易吸水糊化，有利于酿酒微生物的分解利用，有利于双边发酵的协同性，更容易转化为乙醇和香味物质，从而使酒体丰富饱满，更适合白酒固态发酵的生产工艺。

高温制曲：酱香型高温大曲是酱香型大曲酒生产用曲，制曲温度高，顶温一般达到65℃，也称为高温大曲。制曲以小麦为原料，经加水润料、粉碎，要求皮破而不碎，呈

“梅花瓣”状，添加高温大曲母曲粉和水，拌和均匀，放入曲模踩曲，按四边多踩中间少踩的原则进行踩曲。要求成型后曲块呈龟背形，中间凸起，四周踩实。曲块踩好后，侧立放置，晾曲 1 ～ 2 小时。然后入曲房安曲培养，曲块在培养发酵过程中，微生物大量繁殖，曲温上升，一般培养 6 ～ 8 天后，中间曲块温度为 60 ～ 65℃，即可进行第一次翻曲，翻曲过程中水分和热量大量散失，曲温下降；翻曲 1 ～ 2 天后，曲温很快回升，一般在翻曲 6 ～ 8 天左右即可达到第一次翻曲的曲温，要进行第二次翻曲。两次翻曲后，尽管曲温还会回升，但已经难以达到第一次翻曲时的温度。随后曲温逐渐下降，曲块逐渐干燥，可开门窗换气。培养 40 天后，曲块干燥，曲块温度达到室温，此时曲块含水分 15% 左右，即可出曲房。

将培养好的曲块放置在通风良好的曲库里贮存，一般贮存半年以上，使曲中产酸细菌失去繁殖能力或死亡，以降低酿酒时的酸度，同时经过存放的曲，其糖化力、发酵力降低，在酿酒时升温缓慢，发酵酒质好。酱香大曲的糖化力、液化力和发酵力均低，故用曲量大，粮曲比几乎为 1:1。

高温堆积：酱香型大曲酒发酵分为窖内和窖外发酵。窖外发酵又称为堆积发酵，高温堆积发酵是酱香酒生产的关键工序，堆积在车间晾堂进行，晾堂是酱香型白酒生产的重要场地，一般用三合土制作晾堂，三合土晾堂由石灰、黏土和煤渣筑成，具有一定强度、耐水性和透气性，更有利于酱香酒的堆积发酵。堆积温度在 50℃左右，高温堆积为进一步生成酱香物质创造了必要条件。高温堆积开放式进行，有利于富集空气中的微生物，扩大微生物数量，形成二次培养制曲，更有利于后续入窖发酵。高温堆积还可以加速美拉德反应，产生更多、更丰富的酱香酒前体物质。堆积完成后，酒醅入窖池发酵。堆积发酵是酱香型大曲酒酿造工艺区别于其他香型白酒的独特工艺，也是酱香型大曲酒酿造工艺中最难掌握的关键环节之一。

高温发酵：高温发酵为酒精的生成和酱香物质的最后形成提供了适宜的发酵环境。酒界有句行话叫“生香靠发酵”，可见窖内发酵环境对产生香气物质的重要性。发酵的作用首先是把糖转化为酒，同时风味物质伴酒生成。所以要保证窖内发酵的正常进行，这样香味物质才能伴酒而生。窖内发酵正常，说明窖内发酵环境适合有益微生物的生长，其产生的代谢产物正是我们需要的。窖内正常的发酵环境是适当的水分、温度、糖分、pH 和缺氧等。如果这些条件发生变化，代谢产物也会改变。酱香酒的窖内发酵温度高而且还能正常发酵是因为有耐高温酵母。

高温馏酒：所谓高温馏酒，就是提高蒸馏酒时冷却水的水温，使得从冷凝器中流出的酒温升高。酱香型白酒蒸馏接酒温度高，一般在40℃才开始接酒，这样，像甲醛、乙醛、硫化氢等低沸点，具有辛辣刺激性的小分子化合物被尽可能除去，使得酒的辛辣味、刺激性减少。采用高温馏酒，还有利于把高温制曲、高温堆积、高温发酵中生成的高沸点、水溶性的酱香物质最大限度地回收于酒中，使其酱香突出，风格质量更好。另外，酱香酒的入库酒精度是53%～57%（VOL），低酒度入库恰恰是为了把酒尾中高沸点的酸味物质收入酒中，也因此酱香酒在出厂时不用加浆降低酒度，长期贮存使酒精挥发，酒度降低，因此不加浆。酱香酒总酸高也与高温馏酒、低酒度入库有密切关系。

长期贮存：酿造得到酱香型大曲轮次酒后，还需要长期贮存。通常新酒经过陶坛一年的贮存后，进行盘勾，再打入陶坛经过三年及以上的贮存，充分去除酱香原酒的辛辣味和燥味，醇化生香，得到分型分级的酱香型大曲酒基酒。

二、酱香型大曲酒主体香味成分剖析

自从采用气相色谱法对酱香型大曲酒的香气成分进行分析以来，至今已经检验出超过1500种的风味成分。但是，究竟是哪些成分或哪些成分间的量比关系是构成酱香的主体香源，至今尚无定论。

日本学者横冢保在研究酱油的主体香气成分时认为，4-乙基愈创木酚具有酱油特征香气，是酱油的主体香气成分。1964年茅台酒技术试点时，借鉴了横冢保的实验成果，应用纸色谱分析在茅台酒中检出了4-乙基愈创木酚，首次提出该成分可能是茅台酒的主体香气成分。但是在随后的相关研究中发现，该成分在某些别的香型白酒，乃至普通固态法白酒中也存在，有的含量也不低，证明了4-乙基愈创木酚并非酱香型白酒的主体香气成分，而只是酱香型白酒和某些固态发酵白酒香味的组分之一。

目前有关酱香型大曲酒的主体香气成分，归纳起来有以下几种观点。

（一）高沸点化合物

1982年，在贵阳召开的“茅台酒主体香成分解剖及制曲酿酒主要微生物与香味关系的研究”成果鉴定会上，贵州省轻工业研究所曹述舜等提出茅台酒的主体芳香组分可能是由高沸点的酸性物质和低沸点的酯类物质组成的复合香，前者为后香，后者为前香。后香即喝完酒后残留在杯中经久不散的“空杯香”；所谓前香，即开瓶后首先闻到的那种幽雅细腻的芳香。酱香型白酒的闻香与众不同的特征是由这两部分香气所组成。

（二）吡嗪类化合物

从枯草芽孢杆菌等微生物代谢产物中分离得到的四甲基吡嗪、2,3- 二甲基吡嗪等吡嗪类化合物具有酱油、豆豉、豆面酱的发酵大豆味。酱香型白酒生产所采用的高温大曲、高温堆积、高温发酵及高温蒸馏等高温工艺，为美拉德反应创造了条件，因而可以产生多种吡嗪类杂环芳香化合物，而且这些吡嗪类化合物的嗅觉阈值极低。在酒中又检测出数量多、品种多的吡嗪类化合物，研究者因此推测，这类杂环芳香化合物有可能是酱香型白酒的主体香气成分。

（三）呋喃类和吡喃类衍生物

有研究者推测酱香型白酒的主体香气成分很可能是呋喃类、吡喃类衍生物。研究者列举了 23 种具有酱香和焦香的化合物，其中呋喃酮类 7 种，酚类 4 种，吡喃酮类 6 种，烯酮类 5 种，丁酮类 1 种。这些化合物的分子结构中基本上都含有羟基或羰基等呈酸性物质，具有 5 ～ 6 个碳原子环状化合物，且环上大都含氧原子，分子中具有芳构化活性很强的烯醇或烯酮结构。这些物质的来源是淀粉组成的各种糖类，经水解等因素变成单糖、低糖类和多糖类。

（四）美拉德反应

有研究者认为，酱香型白酒香味物质的产生、风格的形成，是由于它特殊的制曲、酿酒工艺造就了特定的微生物区系对蛋白质分子的降解作用，生成了种类繁多的多肽及氨基酸参与了美拉德反应的结果。而高温大曲中的地衣芽孢杆菌所分泌的生物酶对美拉德反应起到了较强的催化作用。由美拉德反应所产生的糠醛类、酮醛类、二羟基化合物、吡喃类及吡嗪类化合物，对酱香型白酒风格的形成起着决定性的作用。根据各类化合物的香味特征，5- 羟基麦芽酚为酱香型白酒的特征组分，其他成分起着助香呈味作用。

第二节　其他酱香型白酒生产技术

其他酱香型白酒包括麸曲酱香型白酒和混合曲酱香型白酒，其生产工艺是在大曲酱香型白酒生产工艺的基础上，结合麸曲和混合曲特点进行生产的，相对于大曲酱香型白酒的生产工艺要简单一些，下面对这两种酱香型白酒的生产工艺技术做介绍。

一、麸曲酱香型白酒生产工艺技术

（一）麸曲酱香型白酒生产工艺流程

麸曲酱香型白酒的生产工艺流程见图 7-3。

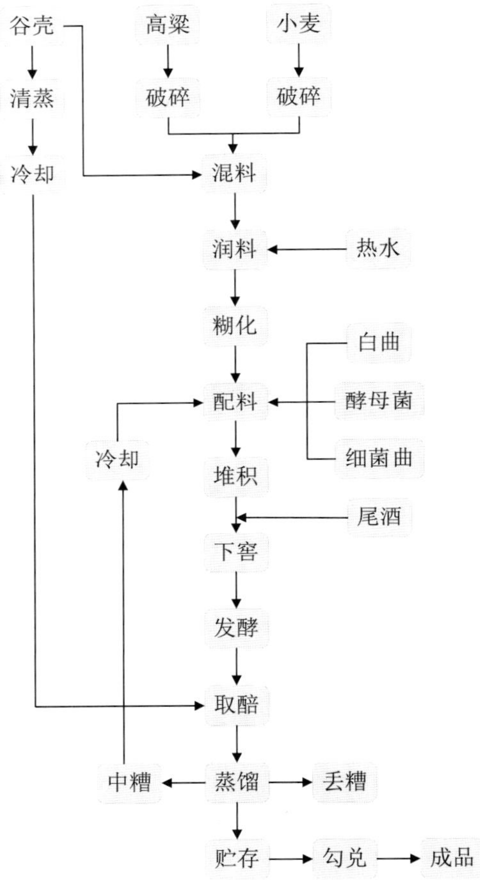

图 7-3　麸曲酱香型白酒生产工艺流程图

（二）麸曲酱香型白酒工艺操作要点

备料：高粱，无霉烂变质，粉碎成 4 ～ 6 瓣；小麦，无霉烂变质，破碎成 2 ～ 3 瓣；谷壳，未受潮霉变，无邪杂味。注意高粱、小麦等粮食粉碎时应尽量避免产生细粉。

润料：第一次将高粱全部置于晾堂上，加入占原料总质量 25% 的 80℃以上热水（或常温水），拌匀。将小麦盖在上面，小麦占高粱原料的 12% ～ 15%，堆积 0.5 小时。第二次再加入占原料总质量 30% 的 80℃以上热水（或常温水），拌匀后盖上谷壳，继续堆积 1 小时。

蒸料：装甑前先将甑蓖扫干净，再于甑蓖上撒谷壳 5 厘米厚。将原料拌匀，见汽装甑，大汽蒸料 1 小时，关蒸汽焖料过夜，第二天早上圆汽复蒸 1 小时，即可出甑；也可采用一次蒸粮 3 小时的做法。蒸粮时可不加盖，若加盖则用谷壳上盖，可将谷壳一起蒸煮，以节省谷壳单独清蒸的工序。出甑时，用扬麸机将熟粮扬在晾堂上进行摊晾。

配料、堆积：熟粮摊晾至 35 ～ 45℃（冬高夏低），加入麸曲曲子总量的一半左右，拌匀，收堆。取蒸酒后的中糟（粮糟比 1:4 ～ 1:4.5，夏多冬少），在晾堂冷却至 35 ～ 40℃，加入另一半曲子，拌匀，留下部分不加粮的另堆作为盖糟。将上述熟粮与配糟、曲子拌匀起堆。堆高一米左右，堆顶品温 46℃即可下窖。

入窖、发酵：入窖时，每窖泼入尾酒量为原料质量的 20% 左右，视酒醅的水分及酸度而定。中糟入窖条件为：水分 54% 左右，淀粉 13% ～ 16%，酸度 1.5 ～ 2.0，泼尾酒要求分层均匀泼入。中糟与盖糟之间用少量谷壳隔开，糟子装完后，必须当天踩窖封窖，封窖用稀黄泥，封窖后，盖上塑料薄膜，并经常检查，以免漏气烧包。自封窖之日起，发酵期为 21 天，现在一般延长至 28 ～ 30 天。

开窖、蒸馏：开窖时应注意将霉糟取出弃去。蒸酒时，甑子甑底务必冲洗干净。盖糟与中糟应分开蒸馏，盖糟酒与中糟酒应分开贮存。盖糟蒸馏后即为丢糟。蒸酒时，酒醅应混入经过清蒸除杂的谷壳 8% 左右（按原料质量计），顶汽装甑，缓慢蒸馏；接取酒精度为 56%（VOL）的酒，接足尾酒，接近窖底的一甑酒通常窖香较好，宜分别入库。

贮存、勾兑：规定入库酒度 56%（VOL）。每坛酒应标明编号、入库日期、酒度、净重、香型等。香型分为酱香、窖底香、醇甜三类。勾兑时应突出酱香风格，并力求做到醇和协调，尾净味长。中糟酒贮存五个月后进行勾兑，再存放一个月后包装出厂；盖糟酒如果质量较差，应作为次品酒处理。

成品酒质量要求：酒精度为 $(53\pm1)\%$（VOL），总酸（g/L。以乙酸计）$\geqslant 1.2$，总酯（g/L，以乙酸乙酯计）$\geqslant 2.5$，甲醇（g/L）$\leqslant 0.4$，杂醇油（g/L，以异戊醇、异丁醇计）$\leqslant 1.5$，铅（mg/L）$\leqslant 1$。

化验要求：对于入窖与出窖酒醅，须化验四个指标，分别是水分、酸度、糖分、淀粉。入窖酒醅取中糟一个样品，出窖酒醅取盖糟和中糟两个样品。对于出窖中糟，要求水分 58% 左右，酸度 <3.5，淀粉 10% 左右。对于成品酒，检验其酒精度、总酸、总酯、杂

醇油，成批产品还须测定固形物、甲醇和铅的含量。

（三）麸曲酱香型白酒生产的关键技术

粉碎：粉碎时，高粱应粉碎成 4 ～ 6 瓣，小麦为 2 ～ 3 瓣，应尽量避免产生细粉。此粉碎度能保证堆积时酒醅比较疏松，便于微生物生长繁殖，同时可减少辅料谷壳的用量。

润料、蒸料：采取二次润料。先将高粱置于晾堂上，加入占原料总质量 25% 的 85℃以上的热水，拌匀。将粉碎的小麦覆盖在上面，堆积发酵 30 分钟。第二次再加入占原料总质量 30% 的热水，拌匀后再盖上谷壳，继续堆积发酵 1 小时。这种操作可避免小麦粉因吸水较多而黏结成团。谷壳的用量以保证熟粮不结团为度。装甑蒸粮要求糊化彻底，无硬心，一般要求上大汽蒸粮 3 小时。如非连续作业，可采用蒸料 1 小时，关汽闷粮过夜，第二天早上复蒸 1 小时，即可出甑。蒸粮时可不加盖，而蒸粗加盖时可不用谷壳，从而节省谷壳单独清蒸的工序。

用曲量：以麸皮占酿酒原料的质量百分比计，白曲占 20%，细菌占 3%，酵母占 3%。白曲采用机械通风制曲，糖化力要求≥ 500mg 葡萄糖 /（g 曲 · h · 40℃）。细菌和酵母可采用帘子培养或机械通风培养。

配料、堆积：熟粮摊晾后，加入麸皮曲子总量一半左右，拌匀。取蒸酒后的中糟，粮糟比为 1:4 ～ 1:4.5（夏多冬少），摊晾后加入另一半麸皮曲子，拌匀后覆盖于熟粮上，留下部分不加粮，另堆作为盖糟。将上述熟粮与配糟、曲子拌匀后起堆，堆高 1.2 ～ 1.5m。起堆温度夏季应接近室温，冬季在 35 ～ 38℃为宜。待堆顶品温达 46℃即可下窖。

入窖发酵：入窖时，每窖泼入酒尾量为原料质量的 20% 左右，视酒醅的水分及酸度而定。务必使酒醅水分在 54% 左右，淀粉为 13% ～ 16%，酸度为 1.5 ～ 2.0。中糟与盖糟之间用少量谷壳隔开，当天踩窖封窖，发酵期为 21 天左右，现在企业一般将发酵期延长到 28 ～ 30 天。

起窖蒸馏：盖糟与中糟分开蒸馏，盖糟蒸馏后即为丢糟。盖糟酒应分开贮存，如果质量较差，应作为次品酒处理。出窖中糟要求水分在 58% 左右，酸度≤ 3.5，淀粉 10% 左右。蒸馏时，酒醅应均匀加入经过清蒸除杂的谷壳，顶汽装甑，缓慢蒸馏，分层接酒，接酒酒度为 56%（VOL），接足尾酒。接近窖底的一甑酒，应分开入库。

贮存、勾兑：入库酒度规定为 56%（VOL）。香型分为酱香、窖底香、醇甜 3 类。勾兑时应突出酱香风格，并力求做到醇和谐调、尾净味长。入库酒经贮存 6 个月后进行勾兑，再存放 1 个月，经品评检测合格后包装出厂。

成品酒质量要求： 酒度可定在 53.0% ～ 54.0%（VOL），总酸（以乙酸计）≥ 1.2g/L，总酯（以乙酸乙酯计）≥ 2.5g/L。感官特点为无色（或微黄）、清澈透明、无沉淀、无悬浮物，酱香显著，较幽雅细腻，入口醇和，香味谐调，回味较长，空杯留香。

（四）麸曲酱香白酒生产应注意的问题

酱香成分中的高沸点酸性物质与在高温条件下培养嗜热芽孢杆菌（包括制曲和堆积过程）所产生的香气关系密切。细菌曲培养 36 小时，如品温过低，则香气淡薄；品温过高，可出现氨味；最高品温在 55 ～ 57℃，则曲的酱香味最好。再者，低沸点酯类的酱香成分，与堆积发酵过程中酵母所产生的香气关系密切。堆积发酵品温过低，则酯类生成少；品温过高，则易出苦酒，部分酯类也可能分解；当品温在 46℃左右时入窖则较为理想。掌握好细菌的培养和高温堆积这两个关键，就可使酒的酱香更加明显。当然，芽孢杆菌的代谢产物在高温条件下产生的酱香味，以及酵母在堆积发酵过程中所产生的酯香，可能直接进入酒中呈味，也可能经过发酵过程中的种种变化才能形成酒的酱香。

气温高，酒醅水分低，淀粉含量高，用曲量大，堆积时间长。这些因素都易使堆积升温猛、品温过高而使酒带糊苦味。所以，夏季应注意采取降低起堆温度、增加配糟量及水分含量、减少用曲量、控制堆积发酵温度等措施。与此相反，冬季则应采取提高起堆温度、减少配糟量及水分含量、适当增加用曲量、保持堆积温度等措施，这些措施是增加酱香型白酒比例的有效措施。换言之，如果常出焦糊味、苦味的酒，宜采用前一种做法；如酒体出现较多醇甜、酱香不明显、味短淡，则可考虑后一种措施。此外，夏季气温极高，堆积发酵时间过短，以及冬季气温极低，堆积发酵品温难以上升的情况下，最好停产一段时间。有的酒厂采取薄堆或鼓风降低堆积发酵品温的做法，结果适得其反，因为好氧微生物的旺盛生长释放出更多的热量。有的酒厂套用浓香型白酒的低温入窖做法，在入窖时鼓风降温，这完全违背了酱香型白酒生产的传统工艺技术，不但未能提高出酒率，相反，在堆积发酵过程中产生的酒精成分以及香气物质将逸散殆尽。

贮存期对酱香的形成极其重要，麸曲酱香的新酒一般较易尝出焦香味，但酱香往往不太明显。贮存期较长的麸曲酱香型白酒，除了因部分杂味成分挥发掉而不干扰品评之外，其高沸点酸性物质与低沸点酯类物质可能经过氧化、还原、缩合等作用，甚至可以带有大曲酱香型白酒的那种“老酒味”。所以，延长贮存期是突出酱香风格的有效措施。当然，这势必增加了成本。但是，选择适当延长贮存期的酱香型白酒作为勾兑时的调味酒，却是完全必要的。在勾兑时，先勾好基础酒。要求基础酒口味谐调，无杂味，不偏格。接着可勾入少量酱香较好的酒以突出风格，有时甚至勾入少量的苦味酒也能把酱香衬托出来。最后，如果放香不足，可考虑勾入一些窖底香酒，但切忌窖香露头而偏格。

二、混合曲酱香型白酒生产技术

混合曲酱香型白酒（业内通称为碎沙酒或复糟酒）是酱香型白酒的重要品类。目前，该工艺尚未完全标准化，各生产企业根据实际情况采用差异化生产方案：糖化发酵剂可选用糖化酶与高活性干酵母复合体系、小曲根霉与高活性干酵母复合体系，或特定功能微生物菌剂组合。部分企业为提升品质，会辅以酱香高温大曲；原料处理方面，亦有采用整粒北方高粱的工艺。由此可见，碎沙酒的生产工艺仍处于持续优化阶段。

混合曲酱香型白酒的生产技术，通常的工艺操作要点如下：

原料选择与粉碎：原料可选用北方高粱或者进口高粱，经磁选去除砂石、铁屑等杂质，用粉碎机粉碎，一粒高粱破碎成 4 ～ 6 瓣，待用。选用北方高粱或者进口高粱，可以降低粮食原料的购买价格，节约成本。

高粱润粮和蒸粮：用高压蒸汽将润粮罐中的水加热至 85℃，将粉碎的高粱放入润粮罐中，使热水的液面盖住高粱顶端，润粮，润粮时间 4 ～ 8 小时，中途放水，然后导入酒甑进行蒸粮，常压蒸煮 1.5 ～ 2 小时。也有采用连续蒸粮机进行蒸粮的，这样可以形成较大的生产规模。

摊凉、加曲和配糟：将蒸煮好的高粱出甑，用 90℃以上热水均匀泼洒、打量水，用风机冷却、摊晾至室温或 25℃，也可用摊晾机械摊晾。加入糖化酶和高活性干酵母，或同时加入部分酱香高温大曲，混合均匀；也有采用湖北宜昌安琪酵母公司生产的纯菌种组合的糖化发酵剂——微积芬作为糖化发酵剂，同时利用酱香型大曲酒的丢糟进行配糟，配糟后的糟醅含淀粉 13% ～ 15%，混合均匀，入窖发酵 1 个月。

蒸馏、入库：发酵 1 个月后的酒醅，取出配上谷壳，上甑蒸馏取酒，然后再重复“取出配上谷壳，上甑蒸馏取酒”工序，生产混合曲酱香型白酒或酱香型碎沙酒。酱香型大曲酒的丢糟作为配糟，通常用于生产 2 ～ 4 轮次的混合曲酱香型白酒。

第八章 酱香型白酒的贮存与酒体设计

新蒸馏出来的酱香型白酒，一般比较辛辣、暴冲、有较强刺激性的酒精味、糟味、泥味、苦涩味等不愉快的气味，不醇和，也不绵软，称为新酒。新酒需要经一定时间贮存，才能使杂味消失，酒体柔和绵软，香味增加，口味更加协调。这个变化一般称为酒的陈化老熟，也叫陈酿，经过贮存的白酒也称为陈酿酒。传统酱香型白酒生产工艺规定，新生产的酱香型白酒需要有一定时间的贮存期。

新酒含有硫化氢、硫醇、硫醚等挥发性物质，以及少量的丙烯醛、丁烯醛、游离氨等杂味物质，这些物质与其他沸点接近的物质构成了新酒辛辣味、杂味的主要成分，这些物质若减少，新酒的辛辣味、杂味就少，通过一段时间贮存，可以促使低沸点物质大量挥发，减少酒中的辛辣味和异杂味。此外，白酒在贮存过程中，还会发生一系列的氧化、还原反应，醇氧化成醛、醛氧化成酸，醇和酸酯化成酯，醇和醛发生缩合反应生成缩醛等反应，所以在白酒的贮存过程中酒中的醇、醛、酸、酯等呈香呈味物质会有所变化。

白酒的质量、风味与白酒贮存有密切关系。贮存是为了陈酿，陈酿可以除杂增香，使酒体柔和，具有绵甜爽净的老熟风味。

酱香型白酒是中国白酒中贮存时间较长的白酒之一，也是传统中国白酒生产工艺中对贮存时间有明确要求的白酒之一，普通酱香型白酒的贮存期为 5 年。酱香型白酒的贮存是酱香型白酒生产工艺过程的技术要求之一。

酱香型白酒的酒体设计是指通过不同比例基酒的混合，从而调整酒体中各微量成分的含量及其量比关系，使其表现出不同的感官感受的关键生产工序。

酱香型白酒组合勾兑是将具有不同典型体、不同贮存时间、不同等级的基酒，按照不同比例进行掺和，使之取长补短，协调平衡，改善酒质，在酱香型白酒的色、香、味、风格等各方面均达到既定标准的综合酒。酱香型白酒组合勾兑是酱香型白酒生产的一个重要环节和重要工艺过程，对于稳定、提高酱香型白酒品质具有重要的作用。

酱香型白酒的调味是在酱香型白酒组合勾兑的基础上再进行细微调整，添加调味酒，使酱香型白酒的风格和品质达到最佳状态。

酱香型白酒的生产工艺包括窖池发酵、蒸馏、基酒贮存、酒体设计、组合勾兑及调味等环节。在开发新产品时，需基于市场需求进行酒体设计，通过科学组合企业储备的基酒并进行精细调味，最终形成符合设计要求和市场定位的产品。无论是新开发产品还是成熟产品，都必须经过严格的组合勾兑与调味工序，以确保产品品质稳定达标，并满足以下要求：一是符合《酱香型白酒》（GB/T 26760-2011）标准，二是保持批次间风味的一致性，三是达到企业内控质量标准，四是适应目标消费群体的需求。

第一节　酱香型白酒的陈酿机理

一、酱香型白酒的贮存容器

说到酱香型白酒的贮存，贮存容器很重要。酱香型白酒的贮存容器，主要是陶坛和不锈钢容器，不同的容器各有其优缺点。在确保贮存期中的酒不变质、少损耗，有利于加速酱香型白酒陈酿的原则下，可因地制宜选择利用。

酱香型白酒传统上主要采用陶坛（罐）作为贮存容器。陶坛贮酒具有以下优势：一是从陶坛的材质特性看，坛体含有多种金属离子（如 Fe^{2+}、Cu^{2+}、Zn^{2+} 等），可催化白酒陈酿过程中的酯化、氧化等反应；二是坛体具有微孔结构，烧结形成的微细毛细管（孔径 50 ～ 200nm）允许微量氧气渗透，促进酒体缓慢氧化；三是从成本优势看，各地均可生产，原料易得，制造成本相对较低。

然而，陶坛作为白酒贮存器也存在明显局限性：其一，物理性能方面，陶坛的抗冲击性差，年损耗率在 3% ～ 5%；其二，空间效率方面，单坛容积通常≤ 1000L，占地面积大（约 1.5m²/ 吨酒）；其三，工艺缺陷方面，存在渗漏风险（发生率在 2% ～ 3%），劳动强度大（人工搬运占比 60% 以上）；其四，质量波动性方面，不同批次陶坛的理化性能差异为 15% ～ 20%。

陶坛中的金属离子主要来源于陶坛自身，同时也与原料、酿造用水、生产设备等因素有关。陶坛在烧制过程中会形成微孔网状结构，这些网状结构在贮酒过程中起着呼吸和透气的作用，可以将外界的氧气缓慢地导入酒中，从而促进白酒的酯化和其他氧化还原反应，使酒质逐渐变好。

为了解决以上问题，必须研究现代化的贮酒设备，特别是大容器贮酒设备。现在使用最多最好的贮酒大容器是不锈钢酒罐，不锈钢酒罐贮酒的损耗少，可以在现场直接制作成不同大小的容器，从几吨、几十吨、几百吨到上千吨，是目前使用最多的贮存酱香型白酒的容器。

酱香型白酒质量的优异，除与贮存前生产的基酒质量有关外，贮存条件和贮存管理也有影响，现就贮存容器的情况进行介绍。

（一）陶坛

酱香型白酒行业历来用陶坛容器贮酒，陶坛的材质结构稳定性高，安全卫生，不易氧化变质，抗腐蚀，成本相对较低，而且陶坛在烧结过程中，可以形成细小的毛细管孔径，形成毛细管作用，有利于促进酒的老熟。陶坛容器有两大显著特点：一是陶坛的微孔网状结构，可促进酒的酯化和氧化还原反应等；二是可降低白酒的水解速度，对酒的陈酿起促进作用。陶坛容器的贮酒管理，需检查陶坛容器的质量。另外，坛口的封盖问题也很重要。陶坛容器容易破损，对贮存白酒有影响。陶坛容器贮酒，一般损耗较大。

酱香型白酒的陈香风味。所谓酱香型白酒的老酒风味特征，就是蒸馏取得的酒液，在陶坛内贮存一定的时间，酒液中就会自然产生一种使人感觉到心旷神怡、优雅细腻、柔和愉快的特殊香味，这种自然的复合香味称为酱香型白酒的陈香风味特征，也把这种酒称为老酒味酒。酒中陈香味的产生前提：一是要纯粮固态发酵的好酒；二是要用陶坛作容器贮存酒；三是贮存期要长。只有陶坛长期贮存的纯粮固态发酵的酒才会产生这种优雅的陈香风味特征。

（二）不锈钢大罐

酱香型白酒的大容量贮存容器，通常是不锈钢酒罐。不锈钢金属容器容量大，坚固耐用，酒损低，容器不容易被酒中有机酸腐蚀，是当前主要的贮存酱香型白酒的容器。贮存量可以从几十吨到上千吨。具有容量大、占地小、强度高、密封好、酒损低，可以在现场直接制作的优点。缺点是没有氧化催陈作用，新酒老熟慢，贮存的酒缺乏陈香风味。不能用于贮存酱香型老酒和调味酒。

我国名优白酒的质量与品质，除酿造原料和生产工艺外，还与贮存陈酿分不开。新酒在贮存过程中发生变化，主要是酒的风味方面，经过陈酿作用，使酒体柔和，增进酒的陈酿风味。白酒的陈酿及对白酒品质的影响，可分为物理因素、化学因素以及贮存时酒中各种化学分子的自由能等的影响。

二、酱香型白酒陈酿的物理因素

（一）挥发作用

物理因素主要从光、热和空气（溶解氧）等方面的影响来考虑，经发酵、蒸馏得到的酱香型白酒基酒，醇香感不强，刺激性气味较重，主要是因为新酒中含有较多的硫化氢、硫醇、二甲基硫等易挥发性物质，另外还含有丙烯醛、丁烯醛、游离氨等刺激性物质，在一定条件下贮存一定时间，酒经陈酿陈化，刺激性物质在贮存过程中挥发，刺激性气味减少甚至基本消失，从而改善了酱香型白酒的品质，使酱香型白酒变得醇和绵柔。

（二）氢键缔合

白酒中的成分主要是乙醇分子和水分子，其芳香和辛辣味虽然同微量风味物质有关，但主体还是乙醇分子。白酒经过长期贮存，不仅会发生化学变化而形成香味物质，还会因物理变化改变白酒中乙醇分子的辛辣味和冲鼻气味，因为在贮存过程中乙醇分子的排列情况发生了变化。在白酒的贮存过程中，水分子和乙醇分子要重新相互结合，贮存时间越长，水 - 乙醇分子缔合群越大，进而有效地束缚乙醇分子，自由能降低，乙醇分子自由度也逐渐变小，辛辣刺激性明显减弱，酒体变得柔和绵软。短时间内，由于氢键的缔合作用，使白酒的辛辣味减少，但是所谓白酒的陈味风味并没有形成，必须经过较长时间的贮存才能达到白酒的陈化效果。

乙醇与水都是极性分子，有很强的氢键缔合能力，它们可以通过氢键缔合成为大分子群。当乙醇与水混合时，由于相同分子间的距离增大，故同种分子间氢键便减弱，从而形成乙醇与水的缔合物，此过程的相互作用十分复杂，其中乙醇分子和水分子间形成氢键被认为起了主要作用。由于氢键作用力，使白酒中的乙醇和水分子的排列方式逐步理顺，从而加强了对乙醇分子的束缚力，降低了乙醇分子的活度和自由度，反映在味感上变得柔和。

乙醇与水分子间的缔合，改变了其物理性质。当水加入乙醇时，其体积缩小，并放出热量。例如，无水乙醇 53.94 毫升和水 49.83 毫升混合时，由于乙醇分子与水分子之间存在氢键缔合作用，使得混合后的体积不是 103.77 毫升而是大约为 100 毫升，表现出一定的收缩度。这就是由于分子间的缔合力，使分子间靠得更紧。饮酒时，主要是乙醇分子和味觉、嗅觉器官发生作用，在白酒中自由分子越多，刺激性越大。随着白酒贮存时间的增加，乙醇与水分子通过缔合作用构成大分子缔合群，随着其数量的增加，更多的乙醇分子受到束缚，这样自由乙醇分子数量就会越少，必然缩小了对味觉和嗅觉器官的刺激作用，饮酒时口感上就会感到柔和绵长、芳香醇厚，刺激性小，这是白酒在贮存过程中发生物理变化的缘故，也是符合科学道理的。

白酒中的其他极性分子之间、极性分子与乙醇和水之间也存在氢键的作用力，也会与水和乙醇分子发生缔合作用，形成缔合的分子群，随着缔合的大分子群增加，酒体中受到束缚的极性分子越多，酒质也就越趋向绵软柔和。有机酸的存在可以促进白酒中乙醇、水和极性分子之间的缔合，固态发酵的白酒中存在大量的有机酸，可大大加速乙醇、水和极性分子间的缔合作用。氢键缔合是一个平衡过程。平衡一旦建立，酒体中的自由能最低，乙醇等刺激性分子的活度和自由度降低，表征氢键缔合的参数也就趋向于一个恒定值，标志着物理陈酿的结束。

三、酱香型白酒陈酿的化学因素

白酒中存在的酸类物质、高级醇、多元醇以及酯类物质经过一系列的氧化、还原、酯化、水解和缩合等化学反应相互转化，在体系中形成新的平衡，同时伴有一些白酒组成成分消失或增减，构成白酒新的风味物质，形成不同的化合物。其部分的化学反应如下：

醇类的氧化：$RCH_2OH \rightarrow RCHO+H_2O$

醛类的氧化：$RCHO \rightarrow RCOOH$

醇酸的酯化：$RCOOH+R'OH \rightarrow RCOOR'+H_2O$

醇醛的缩合反应：$2R'OH+RCHO \rightarrow RCH(OR')+H_2O$

化学反应包括白酒酒体中发生的氧化、还原、酯化、缩合反应等。白酒风味成分的氧化、还原、酯化和缩合等作用，可增加酒中有机酸、酯类和缩合醛类等物质，使香气浓郁，口味醇厚。因此，长时间贮存陈酿是提高白酒质量的重要技术措施，也是白酒生产中的重要工艺技术之一。

白酒在贮存过程中所发生的物理、化学变化，主要有以下几点：

◆低沸点的成分（如醛类、硫化物等）挥发，减少酒中的邪杂味；

◆乙醇分子与水分子缔合度增加，乙醇分子与酒中极性分子的缔合度增加，水分子与酒中极性分子的缔合度增加，酒中极性分子之间的缔合度增加等使酒味柔和；

◆贮存过程中乙醇分子不断挥发，使酒度降低；

◆醇与酸作用可生成酯类，增加更多香气；

◆醛与醇作用生成缩醛类，可增加香气，减少辛辣味；

◆贮存期中还可增加一些联酮类化合物，给酒以绵软的口味。

从以上几点看出，白酒贮存过程中的变化，主要有三个作用：

◆排除低沸点的醛类和硫化物等成分，减少邪杂味；

◆增加乙醇分子、水分子及极性分子之间的缔合作用，使白酒酒体分子的自由能降低，乙醇等刺激性分子的活度降低，使口味绵软；

◆贮存使酒中风味物质等增加，使香气浓郁，口味醇厚。

白酒陈酿是小分子化合物挥发、分子间的缔合作用和化学反应的结果，是物理和化学变化并存的过程，并且最终形成了一种“陈香味”。该过程一般靠漫长的贮存时间来实现，把这种自然的复合香味称为中国白酒的陈香风味物质，贮存的时间越长，这种陈香味就越幽雅、越明显。根据周恒刚的研究成果，通过对新酒、五年老酒、十年老酒、十五年老酒的分析检测发现，白酒在长期的贮存过程中，香气成分的变化呈现一定的规律。

◆在酒的贮存过程中，所有的醛类、酮类物质都呈下降趋势，而且下降量相当明显。

◆在酒的贮存过程中，绝大部分酯类物质在酒中的含量减少，只有极少数的高级脂肪酸酯含量略有上升，而且上升幅度很小。

◆一部分醇类物质在贮存过程中呈上升趋势，另一部分呈下降趋势。对总醇含量而言，虽然总体是下降的，但是下降幅度很小，证明其比较稳定。

◆在酒的贮存过程中，有机酸类物质整体呈上升趋势。

还有人认为，在酒的贮存过程中还存在酯类物质的合成反应。但是酯化作用的反应强度很低，占主导的还是水解反应。从微量成分的含量看，没有一种明显地体现陈香风味特征成分的增长。因此，酒中的陈香风味特征的有无不能用微量香味成分的多少来判断，只能认为陶坛贮存才可以产生那种复合优雅的特殊香气。随着分析技术的发展与进步，对白酒香味成分的发现与研究会有新的突破，因为任何事物的表象都有其相应的物质基础。

四、自由能最低

普遍认为，白酒中98%～99%的成分是乙醇和水，其构成了白酒的主体，其他1%～2%则主要由微量有机酸、酯、杂醇油、醛、酮、含硫化合物、含氮化合物以及极其微量的无机化合物（固形物）等组成，微量风味物质种类众多。近期的研究表明，酱香型白酒中微量成分甚至超过了1500种，所以说酱香型白酒是一个多组分复杂体系。有研究者认为，白酒是一种胶体溶液，具有胶体溶液的行为。

白酒不是简单的“真溶液”，而是一种“胶体溶液”。溶胶是一种较稳定的体系，因为溶胶的颗粒小，布朗运动可使它们不下沉，在动力学上具有动力稳定性。根据“白酒溶胶”的理论，“溶胶”的形成需要中心离子，中心离子与酒体中微量成分形成“胶核”，它的形成可促使白酒较快转化为“溶胶”，并达到相对稳定的状态，形成一个完美的酒体。具有一定特性的复杂化学质点构成了白酒酒体中的胶核。这种络合组成的复杂质点，一般称为络离子或络分子。这种络合使酒中分子，特别是乙醇分子的活度降低，因而更稳定，更容易处于自由能最低状态，从而使酒具有陈香味。

白酒陈酿的重要特点是绵软、柔和，有陈香味或老酒味。陈酿是使白酒变得绵软、柔和的必然。物理作用和化学反应是白酒陈酿的主要机理。白酒中的乙醇分子及水分子很容易形成分子间氢键，该氢键可以使白酒中乙醇分子与水分子组成缔合分子群团，同时白酒中的乙醇、水也可以与酒中的极性分子之间形成氢键进而实现分子的缔合。另外，氧化反应可使白酒中化学分子结构发生变化，这些物理作用和化学反应使白酒绵软、柔和，具有老酒味，为白酒陈酿的形成创造了条件。随贮存时间的延长，白酒中各种成分分子的布朗运动减弱，白酒中乙醇及其他分子形成稳定状态，自由能最低，白酒达到陈酿，具有陈香味。

自然陈放，贮存几年，可使白酒绵软柔和，这种传统催陈方法的实质是分子的布朗运动减弱导致酒中分子活度降低，逐渐形成了大的缔合分子群，分子体系的自由能处于最低状态。这样经过几年的贮存，形成的缔合分子群团，其缔合力、缔合度大，缔合分子群团稳固，酒中各种成分分子的布朗运动减弱，最终达到自由能最低状态，使白酒老熟，绵软、柔和，具有陈香味。

第二节 酱香型白酒的贮存与酒体设计

一、酱香型白酒新酒入库与检验

酱香型白酒分为三个典型体和七个轮次，基酒的成分和组成复杂。在贮存过程中，又分为一等酱、二等酱、一等甜、二等甜、一等窖、二等窖等细分等级，在新酒交酒入库时必须认真仔细，把好酱香型基酒的等级、香型、品质和质量关。

酱香型白酒新酒入库一定是用陶坛贮存。陶坛在装新酒之前必须清洗干净，检查是否有漏水的陶坛，然后将检查后的陶坛入库房安放，摆放整齐。新酒入库称量，分轮次、分香型装坛，填写标签，将坛号、入库重量、班次、入库时间等记录建卡。酒不能装得过满，留 10 ～ 20cm 高的空间，以免引起爆坛事故。

由质检部门对已经建卡入库的新酒检测其酒精度，组织专门技术人员对入库新酒进行品评，开展等级鉴定。然后将卡片中的酒精度、香型、等级等内容填写完整，由酒库管理人员扎坛贮存。在贮存期间对库房要认真按时进行巡查，发现酒库陶坛有渗漏、漏酒等现象要及时更换酒坛，排除隐患。

二、酱香型白酒盘勾与贮存

新酒入库满一年以后，将同轮次、同香型、同等级的基酒进行盘勾。每年新生产交入酒库贮存的新酒在大周期生产结束后都要组织专门技术人员进行盘勾，并及时将盘勾好的酒装入陶坛长期贮存。

大周期生产结束后，对每年新生产交入酒库贮存的新酒要组织进行盘勾，首先进行小盘勾，小盘勾是按照各轮次酱香、窖底、醇甜及分型分级的基酒情况，对混合的单体质量等级进行组合。

小盘勾结束后进行大盘勾，大盘勾是以各轮次酒和各类别酒的搭配比例组合，其酒体质量均符合企业产品既定风格的要求。盘勾之前必须根据当年生产实际入库酒质量确定盘勾方案，小样调试、每年盘勾方案由技术中心和酒体设计中心具体拟定。盘勾必须在下一年生产投产之前启动，盘勾组合好的酒转入陶坛重新建卡立账长期贮存，严实密封管理。有的酱香型白酒生产企业将大盘勾后的酒进入不锈钢大罐贮存一年后再入陶坛酒库建卡立账长期贮存。盘勾分类酒的质量要求包括感官指标和卫生指标，卫生指标要符合卫生要求，感官指标见表 8-1。

表 8-1　盘勾分类酒的感官指标

项目	一类酒	二类酒	三类酒
色泽	无色（或微黄）透明，允许有少量杂质		
香气	香气显著、典型性好	香气明显、醇正	有酱香、略带糊香
口味	醇和、丰满、味长、无杂味	较醇和、较丰满、较味长、无杂味	醇和、略带枯、苦味

风格	具有大曲酱香型白酒风格

三、酱香型白酒的酒体设计

开发酱香型白酒新产品时，需要根据市场情况，进行酱香型白酒的酒体设计，然后将企业生产的基酒进行组合、勾兑和调味，得到满足酒体设计和市场需求的酱香型白酒新产品。酒体设计是指通过不同比例基酒的混合，从而调整酒体中各微量成分含量及其量比关系，使其表现出不同的感官感受的生产关键工序。在进行酒体设计前，首先要开展调查研究工作，了解市场对新产品的要求，然后再结合企业生产的基酒情况，进行小样的组合勾兑、大样的组合勾兑、调味等勾调过程，从而得到酱香型白酒新产品。

酒体设计的必要性：酒体设计的目的是稳定产品的质量，满足消费市场需求，降低生产企业成本，实现生产企业的利益最大化。随着消费者对酱香型白酒口感和风味要求的日益提高，酒体设计通过专业的品评技术和科学分析，能够更好地把握市场动态和消费者偏好，从而设计出符合市场需求的酱香型白酒产品。酒体设计通过对酱香型白酒基酒与调味酒的组合特性进行分析与综合评判，能够提出产品配比方案并生产出具有特定风格的酱香型酒类产品。这不仅能够提升酱香型白酒的品质，还能够增加产品的市场竞争力和价值。酒体设计通过对市场的深入理解和对产品精准的设计，有助于推动酱香型白酒产业的高质量发展。

酒体设计的基础：酒体设计是酱香型白酒生产中的一项重要工作，涉及感官鉴评、分析、综合评判酱香型基酒与调味酒的组合特性，并据此提出产品配比方案，生产出具有特定风格的酱香型白酒产品。酒体设计是运用感官鉴评、分析、综合评判酱香型基酒与调味酒组合特性的工作，因此需要专业的技术团队。专业技术团队要求熟悉包括市场数据收集与分析、酒体设计、酒体验证等内容，需要具备分析检验知识、酒体调配知识与技能、食品风味化学知识以及酒的贮存知识。酒体设计的工作内容包括市场数据的收集与分析，如按照酒体设计方案要求，依照产品类型、产品酒度等固定项目完成数据收集工作；按照酒体设计配方完成酒样制备工作流程，完成制备样品信息的记录。

酒体设计步骤：酒体设计的步骤是一个系统化的过程，涉及从市场调研到最终产品的开发和验证。

以下是酒体设计的基本步骤：

市场调查：通过市场调查，了解白酒消费市场对白酒的品种、规格、口感、档次、价格、地域、喜好、用户需求等情况，并对竞争对手的产品进行分析。分析这些数据，确定目标市场和消费者群体的需求，以及潜在的市场机会。

技术调查：调查相关生产技术现状与发展趋势，预测未来可能出现的新情况，为制定新产品的酒体风味设计方案准备第一手资料。

酒资源调查：了解生产企业酒的库存情况以及其他酒资源情况，对本生产区域的产品进行感官和理化分析，找出质量上的优势和差距。根据酒体设计工作方案准备基酒，并进行感官指标和理化指标的分析检查。

设计构想：通过对本厂基酒进行感官和理化分析，并根据本厂的生产设备、技术力量、工艺特点、产品质量等实际情况，参照名优酒的特色和消费者饮用习惯的变化情况进行产品的设计构思，确定勾兑方案。

酒体设计：制定新酒体设计方案，包括酒体的风格、风味、口感等特性；编制酒体设计验收标准，确保设计方案的实施能够达到预期目标。

酒体验证：进行产品感官验证，确保产品符合感官指标验证方法和标准；进行产品理化验证，确保产品符合理化指标验证方法和标准。

改进优化：根据验证结果和市场反馈，对酒体设计方案进行必要的改进和优化。

最终产品的确定与推广：确定最终产品配方，进行批量生产前的准备工作；推广新产品，包括市场宣传、品牌建设、销售策略等。

这些步骤是相互关联的，每一步都对最终产品的质量、风格和市场接受度有着重要影响。酒体设计师需要综合运用专业知识和技能，不断调整和优化设计，以满足市场需求和提升产品竞争力。

四、酱香型白酒的组合勾兑

酱香型白酒组合勾兑是指将不同典型体、贮存时间和轮次等级的酱香型基酒按照一定比例混合，以达到预期的风味特征和口感平衡的过程。这一过程是酱香型白酒生产中至关重要的环节，因为它直接影响到最终产品的质量和市场表现。

（一）酱香型白酒组合原理

白酒中含有醇、醛、酸、酯等微量成分，不同类型的白酒各成分的含量及其量比关系不同，从而构成白酒不同的香型和风格，不同工艺、不同窖池，甚至不同酒甑烤出的酒都有差异，如果不经过组合勾兑，则酒的质量不稳定，标准不统一。通过组合勾兑，可以将不同特点的基酒统一在一个质量标准上。通过组合勾兑才能统一酒质、标准，使每批出厂的酒做到质量基本一致，使具有不同特点的基酒统一在一个质量水平上，弥补缺陷，发扬长处，取长补短，使酒质更加完美。

酱香型白酒组合勾兑的原理就是使基酒中各种微量成分的含量及相互之间比例达到平衡，使基酒中各种微量成分相互补充、协调平衡，形成合格的酒体，达到标准酒样的风格。把不同等级而具有不同口味、不同酒质、不同或相同时期、不同工艺的基酒，采用物理的方法，按照不同的量比相互掺和，使之相互取长补短，改善酒质，以保持质量稳定，形成一个符合标准的成品酒或半成品酒，是平衡酒体，使其形成一定的风格特征的专门技术。

（二）酱香型白酒的组合勾兑

酱香型白酒的勾兑工艺流程如图 8-1 所示。

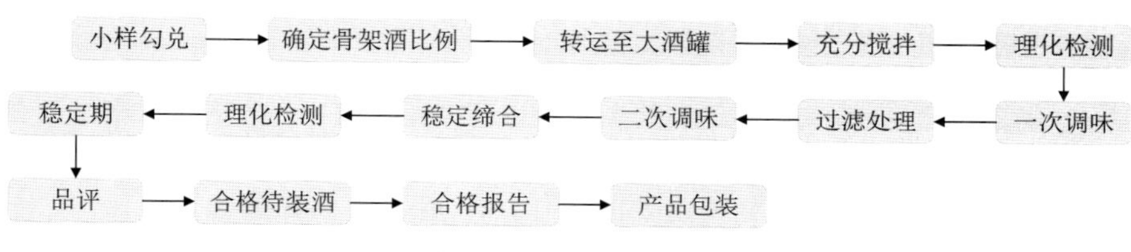

图 8-1 酱香型白酒的组合勾兑流程图

小样勾兑：取达到贮存期的各种相关类别基酒的酒样，取酒数量根据样品量而定，所取各种相关类别基酒的酒样要做好标记，包括库房及酒坛编号。按照不同类别基酒酒样的比例进行组合勾兑，做好记录、编号。组合勾兑好的小样要与上一批次实物样进行比较，要等于或优于实物对照样，同时应该符合企业标准，经企业技术负责人或组织品评，符合企业产品标准，方可放大酒样，扩大生产。

大型勾兑：根据经过认可的小样勾兑酒样的各种相关类别基酒酒样的比例依据，实施批量选酒。选用经库存 3 年以上的半成品基酒进行组合勾兑，感官检查应符合相关产品的感官标准要求。按照小样勾兑合格后的比例进行放大和组合勾兑，要严格计量，并做好原始记录。组合勾兑时，应搅拌均匀，待稳定后进行过滤加工。过滤后的酒样，经组织相关技术人员进行感官品评和理化检验分析，组合勾兑合格的酒再次入库密封贮存备用。按规定贮存到期的酒，由质量管理部门组织取样并进行品评，产品符合企业相关产品的标准，方能出库。

勾兑调味要求：结合企业生产计划，勾兑人员进行小样酒体设计组合，对库房贮存3年以上的各类别酒筛选组合。勾兑人员根据公司的质量标准要求，确定勾兑组合方案，计算需要量转入酒罐，组合形成初具风格的骨架酒体酒样。

根据小样勾兑的酒体酒样，由酒库负责人签字认可，出库需要的各类别的基酒，勾兑人员根据小样酒体做小样调味，选择相关调味酒进行调味，小样调味成型后，做好原始记录，签字确定小样调味方案，再根据小样勾兑比例，按照工艺要求进行放大生产。勾调好的大样酒，还要装入陶坛贮存半年以上，使酒样稳定缔合，最终达到老熟醇和。需要注意的是，酱香型白酒勾调是以酒调酒，没有添加任何香精香料，且每一批次的酒体设计方案都需要根据当时酒库的实际情况来确定，故酱香型白酒的勾调没有固定的配方。

由检验中心鉴定的酱香型白酒经盘勾贮存3年后，进行小样勾兑，找出各自的用酒比例，进行大型勾兑，再贮存半年送企业技术部门评委品评鉴定，同时做理化分析，合格后，即可包装出厂。

勾调时的关键因素：小样勾兑各种酒样用量要计量准确，关键是计量用的各种吸管、量筒等计量工具要精准；大型勾兑、放大比例与小样勾兑计量准确，关键是计量的灵敏度、准确度和可靠性；小样勾兑、大型勾兑时要搅拌均匀、混合充分。勾兑质量决定成品酒的最终质量，勾兑工作是一项至关重要的工作，一定要认真、细心。

（三）组合勾兑新技术

1. 几个基本概念

综合基酒：基酒是酱香型白酒组合勾兑中的主要组成部分，通常占比较大。选择基酒时，需要考虑其感官特性、理化指标和风格特点。根据酒体设计方案，准备相应类型和等级的基酒，确保其质量和数量满足组合勾兑需求。酱香型白酒的基酒，在组合勾兑完成后是为综合基酒。综合基酒是成品酒的骨干，是大批量成品酒质量标准的关键。而综合基酒是由基酒组成的，要根据酒体设计选择适当的基酒。为了提高基酒的利用率，实现效益的最大化，可将各种等级的基酒分为带酒、大宗酒和搭酒三类进行使用。

带酒：是指具有某种独特香味、能明显起到决定组合酒风格特征的基酒。这类酒的理化指标、色谱数据较全面，微量成分含量丰富，组合时这种酒一般占10%～15%。

大宗酒：是指无独特香味的一般酒，香醇、干净，初步具备风格，组合起来能够形成香气正、醇甜、爽净等风格特征的基础酒体，通过组合能够达到组合酒的质量。组合时这种酒一般占 80%。

搭酒：是指在酒体特征上有一定缺陷，味稍杂，或香气不正，但通过组合可以弥补其缺陷的基酒，一般表现为有轻微杂味、酸涩味、香气偏格等缺陷。组合时这类基酒一般占 5% 左右。

2. 数字组合勾兑

数字组合勾兑是根据理化数据和色谱数据来组合勾兑基酒，用这种方法组合勾兑的酒，酒质稳定，品质较好。用数据组合勾兑的基酒，是一种比较科学的方法，但使用这种方法的前提是企业要有较强的化验分析技术水平和色谱装备，要有较好的技术人才队伍以及完整的酒库管理和酒样数据库资料，否则不能进行数字组合勾兑。

数据选择：气相色谱技术分析酱香型白酒基酒中的风味物质，可以检出数百种的风味物质，不可能全部作为数字组合的参数，要根据色谱骨架成分，找出影响酱香型白酒基酒酒质的主要微量成分和数据。

确定标准数值：不同企业的成品酒有其质量标准，除感官指标外，还有理化指标和卫生指标。理化指标包括酒精度、总酸、总酯等项目，除了分析这些指标的数值范围外，还要分析酱香型白酒中的乙酸乙酯、乳酸乙酯等色谱骨架成分的数值范围。不同企业生产的基酒，其风格特征不同，有不同的标准数值，要进行数字组合勾兑必须以这些微量成分的标准数值为基础。

组合勾兑方法：对于分型分级定级的基酒，测定理化及色谱数据，确定基酒的等级及优缺点，建立理化及色谱数据库。根据基酒的数字、风味物质色谱骨架计算综合基酒的数据，判断其是否符合相关的量比关系；符合要求后，再进行小样组合勾兑，将计算符合要求的基酒，根据比例进行小样组合勾兑，尝评验证是否达到合格酒的要求和感官标准，符合即数字组合勾兑成功，不符合再进行调整，直到符合要求为止；在小样组合兑勾成功的基础上进行搭酒和带酒的添加，通过尝评确定添加数量、种类，直到符合要求为止。

数字组合注意事项：数字组合勾兑的基础酒应该是没有异杂味的基础酒；随时做好记录，注意数字量比关系与感官特征之间的关系，不断总结经验，摸索规律；一定要进行小样组合勾兑和尝评，符合质量要求后再进行大样组合勾兑；注意组合勾兑时酒样的酒度，因各坛酒样的酒度是有差异的，在计算时要求尽可能统一。

3. 计算机组合勾兑

计算机组合勾兑是将基酒中代表本产品特征的主要微量成分及含量输入计算机，计算机通过编程，按照酱香型白酒产品的标准对输入数据进行计算组合勾兑，优化分析，使各类微量成分及数量控制在规定的数字范围内，得到符合标准的基础酒。

计算机组合勾兑要求选择好基酒，要确定进入酒库的基酒的质量标准和类型，按照标准进行分级分型，验收入库合格基酒。同时，要分析检测入库基酒的理化指标和色谱数据，对气相色谱数据进行分析，了解和熟悉酒中的微量风味成分及其配比对酒的质量影响，得出酒的色谱骨架，结合感官品评，得到不同的组合勾兑数据，从而将组合调味建立数学模型。再通过计算机编写程序，将这一数学模型转化为计算机软件程序。进行计算机的勾调，完成勾调后，同样要进行感官品尝鉴定。最终确定大宗酒是否符合标准。

（四）组合勾兑的注意事项

组合勾兑是为了勾兑出合格的基础酒。基础酒的好坏，直接影响到调味的难易程度及最终产品的质量。基础酒组合不好，就会增加调味的难度，增加调味酒的用量，这样既浪费好的调味酒，又容易产生异杂味，以致增加调味的工作量和难度。

好酒与差酒之间的组合勾兑，会使酒质变好。因为差酒中有一种或数种微量风味成分偏多，也有可能偏少，但当它与比较好的酒组合勾兑时，偏多的微量风味成分得到稀释，偏少的微量风味成分得到补充，所以组合勾兑后的酒质就会变好。

差酒与差酒组合勾兑，有时也会变成好酒。因为一种差酒所含的某种或数种微量风味成分含量偏多，而另外一种差酒所含的某种或数种微量风味成分含量却偏少，将两种差酒进行组合勾兑后，酒的微量风味成分含量的情况正好相互补充，从而使差酒的酒质变好。

一般来说，带涩味与带酸味、带酸味与带辣味的酒组合可以改善酒质，因为甜与酸、甜与苦可以相互抵消，甜与咸、酸与咸可以相互中和，酸与苦反而会增强苦味，苦与咸可以中和，香气可以压邪，酸味可以助香等。所以，组合勾兑是一项十分重要且非常细致的工作。

组合勾兑时要注意：

◆要有高度的责任心和事业心。在实践中注意不断提高技术水平。必须有较高的尝评水平和能力，对酒的风格、酒库中每坛酒的特点都要准确掌握，同时了解不同酒的质量变化规律，才能组合勾兑出好酒，组合勾兑出典型风格。

◆要搞好小样组合勾兑。组合勾兑是一项细致复杂的工作，因为每一个微小的变化都可能引起酒质的较大变化，要精心组合勾兑小样，经品评合格后，再大批量进行组合勾兑。

◆掌握各种酒的情况，每坛酒必须建档立卡，有健全的卡片档案，记载有产酒的生产时间、生产车间、班组、窖池、酒精度、酒的质量、色谱数据等情况。组合勾兑时，应该清楚了解各坛酒的情况，以便科学地做好组合勾兑工作。

◆做好原始记录。不论小样组合勾兑还是大批量组合勾兑，一定要做好原始记录，以有利于分析研究数据，从中总结出规律，有助于提高组合勾兑技术，提升酒产品的质量。

◆经过组合勾兑后，基础酒达到质量标准，允许有小的缺陷，但必须酒体完善，有风格特征，香气正。

五、酱香型白酒的调味

如果说组合勾兑是“画龙”，那么调味就是“点睛”。所谓调味，就是在组合勾兑好的基础酒的基础上进一步精加工。在白酒调味中，历来使用调味酒。调味是一项非常精细而又微妙的工作，更是一种艺术。用极少量的调味酒，弥补基础酒在香气或者口味上的欠缺，使酒体丰满优雅，达到成品酒的质量要求。

调味是靠感官使酒体协调、丰满、细腻、幽雅、悠长、风格典型，“色、香、味、格”俱佳的过程，也是对酸类、酯类、醇类、醛类、酚类等微量成分反复精心勾调的关键过程。基础酒经过组合勾兑达到一定的质量要求，已经接近成品酒的质量标准，但尚未完全达到成品酒的感官质量标准。在某一点上略显不足，这就要通过调味工序来加以解决。调味是在组合勾兑基础上进一步加工完善，是一项非常精细而又微妙的工作。

（一）酱香型白酒调味的作用

调味的作用，主要是添加少量调味酒，表现为平衡酒体，使酒体进行一定的化学反应和分子重排。

添加调味酒：在综合基酒中添加特殊的调味酒，可以引起综合基酒的质量变化，提高并完善综合基酒的酒体风格。一是如果综合基酒中没有某种风味物质，而调味酒中具有这种风味物质且含量较大，添加调味酒后，使综合基酒成分增加这种风味物质，且量达到放香阈值以上，酒体就会呈现出香味，弥补综合基酒的不足。二是如果综合基酒中尽管有这种风味物质，但含量明显不足，达不到放香阈值，综合基酒不能呈现出香味，通过添加调味酒，在综合基酒中增加这种风味物质，使其达到或超过其放香阈值，综合基酒就会呈现出香味。当然，这只是单一成分考虑，实际上白酒中微量成分众多，互相缓冲、抑制、加强、协调等过程要复杂得多。

平衡酒体：在调味过程中，每一种酱香型白酒产品的典型风格特征的形成，都是由众多的微量成分相互缓冲、烘托、协调、平衡的结果，是形成酒体风格特征的主要因素之一。加入调味酒后，调味酒中的微量成分与基础酒中的微量成分重新建立新的平衡，以达到排除异杂味，强化香味，促使酱香型白酒产品典型风格形成的目的。因此，合理选择和使用调味酒，使酒中微量成分在平衡、烘托、缓冲、协调方面发生作用，是调味的关键。

化学反应：调味酒中的微量成分也可能和基础酒中的微量成分进行化学反应。例如，乙醛分子与乙醇分子之间的缩合反应生成乙缩醛，乙醇与有机酸反应生成酯等化学反应。但化学反应在酒的调味过程中不是主要的作用。

分子重排：调味与分子重排有关。酒质的好坏与酒中分子间的重排有关，调味酒的添加，通过氢键作用，使酒中分子发生重排，形成新的分子间排列和分子间的缔合，使酒体更加协调。调味突出了一些分子的作用，掩盖了另一些分子的作用，显示出调味的功能。

一般来说，调味酒的调味作用，是上述几种作用的共同发挥，而不是单一作用。调味过程中各种作用复杂，是否达到效果，还需要经过贮存检验，如果经过一定时间的存放，发现酒质下降，应该分析研究，再次对酒进行补充调味，以保证酒的品质稳定。

（二）调味的方法与步骤

添加调味酒，首先要针对基础酒中的缺陷和不足，选定调味酒，以 1 ‰～ 5 ‰的量进行试验，然后根据品评结果，添加或减少不同种类、数量的调味酒，直到符合标准为止。从而得出不同调整结构的调味酒使用量比例。

1. 调味的方法

分别加入调味酒法：对每一种调味酒进行优选，最后得出不同调味酒的用量，并逐个解决基础酒中存在的问题。

同时加入数种调味酒法：针对基础酒的缺陷和不足，先选定几种调味酒，分别记录其主要特点，各以 1 ‰的量开始添加，逐一优选，再根据尝评情况，增加或减少不同种类和数量的调味酒，直到符合质量标准为止。采用此法比较省时，但需要有一定的调味技术和经验，才能顺利进行。

加入综合调味酒法：根据基础酒的不足，结合调味经验，选取不同特点的调味酒，按一定的比例组合成综合调味酒，然后以 1 ‰的比例逐滴加入基础酒中，通过尝评找出最合适的添加量。

2. 调味的步骤

①确定基础酒的优缺点：首先通过尝评和分析检验确定基础酒的质量状况，准确把握基础酒的不足之处。

②选择调味酒：根据基础酒的质量确定选择需要的调味酒。所选调味酒，要能解决基础酒的不足，弥补基础酒的缺陷。

③小样调味：小样调味的工具和方法是，调味常用的工具有 50mL、100mL、500mL 和 1000mL 量筒，60mL 无色无花纹酒杯，100mL 或 200mL 具塞三角瓶，玻璃棒，不同规格的刻度吸管，2mL 玻璃注射器及 5.5 号针头，500mL、1000mL 烧杯等。

使用注射器时，将调味酒吸入注射器中，用 5.5 号针头试滴。滴加时不要用力过大，注射器的角度要一致，等速点加，不能成线。一般 1mL 能滴加近 200 滴，这与注射器中酒的量、手拿的角度和挤压力的大小等密切相关。按 1mL 滴加 200 滴计算，每滴即为 0.005mL，50mL 的基础酒中加 1 滴即为 1 ‰。

④调味酒用量的计算：粗略计算法是根据小样调味时调味酒用量的比例，以体积为依据，计算大样调味时的调味酒用量。

调味酒的用量 = 小样调味的比例（%）× 基础酒的体积

若全部换算为体积计算，较为准确。

一是计算每种基酒的酒精体积：将每种基酒的酒精度数乘以其体积。

基酒用量 = 小样调味酒的酒精度（%）× 基酒的体积

二是计算调味后酒体总体积：将所有基酒和辅料的体积相加，并加上冰块（通常为 20mL）的体积。

调味后酒体的总体积 = 基酒 1 的体积 + 基酒 2 的体积 +...+ 辅料 1 的体积 + 辅料 2 的体积 +...+20

三是计算酒精浓度：将酒精体积除以酒体总体积，然后乘以 100%，得到酒精浓度。

酒体的酒精浓度 = 基酒用量 ÷ 酒体总体积 ×100%

这样，最后计算得到的酒体的酒精浓度如果能够达到目标要求的酒精浓度，就可以反推得到调味酒（基酒）的用量以及各种辅料的用量。通过精确计算并作精细调配，确保最终调酒的口感和酒精度数符合预期。

⑤大样调味：根据小样调味试验和基础酒的实际总量，计算出调味酒的用量。将调味

酒加入基础酒中，搅拌均匀后再进行品尝，如与调味后的小样质量相符，则调味完成。

若质量不一致，则应在已经添加了调味酒的基础上，再次调味，直到满意为止。

（三）调味的注意事项

对酒库中的各种基酒要充分认识，特别是对经过一定贮存后的基酒变化情况要作深入细致的了解。体会酒质变化规律，以及酒中微量成分的性质和作用。根据对酒库中各种酒的全面了解，结合车间生产情况，生产一定数量的特殊调味酒。若酒中酸含量偏低，则酒体寡淡、味短；若酒中乳酸乙酯含量偏高，则酒体涩味重。若酒中高级醇含量过低，则酒味淡薄，不丰满；若高级醇含量过高，则导致酒味过涩、苦、冲辣。

具有苦、麻、酸、涩等异杂味的酒并不一定是品质不佳，关键是在实践中总结经验、把握特点，若使用得当，可作为调味酒使用。后味带苦的酒，可增加组合酒的陈香；后味发涩的酒，可增加组合酒的香气；带麻味的酒可增加酒体的浓香，使酒体丰满；但带焦臭味、霉味等怪味的酒，一般都是劣质酒。

勾调时一般先调整香气，再调味道，逐步完善其陈香、芳香、曲香等其他风格特征。对于组合后味短或辛辣的基础酒，适量添加某些酸味较重的调味酒，可使酒体变得丰满、余味悠长，缓解辛辣感。

第九章 酱香型白酒的风味物质及品评

白酒的主要成分是乙醇和水，在白酒中占比超过 98%，剩余 2% 左右的物质，是白酒的微量风味物质，主要包括酯类化合物、醇类化合物、醛类化合物、酸类化合物、呋喃类化合物、吡嗪类化合物、含硫化合物和其他风味化合物等，它们提供了白酒的微量风味成分。白酒中的风味物质除挥发性物质之外，还有非挥发性的风味物质。例如，不挥发物质有机酸、酚酸、氨基酸、小肽、多元醇等化合物，它们在白酒蒸馏过程中随水蒸气带出，尽管含量很少，但它们也是白酒中的微量风味物质，与白酒的口感、滋味有较大的关联。这些风味物质可能与白酒的健康活性密切相关，也引起了研究者的关注和重视。

要了解白酒中的风味物质，首先必须知道白酒风味物质的来源，通常认为，白酒的风味物质主要有以下来源途径：一是来源于酿酒原料，固态法白酒主要采用高粱等粮谷原料，在原料蒸粮蒸酒时，会将粮食的香味成分带入酒中，形成酒的粮香。二是来源于酒曲，酿酒过程中，酒曲是糖化发酵剂和生香剂，也是酒中的风味物质或者风味的前体物质。这些风味物质也会带入酒中，形成酒的曲香。三是来源于酒醅发酵，酿酒原料经加曲入窖进行发酵，在微生物的作用下，转化生成乙醇和其他风味物质。四是来源于窖池及车间环境，白酒的风味物质还来源于发酵的窖池和环境，窖池中的微生物、晾堂环境和车间环境中的微生物等对于酒的发酵均有贡献。五是来源于白酒蒸馏，白酒蒸馏可将微生物发酵产生的风味物质进行浓缩、提取。六是来源于白酒的贮存，白酒在贮存过程中，会发生许多物理、化学变化，生成新的风味物质。

在白酒中已经检测出数千种微量风味成分，其中很大一部分由气相色谱分析方法检出。白酒风味物质的研究主要是将感官分析与气相色谱分析技术结合，通过感官对白酒整体香气轮廓和风味物质进行评定和描述，通过气相色谱仪对风味物质进行提取分离、定性定量等，再结合各种数据分析方法，从而对白酒主要风味物质等进行判定。

白酒品质优劣的鉴定，通常是通过理化分析和感官检验的方法实现的。理化分析是使用各种现代仪器，对组成白酒的主要物理、化学成分（如乙醇、总酸、总酯、高级醇、甲醇、重金属、氰化物等）进行科学测定。感官检验是人们常说的品评、尝评、鉴评等，它是利用人的感觉器官——眼、鼻、口来判断酒的色、香、味、格的方法。具体说，就是用眼观察白酒的外观、色泽和有无悬浮物、沉淀物等，简称为视觉检验；用鼻嗅闻白酒的香气，检验其是否有杂味及异味等，简称为嗅觉检验；将酒含在口中使舌头的味觉与鼻子的嗅觉对白酒形成综合感觉，简称为风味检验。白酒的色、香、味、格的形成不仅决定于白酒的各种理化成分的数量，还决定于各种风味成分之间的协调平衡、微量成分的相互关系，是人的感觉器官对白酒色、香、味的综合反映，仅靠白酒的理化成分分析是不能全面反映白酒的色、香、味、格特征的。

感官评价是白酒品质检验的重要手段。感官品评就是利用人的感觉器官（眼、鼻、口）来判断白酒的色、香、味、格的方法。白酒的感官品评具有快速、准确的特点，是国内外鉴别白酒内在质量的重要手段，也是当今世界上鉴定酒类优劣的快速有效的方法，更是生产企业和管理部门鉴定和检验产品质量等级的依据之一，它标志着企业的管理水平。感官指标也是白酒质量的重要指标，感官指标是通过感官品评的方法来检验白酒的品质。

酱香型白酒感官品评是酱香型白酒生产过程中进行质量控制的重要方法，酱香型白酒生产的半成品酒的质量检验、入库新酒的分级分型、组合与调味的质量控制、成品酒的合格检验等均需要进行感官品评。

第一节　酱香型白酒中的风味物质

酱香型白酒的主要成分是乙醇和水，在酱香型白酒中占比超过 98%，剩余 2% 左右的物质，是酱香型白酒的风味物质，主要包括酯类化合物、醇类化合物、醛类化合物、有机酸类化合物、呋喃类化合物、吡嗪类化合物、含硫化合物和其他风味化合物，它们提供了酱香型白酒的风味成分。酱香型白酒中的风味物质除挥发性物质之外，还有非挥发性的风味物质。例如，不挥发物质有机酸、酚酸、氨基酸、多元醇等化合物，它们在酱香型白酒蒸馏过程中随水蒸气带出，尽管含量很少，但它们也是酱香型白酒中的风味物质，与酱香型白酒的口感、滋味关联较大。

一、酱香型白酒中风味物质的来源

酱香型白酒中的风味物质，主要包括酯类化合物、醇类化合物、醛类化合物、有机酸类化合物、呋喃类化合物、吡嗪类化合物、含硫化合物和其他风味化合物等。要了解酱香型白酒的风味物质，首先必须知道其风味物质的来源，通常认为，酱香型白酒的风味物质主要有以下来源途径：

◆酿酒原料：酱香型白酒生产主要采用高粱、小麦等粮谷原料，在原料的蒸煮、糊化以及蒸粮蒸酒时，会将粮食的香味成分带入酒中，形成酒的粮香，是酱香型白酒中风味物质的来源之一。

◆高温大曲：酿酒过程中，酱香高温大曲既是糖化发酵剂，也提供酱香型白酒中的风味物质或者风味的前体物质，在发酵、蒸馏过程中，这些风味物质也会带入酒中，形成酱香型白酒的曲香，这也是酱香型白酒风味物质的来源之一。

◆酒醅发酵：酿酒原料经加曲堆积发酵和入窖发酵，在微生物的作用下，酒醅中的淀粉等化合物转化生成乙醇和其他风味物质，给酒带来酯香、糟香、花果香等风味，也是酱香型白酒风味物质的来源之一。

◆窖池及车间环境：酱香型白酒的风味还来源于发酵的窖池和环境，酱香型白酒酿酒过程中，窖池中的微生物、晾堂环境和车间环境中的微生物等对于酒的发酵均有贡献，这些微生物进入酒醅，代谢产生的物质有许多也是酱香型白酒的风味物质。

◆酱香型白酒的蒸馏：酱香型白酒蒸馏是一个将微生物发酵产生的风味物质浓缩、提取的过程，生香靠发酵，提香靠蒸馏，正是传统白酒的蒸馏方式，充分提取了酱香型白酒中的风味物质，使酱香型白酒具有各种不同的风味物质。所以说蒸馏过程也是酱香型白酒风味物质的来源之一。

◆酱香型白酒的贮存：酱香型白酒生产工艺要求基酒贮存 4 年以上，在贮存过程中，酱香型白酒的基酒会发生许多物理、化学变化，生成新的风味物质，会使酱香型白酒老熟，产生陈酿味等风味物质，因此这也是酱香型白酒风味物质的来源之一。

二、酯类化合物

酱香型白酒中的酯类化合物是除水和乙醇以外含量最多的一类香味组分，多以乙酯形式存在，具有花香、果实香气味或独特的花果芳香气味，在酱香型白酒的呈香呈味中起着重要作用，但其含量及量比关系必须适宜，否则会影响酱香型白酒的典型风格。酱香型白酒中大量存在的酯类风味物质主要有乙酸乙酯、乳酸乙酯等。白酒中的乙酸乙酯、乳酸乙酯、丁酸乙酯和己酸乙酯含量较多，占总酯含量的 90% 以上，被称为白酒的“四大酯”。除乙酸乙酯、乳酸乙酯外，酱香型白酒中还有丁酸乙酯、己酸乙酯、戊酸乙酯、乙酸异戊酯、棕榈酸乙酯、油酸乙酯、丙酸乙酯、庚酸乙酯等。

表 9-1 给出了部分酱香型白酒产品中主要酯的含量。

表 9-1　酱香型白酒中的酯及其含量（mg/100mL）

项目	酱香白酒 1	酱香白酒 2	酱香白酒 3	酱香白酒 4	酱香白酒 5
甲酸乙酯	34.56	38.73	32.82	34.10	41.58
乙酸乙酯	1638.42	1724.29	1795.12	2615.64	1605.87
丁酸乙酯	59.62	61.70	51.61	77.25	89.94
乙酸异戊酯	3.78	4.09	4.17	3.61	5.11
戊酸乙酯	12.55	30.16	15.94	20.52	19.15
己酸乙酯	38.67	94.33	80.40	47.07	87.76
庚酸乙酯	1.94	6.53	4.94	3.68	5.41
乳酸乙酯	1410.14	1640.88	1202.93	988.76	970.50
己酸丁酯	0.91	1.71	1.48	1.22	1.76
辛酸乙酯	7.90	15.38	10.72	6.56	18.08
己酸异戊酯	0.85	1.52	1.53	1.05	2.25
癸酸乙酯	0.56	1.51	1.03	0.58	0.97
苯乙酸乙酯	9.49	10.80	6.38	7.29	7.74
月桂酸乙酯	1.03	1.37	2.01	1.86	2.27
棕榈酸乙酯	7.84	12.05	16.82	4.19	32.36
油酸乙酯	2.28	6.24	5.35	2.79	10.14
亚油酸乙酯	9.39	12.23	19.55	5.27	25.45
2- 甲基丁酸乙酯	0.08	0.12	0.55	0.09	0.08

乙酸乙酯的呈香呈味特征：呈香蕉或苹果等水果香、有刺激感，带涩味，具白酒清香感，是清香型白酒的主体香味成分。乳酸乙酯的呈香呈味特征：香气弱，有脂肪气味，适量时有浓厚感，大量时味刺激、带涩味和苦味。丁酸乙酯的呈香呈味特征：脂肪臭明显，有似菠萝的果香味，味涩，爽快可口。己酸乙酯的呈香呈味特征：有菠萝的果香气味，味甜爽口，具有白酒窖香感，带刺激涩感，是浓香型白酒的主体香味成分。

乳酸乙酯是骨架成分中唯一既能与水又能与乙醇互溶的乙酯，它不仅在香与味方面作出贡献，而且起到助溶的作用，对克服低度酒的水味、增加浓厚感，乳酸乙酯有着特殊的功效。乳酸乙酯含量稍高，会影响酒的放香，会降低其他香气物质的嗅阈值。

酱香型白酒中酯类的主要作用如下：

主导香气作用：一般优质酒总酯的含量都高，在 200 ～ 500mg/100mL。乳酸乙酯、乙酸乙酯是酱香型白酒中的两大酯类，其含量的变化，对酒的风味有决定性的影响。酯类化合物大都属较易挥发和气味较强的化合物，表现出较强的气味特征。一些含量较高的酯类，由于它们的浓度及气味强度占有绝对的主导作用，使整个酒体的香气呈现出以酯类香气为主的气味特征，并表现出某些酯类原有的感官气味特征。

修饰、烘托香气作用：含量中等的一些酯类，它们的气味特征有类似其他酯类的气味特征，它们可以对酯类的主体气味进行“修饰”“补充”，使整个酯类香气更丰满、浓厚，例如丁酸乙酯等。

香气持久、稳定香气作用：含量较少或甚微的一类酯大多是由一些长碳链的脂肪酸形成的酯，它们的沸点较高，果香气味较弱，气味特征不明显，在酒体中很难明显突出它们的原有气味特征，但它们的存在可以使体系的饱和蒸气压降低，延缓其他组分的挥发速度，起到使香气持久和稳定香气的作用。

总酯是酱香型白酒中主要控制的理化指标之一。在酱香型白酒的 1 ～ 7 轮次酒中，总酯的变化呈下降趋势，1 轮次中总酯含量最高，所以其放香最大，3 轮次后总酯的含量降幅不大，在 450mg/100mL 左右。在 1 ～ 7 轮次酒中，总酯含量以乙酸乙酯和乳酸乙酯为主，其中乙酸乙酯含量大于乳酸乙酯；在 3 ～ 5 轮次酒中，乳酸乙酯在总酯中所占的比例接近乙酸乙酯，而在 1 轮次酒中乙酸乙酯占总酯的 70% 左右，乳酸乙酯的含量低于 3、4、5 轮次酒中的含量，这是 1 轮次酒和 3、4、5 轮次酒不同的特点之一。另外，在半成品酒中，已酸乙酯含量低，一般在 10 ～ 20mg/100mL。

总酯在各种、各类白酒中的含量不同，且显示出明显差异，传统固态白酒中总酯的含量是比较高的，特别是名优酒的总酯含量都比较高，而一般大曲酒中总酯含量在 200 ～ 300mg/100mL，普通白酒在 100mg/100mL 左右。

三、醇类化合物

醇类化合物是酱香型白酒中重要的风味成分，酱香型白酒中含有正丙醇、正丁醇、2,3- 丁二醇、异戊醇，此外还有仲丁醇、异丁醇、甲醇、正己醇等。醇类主要增加酒体的醇厚感、绵柔感和甜味，也和酒中的苦味、咸味、鲜味有关。

表 9-2 给出了部分酱香型白酒产品中醇的含量。

表 9-2　酱香型白酒中的醇及其含量（mg/100mL）

项目	酱香白酒 1	酱香白酒 2	酱香白酒 3	酱香白酒 4	酱香白酒 5
甲醇	113.83	121.07	112.30	119.21	166.91
2- 丁醇	34.08	56.18	53.96	38.33	141.00
正丙醇	732.67	1423.43	1740.01	1322.17	5299.63
异丁醇	149.12	157.78	134.68	124.86	185.69
2- 戊醇	4.30	9.11	8.73	3.33	9.95
正丁醇	45.91	45.66	52.65	42.96	89.75
2- 甲基丁醇	103.55	108.41	96.75	80.33	124.45
3- 甲基丁醇	343.79	347.58	317.98	247.98	349.56
正戊醇	6.49	7.17	8.66	6.96	11.84
正己醇	14.85	24.94	25.72	11.28	36.32
糠醇	22.99	17.17	29.94	21.52	21.46

在酱香型白酒的醇类化合物中，正丙醇的含量最高，其中 1 轮次酒含量特别突出，一般都在 200 ～ 300 mg/100mL，其在 1 ～ 7 轮次酒中的含量分布与糠醛相反，呈两头高，中间低。其原因如下：

◆在酱香型白酒的酿造中，高温制曲提供了丰富的酸性蛋白酶，其酶活力远大于中低温曲，且在酿造中用曲量大。这样高温曲为氨基酸的代谢提供了基础，而正丙醇正是氨基酸（蛋白质）的主要代谢产物之一。

◆在第一轮发酵中，粮食的蒸煮糊化存在一个过程，原料中可利用淀粉的溶出缓慢，缺少可供微生物生长的糖分，而在第七轮次发酵中，溶出的可利用淀粉即将用完，同样缺少糖分，微生物为了自身生存和合成细胞繁殖，需要获得糖分和能量，于是将氨基酸转化成糖原。

◆第一轮发酵中的高温和低酸环境也为氨基酸的代谢提供了条件。仲丁醇、异丁醇的含量也呈下降趋势，两头高，中间低，与正丙醇走向一致。

酱香型白酒中醇类物质的作用主要如下：

◆桥梁和纽带作用：醇类物质是醇甜和助香剂的主要物质，也是形成香味物质的前驱物质，醇与酸作用生成各种酯，从而构成白酒的特殊芳香。醇是香与味的桥梁，恰到好处，甜意绵绵，在酒中起调和的作用。

◆增加醇甜和丰满作用：醇类物质主要包括异丁醇、异戊醇、正丙醇、2- 甲基丁醇和

3- 甲基丁醇，并辅以适量的丙三醇、2.3- 丁二醇来赋予白酒的醇甜感觉。

◆增加香味、衬托酯香作用：白酒中含有少量的高级醇可赋予白酒特殊的香气，并起衬托酯香的作用，使香气更丰满。醇类还可以和脂肪酸结合生成酯，增加酒香。醇类中的 β- 苯乙醇是构成米香型白酒风格的必要成分。

◆缓和酒体，延长后味作用：醇类物质主要的刺激和呈味感觉在口腔中部，如果高级醇含量适当，则酒的味道就趋于缓和，苦涩味减少。

四、醛类化合物

酱香型白酒中的醛类化合物主要包含乙醛、乙缩醛、糠醛、正丙醛、异戊醛、异丁醛等。醛类主要与酒体中的辣味、涩味、苦味等有关。

表 9-3 给出了部分酱香型白酒产品中的醛及其含量。

表 9-3　酱香型白酒中的醛及其含量（mg/100mL）

项目	酱香白酒 1	酱香白酒 2	酱香白酒 3	酱香白酒 4	酱香白酒 5
乙醛	519.15	492.74	385.59	441.84	488.00
正丙醛	2.61	2.72	3.22	3.19	6.32
异丁醛	26.90	22.54	23.50	19.30	35.52
乙缩醛	569.07	474.70	374.02	446.83	429.97
异戊醛	60.20	58.09	57.20	52.09	95.80
糠醛	263.90	280.23	223.43	259.11	332.88

乙缩醛具有醛的特殊芳香，且有青臭的不愉快感，还具有干爽的口感特征。乙缩醛含量是酒老熟和质量品质的主要指标，也是区别于低档白酒的指标之一，具有定香作用。它能降低挥发组分挥发速率，保持香气均匀持久，有调和香气的作用。

乙缩醛在白酒中的含量一般在 240 ～ 490mg/100mL，在酒体中与乙醛起到一种平衡作用，是呈香呈味的重要成分，可使酒体清爽，在一定范围内乙缩醛含量较高是好酒的重要标志，与醇类、酯类协调，使酒香丰满而有特殊韵味。

醛类化合物的主要作用如下：

增强刺激感：糠醛具有较强的刺激感，在味觉上，它赋予酒体较强的刺激感，也就是人们常说的酒劲大，是造成刺激性和辛辣味的主要成分，如果一般酒品中出现酒味辣燥、刺鼻现象，并有焦苦味，那必定是酒中含糠醛较高的缘故，一般酒中糠醛含量高于300mg/L 就会出现上述现象。

乙醛属于中等极性化合物，易溶于水。乙醛与乙醇互溶主要是物理属性的溶解，与水互溶则是反应属性的溶解，形成可逆反应的乙醛和水合乙醛。乙醛对感官味觉的刺激，应理解为水合乙醛和乙醛的共同作用。

烘托香气作用：少量醛类可以增强酒的放香，能使酒形成优美的风味。如乙醛是白酒头香的主要物质，糠醛是酒香的重要物质，不少好酒都含有一定量的糠醛，一般含量为20 ～ 30mg/100mL 左右。其他如异戊醛、正己醛、香草醛等，也能使酒形成优美的风味。

增强口味：醛类含量过多，则酒的辛辣味太重，刺激太大，对人体有毒害。乙醛似果香，味甜带涩。一般优质白酒中乙醛含量都超过 20mg/100mL。乙醛和乙醇进一步缩合成乙缩醛。酒中的乙缩醛含量较大，有的优质白酒能在 100mg/100mL 以上，成为酒中的主要成分之一。这两种成分在优质酒中的含量比普通白酒高 2 ～ 3 倍，它们有清香味，具有酒头气味，适量时对增强口味作用很好。

掩蔽作用：在制作低度酒时，会出现香与味脱离现象，究其原因，一是香味骨架成分不合理，二是没有处理好四大酸与乙醛和乙缩醛的关系。四大酸主要表现为对味的谐调功能，乙醛、乙缩醛主要表现为对香的谐调功能。酸压香增味，乙醛、乙缩醛则是提香压味。若处理好这两类物质间的平衡关系，就不会显现出有外加香味成分的感觉，体现复合香，提高了酒中各成分的相溶性，掩盖了白酒某些成分过分突出的弊端，从这个角度讲，它具有掩蔽作用。

此外，乙醛还具有携带作用。此作用必须具备两个条件：一是它本身具有较大的蒸汽分压；二是它与所携带的物质在液相、气相方面均要有好的相溶性，乙醛与酒中的醇、酯、水都有很好的相溶性，相溶性好才能给人以复合型的嗅觉感。白酒的溢香和喷香与乙醛的携带作用有关。

五、酸类化合物

酸类化合物是酱香型白酒中重要的呈香呈味物质，也是生成酯类化合物的前体物质，是新酒老熟的有效催化剂。酱香型白酒中的酸种类繁多，有挥发性较强的酸，如甲酸、乙酸、丙酸、丁酸、己酸、辛酸等，也有不挥发性酸，如乳酸、苹果酸、酒石酸、葡萄糖酸、琥珀酸、柠檬酸等。酱香型白酒中的乳酸、乙酸、丁酸和己酸是含量较高的有机酸，占总酸含量的90%以上，被称为酱香型白酒的四大酸。此外还有丙酸、异丁酸、异戊酸、戊酸、庚酸、辛酸等。

表9-4给出了部分酱香型白酒产品中的酸及其含量。

表9-4 酱香型白酒样品中的酸及其含量（mg/100mL）

项目	酱香型白酒1	酱香型白酒2	酱香型白酒3	酱香型白酒4	酱香型白酒5
乙酸	1290.06	1395.25	1818.93	2081.56	1508.10
乳酸	691.29	553.81	542.97	554.14	916.46
丙酸	72.95	85.79	91.33	121.89	143.33
异丁酸	29.66	21.30	25.42	20.09	31.11
丁酸	57.40	56.19	76.81	71.81	105.86
异戊酸	43.58	23.47	26.15	27.38	28.82
戊酸	7.31	17.96	16.41	12.91	14.83
己酸	22.46	59.19	49.68	29.69	56.53
庚酸	0.61	4.31	3.32	2.71	2.88
辛酸	2.44	4.03	2.00	1.84	4.02

酱香型白酒中的酸味是由氢离子刺激味觉引起的，酸少，酒的风味淡；酸大，酸味露头，酒味粗糙。适量的酸可对酒起缓冲作用，酸能够增长后味，消除酒的苦味、杂味以及燥辣感，出现甜味和回甜味，增加醇和感。一般优质酱香型白酒中酸的含量较高，比普通白酒高1～2倍。

乙酸属于挥发性酸，是酱香型白酒的重要香味物质，而且是许多香味物质的前体。醋酸味，爽口带香，乙酸刺激性强，含量也高，给酒带来愉快的酸香和酸味，但含量过多，使酒呈尖酸味和醋味；含量低，酒出现粗糙感。乙酸可与水、乙醇混溶，是酱香型白酒中重要的调味剂。

乳酸为不挥发性酸，微酸有涩味，适量有浓厚感，香气微弱而使酒质醇和浓厚，过多则发涩；乳酸比较柔和，它给酱香型白酒带来良好的风味，是酱香型白酒的重要香味物质，而且是许多香味物质的前体，同时也影响酒的回甜，溶解其他风味成分而定香。乳酸使酒体具有浓厚感，后味圆润、厚实，但乳酸有特异收敛性。呈香呈味特征：脂肪臭，入口微酸、甜，带涩，具有浓厚感。

己酸是挥发性酸，具有强的脂肪臭，有刺激感，窖泥香且带辣味，过浓有强烈汗臭味，似大曲酒气味，爽口，溶于乙醇。丁酸的呈香呈味特征：闻有脂肪臭，微酸、带甜。

甲酸、乙酸、丙酸、丁酸等都属于挥发性酸，其中以乙酸为主，它们对主体香气既起烘托作用，又起缓冲作用。由于它们能挥发又具有刺激作用，所以适当的含量能烘托酒的主体香，使香气突出、明朗，但过量时又会抑制、冲淡主体香。同时酸和醇的亲和性强，能形成酯，增加酒香，减少酒的刺激性。

非挥发性酸以乳酸为主，其次有苹果酸、酒石酸、柠檬酸、琥珀酸、葡萄糖酸等，它们比较柔和，能调和酒味。由于具有羟基和羧基，因而能和很多成分亲和，对酒的后味起着缓冲、平衡作用，使酒质调合，减少烈性，缓冲、平衡酒香。

酸类化合物在酱香型白酒中的呈味作用似乎大于它的呈香作用，它的呈味作用主要表现在有机酸贡献 H^+ 使人感觉到酸味，同时产生酸刺激感。酸味是溶液中的氢离子造成的。但酸味的强度，未必与氢离子的浓度成正比，即使相同的 pH，无机酸的酸味也比有机酸的酸味弱。酸味受 pH 与总酸度两方面的影响，在相同 pH 情况下，酸味强度的顺序为：丁酸＞丙酸＞乙酸＞甲酸＞乳酸＞ 草酸＞ 无机酸。

有机酸在酱香型白酒中的主要作用如下：

◆增加酒的后味：即指酒的味感在口腔中保留时间的增长。挥发性酸是构成酒的“后味”的重要物质之一，可使酒回味悠长。

◆增加酒的味道：人们在饮酒时，总是希望味道丰富。有机酸能使酒变得口味丰富而不单一，勾调时尽量用多品种酸而不是大量用单一种酸。

◆减少或消除杂味：白酒口感的重要指标是净，即指酒没有杂味，更不能有怪味。在消除白酒杂味方面，酸类比酯、醇、醛的作用更大。

◆促进甜和回甜：在色谱骨架成分合理的情况下，只要酸量适度，比例谐调，酒可呈现甜味和回甜感。

◆消除燥辣，增加醇和：酸类物质的持续刺激作用，可连接酯类和醇类物质，在一定程度上消除燥辣感，增加白酒的醇和度。

◆减轻水味：酸味觉的持久性，可适当减轻中、低度酒的水味。白酒中的酸与酒的后味有密切的关系，并且对香味成分起着重要的助香作用。液态法白酒之所以缺乏固态发酵白酒的特有风味，其酸量不足是一个重要原因。

◆新酒老熟：酸是白酒老熟的催化剂。它的组成情况和含量不同，对酒的谐调性和老熟效果也不同。控制好入库新酒的酸度，以及必要的谐调因素，对加速酒的老熟起到很好的作用。

◆缓冲、平衡作用：适量的酸在酒中能起到缓冲、平衡作用，可消除饮酒上头的问题，以及口味不协调等现象。适量的酸可对酒起缓冲作用，并在贮存过程中能缓慢地生成酯类。

◆助香、抑香作用：酸是白酒中的重要呈味物质，它与其他呈香、呈味物质共同组成白酒所特有的芳香。含酸量偏高的酒，对正常酒的香气有明显的压抑作用，俗称压香。也就是说酸量过多，使其他物质的放香阈值增高了，放香程度在原来的基础上降低了。酸量不足时，会普遍存在醇香突出、复合香气程度不高等现象。酸在解决酒中各类物质之间的融合程度，改变香气的复合性方面，有一定程度的强制性。有机酸既呈香，又呈味，碳原子少的有机酸，含量少可以助香，是重要的助香物质。碳原子较多，或不挥发性的酸，这些有机酸在酒中起调味解暴作用，是重要的调味物质。

酱香型白酒中的总酸含量高，其中 1 轮次总酸含量最高，超过 450mg/100mL，然后按轮次呈下降趋势，单体酸含量以乙酸、乳酸的含量最高，1 轮次酒中丙酸的含量也较高。有机酸类在酱香型白酒中的主要作用：减轻酒的苦味，增长酒的后味，增加酒的味道，减少或消去杂味，促进甜和回甜，消除燥辣，增加醇和，减轻水味，促进新酒老熟，缓冲、平衡作用，助香、抑香作用等。

六、其他风味化合物

除上述酯、醇、醛、酸等风味化合物外，酱香型白酒中还存在其他风味化合物，包括酮类化合物、多元醇、含苯环的芳香化合物、吡嗪类化合物、含硫化合物等。

双乙酰、2,3- 丁二醇和醋嗡酮，在酱香型白酒中起着助香作用。双乙酰具有蜂蜜的甜香味，可产生优良酒香；2,3- 丁二醇具有多元醇的特点，有醇、酮的双重性质，微量的 2,3- 丁二醇在酒中与多种芳香成分相互调和，产生优雅的酒香，使酒味绵长，但这类物质的含量要恰当，过多往往会使酒的典型风格失真。

酱香型白酒中的含氮化合物形成的焦香占有重要地位，是酱香型白酒中重要的香气成分之一，是人们喜爱的焙烤香气。产生焦糊香的物质成分主要是吡嗪类含氮化合物，它们是糖类与蛋白质氨基酸在加热过程中形成的产物，是通过美拉德反应产生的。此外，糠醛、麦芽酚等化合物也与白酒的焦糊香气有关。

酱香型白酒中的芳香化合物（如 4- 乙基愈创木酚、苯甲醛、香兰素、丁香醛等）是酱香型白酒的重要香味物质成分，但味微苦。

酱香型白酒中还有呋喃化合物，这些风味成分含量较少，阈值很低，又是高沸点物质，具有极强的风味，对酒的风味影响很大，在酱香型白酒后味中起重要作用。酱香型白酒中还存在含硫化合物，也对白酒的风味有影响。

表 9-5 给出了部分酱香型白酒中的其他风味化合物。

表 9-5　酱香型白酒中其他风味化合物含量（mg/100mL）

项目	酱香白酒 1	酱香白酒 2	酱香白酒 3	酱香白酒 4	酱香白酒 5
丙酮	25.16	21.27	19.73	24.42	28.69
2- 戊酮	11.14	14.47	13.39	7.87	14.17
苯甲醛	1.34	1.33	1.00	1.14	1.45
2,3- 丁二醇	122.43	85.12	71.40	70.11	78.20
丙二醇	124.58	120.08	168.90	217.59	146.00
β- 苯乙醇	22.54	18.19	18.41	13.92	24.13
2- 乙基 -3,5- 二甲基吡嗪	1.40	0.23	0.09	0.15	0.30
四甲基吡嗪	53.02	0.73	0.16	0.65	0.48
2,6- 二甲基吡嗪	0.99	0.67	0.34	0.90	0.79
三甲基吡嗪	4.97	0.71	0.22	0.63	0.73
3- 乙基 -2,5- 二甲基吡嗪	0.08	0.02	0.03	0.04	0.03
2- 甲基吡嗪	0.32	0.01	0.15	0.28	0.19
2,5- 二甲基吡嗪	0.14	0.11	0.06	0.09	0.08
2,3- 二甲基吡嗪	0.66	0.12	0.05	0.11	0.16
2- 乙基 -6- 甲基吡嗪	0.80	0.35	0.24	0.40	0.42
噻唑	0.14	0.09	0.05	0.05	0.10
吡啶	0.18	0.11	0.10	0.19	0.16

第二节　酱香型白酒品评基础

白酒感官品评就是利用人的感觉器官（眼、鼻、口）来判断白酒的色、香、味、格的方法。白酒的色、香、味、格的形成不仅决定于白酒的各种理化成分的数量，还决定于各种成分之间的协调平衡、微量成分的相互关系，是人的感觉器官对白酒色、香、味的综合反映，仅靠白酒的理化成分分析是不能全面反映白酒的色、香、味、格特征的。

一、白酒感官品评的意义

感官品评是确定白酒质量等级和评优评奖的重要依据。在白酒生产过程中，快速及时检测基酒，量值摘酒、分型分级入库、综合盘勾，加强中间产品的质量控制，掌握白酒贮存过程中的品质变化规律等，行业部门举行评酒会、产品质量评比、检测质量、分类分级、评优评奖等活动的开展，都需要通过白酒的感官品评提供依据。

白酒的感官品评是检验组合与调味效果的重要依据。组合与调味是白酒生产的重要环节。通过组合与调味，巧妙地将综合基酒与调味酒合理搭配，使酒体达到平衡、谐调、风格突出的目的。通过白酒的感官品评，可以科学、迅速、有效地检验组合与调味的效果，及时改进，使产品质量稳定。

白酒的感官品评是鉴别假冒伪劣产品的重要依据。在产品的流通过程中，总是会存在假冒伪劣产品冲击市场的情况，给消费者、生产企业带来经济损失和产品品牌声誉的影响。感官品评是识别假冒伪劣产品的直观和有效的手段，其结论也是鉴别假冒伪劣产品的重要依据。

白酒的感官品评是生产企业保证白酒质量的重要方法。通过感官品评，可以快速、准确地发现产品微小的质量差异，可以对生产企业车间与车间之间产品质量进行分析比较，发现问题，总结经验，有利于企业改进生产工艺技术，提升产品质量品质。

二、白酒感官品评基础知识

白酒的品评就是利用我们的感觉器官，对白酒的感官特性和品质进行分析，是利用人的感觉器官（包括视觉、嗅觉和味觉）对白酒酒样进行观察、分析、描述、分级等。因此了解人的感觉器官，可以较好地帮助评酒员正确进行白酒的品评，避免其他因素的干扰，真正做到“眼观其色，鼻闻其香，口尝其味”。

（一）视觉

视觉是人的感觉器官之一，眼睛为人的视觉器官。可见光是眼睛感觉到的400～750nm范围的光波。当一束光经过棱镜时就会被分解为赤、橙、黄、绿、青、蓝、紫七色光。实际上，白色光是一种按照一定比例色光组成的混合光，当白色光通过溶液时，如果没有光的吸收，则白色光全部透过，溶液呈现无色透明；如果可见光被全部吸收，则溶液不透光，溶液显黑色。

在白酒品评过程中，我们利用眼睛来判断白酒的色泽、透光、浑浊和外观等情况，包括白酒样品的色泽、透明度、有无浑浊、沉淀物等，初步判断白酒的质量品质。

（二）嗅觉

人们对香气的感觉，主要依赖鼻腔上部嗅觉上皮的嗅觉细胞。在鼻腔深处有一块黄色黏膜，与其他部位的颜色不同，这里聚集着像蜂巢状排列的嗅觉细胞。当气味的分子随着空气吸入鼻腔，接触嗅膜后，会溶解于嗅腺分泌液或借助化学作用刺激嗅觉细胞，从而产生神经传动，通过传导至大脑中枢，形成嗅觉。当鼻作平静呼吸时，吸入的气流几乎全部经下鼻道进入，以致有气味的物质不能达到嗅区黏膜，所以感觉不到气味。为了获得明显的嗅觉，就必须作适当用力吸气或多次急促的吸气和呼气动作，最好的方法是头部略为下低，酒杯放在鼻下，让酒中香气自下而上进入鼻孔，使香气在嗅闻的过程中在鼻甲上产生空气涡流，使香气分子多接触嗅膜。

人们的嗅觉是非常灵敏的，但与动物的嗅觉相比就相差很远了。例如，狗的嗅觉比人的高 100 万倍。因为狗鼻子里有 2 亿个嗅觉细胞，鼻腔里的面积达 150 平方厘米，而人的嗅觉细胞只有 500 万个，覆盖鼻腔上部黏膜的面积只有 5 平方厘米，所以狗比人的嗅觉灵敏得多。一般来说，人的嗅觉还是比仪器灵敏得多，但人的嗅觉很容易疲劳。嗅觉一出现疲劳，就分辨不出酒的香气了。

（三）味觉

味觉是通过唾液或者水将食物溶解，通过舌头上的味蕾刺激味觉细胞，然后由味蕾传导到大脑，便可分辨出味觉来。人与动物均有味觉，但多数动物有着高度发达的味觉，动物的味觉要比人的灵敏好多倍。人的味蕾大约有 9000 个，牛的味蕾大约有 15000 个，鸡的味蕾较少，只有 24 个。狗和老鼠的味蕾很多，因此狗和老鼠的味觉都很灵敏。舌头各个部位的味觉分布也不相同，各种呈味物质只有在舌头的一定位置才有感觉，才能灵敏地显示出来。

四种基本味觉——酸、甜、苦、咸与舌头灵敏度的关系：甜味的灵敏区域在舌尖，咸味的灵敏区域在舌尖到舌两侧的边缘，苦味的灵敏区域在舌根，酸味的灵敏区域在舌头两内侧边缘。舌的中部反而成为“无味区”，当然，这个部位并不是完全的无味区域，而是不及其他部位灵敏罢了。在白酒品评时，要充分和反复利用舌尖、舌边缘以及口腔的各个部位，不能卷上舌头，通过无味区域而直接下咽，这样就容易食不知味。

人的味觉也容易疲劳，舌头经长时间连续刺激，灵敏度越来越差，感觉也变得迟钝。因此，品酒时每次的酒样不宜多，尝一轮后稍事休息，并用温开水或淡茶漱口，以帮助味觉恢复。

（四）味觉物质的相互作用

中和作用：两种不同性质的味觉物质相互混合时，它们失去各自独立味道的现象，称为中和作用。

抵消作用：两种不同性质的味觉物质相互混合时，它们各自的味道都被减弱的现象，称为抵消作用。

抑制作用：两种不同性质的味觉物质相互混合时，其中一种味道完全消失，而另一种味道出现的现象，称为抑制作用。

加强效果：两种稍甜物质相互混合，混合物的刺激阈值的浓度增加一倍，这种现象在酸味物质中也常出现，称为加强效果。

增加感觉：在一种味觉物质中加入另一种味觉物质，可以使人对前一种味觉物质的感觉增加的现象，称为增加感觉。实验表明，在测定前 5 分钟，用味精溶液漱口后，人们感觉对甜味、咸味的灵敏度不变，但对酸味和苦味的灵敏度增加，这就是增加感觉现象。这种现象对白酒的品评影响很大，所以一般在白酒品评之前，不能吃过多的味精食品，以免影响白酒的品评结果。

变味现象：同一种味觉物质在人的舌头上的时间长短不同，人们对该味觉物质的味觉感受也不同的现象，称为变味现象。例如，硫酸镁开始是苦味，25 ～ 30 秒钟后变为甜味。

融合现象：类似于中和现象，具有广泛的实用内容。尽管在白酒中存在很多的化学成分，但各个成分不能单独地被人感知，而只能感觉出一种统一的味道，这种味道称为融合味道。

混合味觉：各种味觉物质相互中和、抵消、抑制和加强等反应发生以后，给人的一种综合感觉，称为混合味觉。一般来说，甜、酸、苦容易发生抵消，甜与咸能够中和，酸与苦有时既不中和也不抵消。

总之，味觉的变化随着味觉物质的不同而变化。为了保证各种白酒的质量与风味，使白酒产品保持各自的特色，必须掌握好味觉物质的相互作用和白酒中微量香味成分的物理化学特征。

三、白酒感官品评的要求

（一）白酒品评的环境与条件

品评环境：品评环境的好坏，对品评结果有一定的影响。一般要求品评环境无噪声、无震动，清洁整齐，无异杂味，空气新鲜，光线充足，环境温度在 20 ～ 25℃，相对湿度 50% ～ 60% 为宜。品评室应有专门的品评桌、评酒杯、漱口水、痰盂等，评酒活动要在舒适、优雅的环境中进行。

品评条件：专业培训合格，有良好的业务知识水平和敬业精神的专业评酒员；科学合理的评酒规则；良好的评酒环境；规范的评酒杯及科学合理的装酒量，酒杯酒样添加量，一般为空杯容积的 1/3 ～ 3/5；较为合理的评酒时间，一般在每天的上午 9 ～ 11 点，下午 3 ～ 5 点为好；科学合理的酒样温度，一般为 21 ～ 30℃ ；酒样的编号一般从无色到有色，酒精度数从低到高，酒的质量从低档到高端，香型按照清香、米香、凤香、其他香、浓香、酱香的顺序。

（二）白酒品评的标准与规则

白酒品评标准：白酒品评的主要依据是产品质量标准。在白酒的产品质量标准中明确规定了白酒的感官要求，包括色、香、味、格四个部分。白酒品评即将品评酒样与标准对照，看其是否达到标准的程度。白酒产品质量标准有国家标准、行业标准、团体标准和企业标准。各企业产品均需严格执行企业所属行业的行业标准。

白酒品评规则：品评员要做到精力充沛，感觉器官灵敏，能有效参加品评活动；品评期间不得使用香水等化妆品；品评期间不吸烟，不吃刺激性、过甜、过咸、油腻的食物；品评期间保持安静，独立品评，不互相交流和看品评结果；品评工作人员不得暗示有关酒样，严格保密；非工作人员不得进入品评室；编号、准备酒样、洗酒杯等工作应该在准备室进行；做好品评记录。

（三）评酒员应具备的条件

实事求是和认真负责的工作态度，这是评酒员应该具有的优良品德。要以对产品质量负责的精神参加评酒，品评中要实事求是，大公无私，坚持质量第一，排除非正常因素的影响和干扰，严格按照质量标准进行品评工作。

健康的身体和灵敏的感觉器官。评酒员要身体健康，同时感觉器官灵敏，对白酒的色、香、味等能够快速辨别，同时要少吃辛辣食品，保持感觉器官的灵敏状态。

有一定的酒精耐受性。白酒品评员应该有一定的酒量，但不是酒量越大越好，有的人虽然酒量很大，但并不适合白酒品评。

对白酒生产工艺、产品风格、产品标准熟悉。白酒生产工艺不同，香型种类较多，质量差异较大，评酒员要对白酒生产工艺、不同香型白酒熟悉，对白酒产品的风格特征、白酒产品的质量标准等要熟悉，这样才能很好地对白酒产品进行品评。

要有较高的白酒品评能力和品评经验。评酒员的品评能力和品评经验是不断学习和积累得来的，要在白酒专业知识、品评基本功方面下功夫，不断提高自己的识别力、记忆力、判断力、鉴别力和表现力。

四、评酒员的训练和考核

评酒员要经常进行白酒品评训练，要进行色、香、味的感官练习。在考核之前，要经过系统的培训，提高品酒水平，统一认识和评分标准。

评酒员进行白酒品评训练，通常包括白酒理论知识的学习和白酒品评技能的训练。白酒品评技能的训练主要是视觉的训练、嗅觉的训练、味觉的训练，在此基础上，对不同酒样酒精度、不同酒样质量差异、不同酒样香型、不同生产工艺酒样特征、同轮次酒样的重复性、异轮次酒的再现性等进行训练，然后再进行考核。

视觉的训练：结合以下实验，对实验样本的颜色及其深浅，浑浊和沉淀等加以认识和区别。

A：以黄血盐分别配置成质量分数为0.05%、0.1%、0.15%、0.2%、0.25%、0.3%的水溶液，进行密码编号，辨别颜色深浅，并进行排序。

B：分别对3年以上的陈酒、新酒、60%的酒精、酱香型白酒进行编号，辨别颜色深浅，并进行排序。

C：选配微浑、浑浊、失光、沉淀、悬浮物的样品，认真加以区别。

嗅觉的训练：结合以下实验，对样本中各种香味加以认识和区别。

A：配置0.1%的乙酸、丙酸、丁酸、戊酸、己酸、乳酸等不同有机酸的酒精溶液，进行嗅闻，了解各种有机酸类物质在酒中的香气，记住各自的特点，认真加以区别。

B：配置0.01%的乙酸乙酯、丙酸乙酯、丁酸乙酯、戊酸乙酯、己酸乙酯和乳酸乙酯酒精溶液进行嗅闻，了解各种酯类物质在酒中的香气，记住各自的特点，认真加以区别。

C：配置 0.02% 的乙醇、丙醇、正丁醇、异丁醇、正戊醇、异戊醇、正己醇酒精溶液进行嗅闻，了解各种醇类物质在酒中的香气，记住各自的特点，认真加以区别。

D：配置 0.2% 的乙醛、乙缩醛、糠醛、醋嗡醛、双乙酰的酒精溶液进行嗅闻，了解各种羰基化合物在酒中的香气，记住各自的特点，认真加以区别。

E：取香蕉、菠萝、葡萄、玫瑰、茉莉、柠檬、杨梅、桂花等香精分别配制成 1mg/L 的水溶液进行嗅闻，了解各种水果的香气，记住各自的特点，认真加以区别。

F：取 60%（VOL）的酒精、液态法白酒、调香白酒、串香白酒、固态法大曲白酒、小曲酒等进行嗅闻比较，了解不同生产工艺白酒特征，记住各自的特点，认真加以区别。

味觉的训练：结合以下实验，对样本中各种味道加以认识和区别。

A：以乙酸、丙酸、丁酸、戊酸、己酸、乳酸等分别配制成浓度为 0.1%、0.05%、0.025% 的酒精溶液，反复品尝感受。

B：以乙酸乙酯、丙酸乙酯、丁酸乙酯、戊酸乙酯、己酸乙酯、乳酸乙酯等分别配制成浓度为 0.1%、0.05%、0.025% 的酒精溶液，反复品尝感受。

C：取同一基酒，分别调成酒精含量为 65%（VOL）、60%（VOL）、55%（VOL）、50%（VOL）、45%（VOL）、40%（VOL）、35%（VOL）等不同酒精度的酒，反复品尝感受其酒精度的高低。

D：分别配制砂糖 0.75%、食盐 0.2%、柠檬酸 0.015%、奎宁 0.0005%、单宁 0.03%、味精 0.1% 的水溶液，反复品尝感受各种味道的区别。

E：取大曲酒、小曲酒、串香酒、调香酒、液态法白酒等进行品尝，了解不同白酒生产工艺的特征。

其他训练：包括不同香型、轮次及质量差异。

A：香型区别。区别十二种香型白酒的特征，注意利用白酒的色、香、味来确定不同的香型和风格。

B：同轮次重现性。在同一轮次中有两个相同的酒样，经品评后，其香型、评语及分数应该相同。如果对香型判断错误，则重现性的判断也错误。

C：异轮次再现性。取同一酒样分别插入两个相近轮次的酒中，密码编号、进行品评。要求写出评语、判断香型和准确给分。同一酒样，其香型、评语和分数应该相同，若对香型判断错误，再现性的判断也错误。

D：质量差异。在同一香型白酒酒样的各轮次中，根据不同酒质进行品评、打分和写出评语。酒质好的分数高，评语表达好；酒质差的分数低，评语表达也差。最后根据分数及评语排序，说明其质量差异。

白酒评酒员在训练的基础上进行考核，考核内容包括白酒生产的理论知识、视觉、嗅觉和味觉测试，白酒各种产品的实际测试等。考核合格给予不同等级的评酒员资格。

白酒的感官品评是指评酒员通过眼、鼻、口等感觉器官，对白酒样品的色泽、香气、口味及风格等特征进行分析评价。白酒品评的正确顺序是先观色，其次闻香，再尝滋味，然后综合色、香、味的特点判断酒的风格，即酒的典型性。

五、白酒感官品评的方法和技巧

（一）白酒品评的方法

白酒品评是一系列动作的总和，包括观色、闻香、尝味。由于不同人的习惯，完成这一系列动作的方式有差异。但是掌握科学实用的评酒方法，可以轻松、准确、灵敏地进行白酒品评，获得正确的结果。

根据品评白酒的目的、酒样的数量、评酒员的多少，可以采用明评、暗评等方法进行白酒品评，也可以采用差异品评法进行评酒。

明评法：可以是明酒明评，也可以是暗酒明评。明酒明评是公开酒名，评酒员之间明评明议，最后统一意见，打分并写出评语。暗酒明评是不公开酒名，酒样由专门人员倒入编号的酒杯中，评酒员集体评议，最后统一意见，打分并写出评语，同时排出酒样顺序。

暗评法：酒样由专门人员进行密码编号、倒酒、送酒，评酒员独立进行品评、打分、写评语，排出酒样顺序，分段保密，最后根据评酒员的品评结论，综合统计，得出品评的结果。

差异品评法：国内外的酒类品评，多采用差异品评法，主要有一杯品评法、二杯品评法、三杯品评法、顺位品评法和五杯分项打分品评法。

◆一杯品评法：先品评 1 号杯，再品评 2 号杯，要求对 1 号、2 号酒杯酒样是否相同进行回答，此法是训练品评人员的记忆力和辨别能力。

◆二杯品评法：一次品评两杯酒样，其中一杯是标准酒样，另一杯是检测酒样。要求品评 2 杯酒样的异同，此法是训练品评人员对酒样质量差异的辨别能力。

◆三杯品评法：一次品评三杯酒样，其中两杯是一种酒样，要求准确品评出两杯相同的酒样及第三杯酒样的差异。此法是训练品评人员的准确性，提高重现性和辨别能力。

顺位品评法：将几种酒样（5～6种）密码编号进行暗评，以酒质优劣排序。此法是训练品评人员对酒质差异的分辨能力。酿酒企业常用于挑选基酒和调味酒，便于确定配方。

五杯分项打分品评法：将酒样分为5杯，分别进行暗评，按色、香、味和风格打分、写评语，然后将分值相加，按总分排序。

（二）白酒品评的步骤

白酒的品评步骤包括观色、闻香、尝味和确定风格，具体品评步骤如下：

白酒色泽的观察方法：对白酒色泽的观察是通过人的眼睛进行的。先把酒样放在评酒桌上，然后放一张白纸在桌上。品评员用眼睛正视和俯视，观察酒样有无色泽和色泽深浅，或将酒杯置于白纸的前面，用眼睛正视观察酒样的色泽，同时做好记录。观察白酒酒样的透明度，判断其有无悬浮物、沉淀物，有无失光等情况，若有上述情况，品评员要把酒杯抬起来，然后轻轻摇动，使酒液游动后进行观察。最后根据观察情况进行打分并给出鉴评结论。

白酒的嗅闻方法：白酒的香气是通过鼻子嗅闻判断确定的。当被品评的酒样上齐后，首先观察酒样量是否一致，再开始嗅闻香气。嗅闻时要注意：一是鼻子与酒杯的距离要一致，一般在1～3cm；二是吸气量要一致，不要忽大忽小，吸气不要过猛；三是嗅闻时只能对酒样吸气，不能对酒样呼气。

将酒杯举起，置酒杯于鼻下1～3cm处，头略低，轻嗅其气味。最初不要摇杯，闻酒的香气挥发情况，然后摇杯再闻酒的香气。凡是香气协调，有愉快感，主体香突出，无其他邪杂气味，溢香性又好，一倒出就香气四溢，芳香扑鼻的，说明酒中的香气物质较多。属于喷香性好，一入口，香气就充满口腔，大有冲嗅之势的，说明酒中含有低沸点的香气物质较多，属于留香性好。咽下后，口中应该仍留有余香，酒后作嗝时，还有一种令人舒适的特殊香气喷出的，说明酒中的高沸点酯类较多。所谓余香悠长，首先应鉴别酒的香型，检查芳香气味的浓郁程度，继而将杯接近鼻孔，进一步嗅闻，分析其芳香气的细腻性，是否纯正，是否有其他邪杂气。在嗅闻的时候，要先呼气，后再对酒吸气，不能对酒呼气。一杯酒最多嗅闻三次就应该有准确记录。最好用右手端杯，左手扇风继续嗅闻。闻完一杯，稍微休息片刻，再闻另一杯。

嗅闻时，按顺序辨别酒的香气和异香，做好记录，再反顺序进行嗅闻辨别，综合几次的结果进行质量排序。对香气相近似的酒样，要反复进行嗅闻对比，最终确定质量排序。

对不同香型白酒进行嗅闻时，先分辨出香型，再根据香型顺序依次进行嗅闻。

对于酱香型白酒，要将酒样倒掉，放置 10 ～ 15 分钟嗅闻空杯香。

酒的口尝方法：白酒的味道是通过口腔的味觉确定的。尝味的方法是先将酒杯端起，饮入少量酒样，品评其味道，然后再大口饮入，感受其酒体、后味和回味。品评尝味时要注意：一是每次饮入口中的酒量要一致，以 0.5 ～ 2.0mL 为宜；二是将酒样布满舌面，仔细辨别酒样的味道；三是酒样下咽后，立即张口吸气，闭口呼气，辨别酒样的后味。品评次数不宜过多，一般不超过 3 次。每次品评后漱口，防止味觉疲劳。

将酒杯送到嘴边，将酒含在口中，每次含入口中的酒量，必须保持一致，先从香味淡的开始品尝，由淡而浓，再由浓而淡，反复多次，将暴香或异香味的酒留到最后品尝，防止味觉器官受干扰。将酒沾满口腔，然后吐出或咽下，用舌头抵住前庭颚，将酒气随呼吸从鼻孔排出，以检查酒性是否刺鼻。在用舌头品尝酒的滋味时，要分析嘴里酒的各种味道变化情况，最初是甜味，次后是酸味和咸味，再后是苦味、涩味，舌面要在口腔中移动，以领略涩味程度。酒液进口应柔和爽口，带甜、酸，无异味，饮后要有余香味，要注意余味时间有多长，酒留在口腔中的时间约 10 秒钟。用温白开水或纯净水漱口，初尝以后则可适当加大入口量，以鉴定酒的回味长短、尾味是否干净，是回甜还是后苦，并鉴定有无刺激喉咙等不愉快的感觉，应根据几次品味后形成的综合印象来判断优劣，写下评语。

品评要按照闻香的顺序，先从香气小的酒样开始，要将异香和暴香的酒样放在最后品评，以防止刺激过大影响味觉和品评结果。

根据酒样的多少，可以分为初评、中评和总评。

◆初评：一轮酒样闻香后，从嗅闻香气小的开始，以入口布满舌面，下咽少量酒样为宜，咽下酒样后立即吸气和闭气，用鼻腔向外呼气，辨别酒样的味道，排出初评酒味的顺序。

◆中评：重点对初评口味相近的酒样进行认真品评比较，确定中间酒样口味的顺序。

◆总评：在中评的基础上，加大入口酒量，感受酒样的余味，对暴香、异香、邪杂味大的酒样进行品评，最后进行排序。

综合评酒的风格：根据色、香、味品评情况，综合判断酒样的典型风格、酒体、个性，最后对每个酒样进行打分、扣分并计算总分。

（三）白酒品评的技巧

白酒的品评有特定的技巧，只有经过长期训练和刻苦学习，才能练就白酒品评技能，达到“熟能生巧”的地步。品评技巧的学习包括学习白酒理论知识，学习了解白酒生产工艺技术，熟悉掌握各种香型白酒的风格特征，学习了解白酒组合与调味的实践，最主要的是严格进行白酒品评基本功的训练学习，只有这样才能真正掌握白酒品评技巧。

白酒品评总的顺序是先观色、再闻香、进而尝味，最后总结记录和打分。闻香时顺序闻香，然后再反序闻香，反复几次准确判断香气的顺序。品评时先选出最好和最差的，再对相近的酒样反复比较尝评，最后排出顺序。对酱香型白酒空杯香的感受是非常重要的判断手段。如果品评酒样太多，感觉混乱，要相信最初品评的结果。做好记录，可以加深对酒样的记忆。

可采取以下三种方法鉴别酒中的特殊香气：

◆取一小块过滤纸吸入适量酒液，放在鼻孔处细闻酒香，然后将过滤纸静置半小时左右，继续闻其香，以判断香气释放的持续时间及强度变化。

◆在手心滴入一定量的酒，握紧手成拳头并接近鼻孔，从大拇指和食指间形成的缝隙处嗅闻酒的香气，以验证香气是否正确。

◆将少许酒置于手背上，借用体温，使酒样挥发，嗅闻其香气，判断酒香的真伪、留香长短和好坏。

打分、写评语：一般采用扣分项进行扣分。假设满分为 100 分，根据经验，色泽、透明度一般不扣分，最多扣 0.5 ～ 1 分；香气一般扣 1 ～ 2 分；口味扣 2 ～ 12 分；酒体扣 1 分；个性扣 1 分。这样酒样得分都在 80 分以上。一般高档名酒得分 96 ～ 98 分，高档优质白酒得分 92 ～ 95 分，一般优质白酒得分 90 ～ 91 分，中档白酒得分 85 ～ 89 分，低档白酒得分 80 ～ 84 分。根据打分结果，结合酒样标准中确定的感官指标，再结合集体讨论最终得出品评白酒的评语。

六、影响白酒感官品评结果的因素

白酒品评结果受许多不确定因素的影响，例如评酒的环境，评酒杯、评酒室的条件，评酒的时间，评酒员的工作、精神状况等因素，从而使评酒结果不理想，要尽量避免这些不确定因素对白酒品评的影响。

（一）身体状况与精神状态

评酒员的身体健康状况与精神状态对品评结果的影响很大。因为生病、情绪以及极度疲劳等都会使人的感觉器官失调，从而使白酒品评的准确性和灵敏度下降。因此，白酒品评员在品评期间应保持健康的身体和良好的精神状态。

（二）评酒的顺序与效应

评酒顺序：同一类酒的酒样，应按下列因素排列先后顺序进行评酒。

◆酒度：先低后高。

◆香气：先淡后浓。

◆滋味：先干后甜。

◆酒色：无色、浅黄色、红色。同一酒色而色泽有深浅，应先浅后深。

评酒的效应：评酒的顺序可能出现的生理和心理效应，从而引起评酒的误差，影响结果的准确性。各种条件对感官品评的影响，有以下几个方面：

◆顺序效应：有甲、乙两种酒，如果先品评甲，后品评乙，就会发生偏爱先品评的甲酒的心理作用。偏爱先品评的一杯酒，这种现象叫作正的顺序效应；有时则相反，偏爱后一杯酒，叫作负的顺序效应。因此，在安排酒样的品评时，必须先从甲到乙，反过来再从乙到甲，进行相同次数的品评。

◆适应效应：人的嗅觉和味觉经过长时间的连续刺激，就会变得迟钝，甚至失去知觉，这种现象就叫适应效应。为了避免发生这种现象，每次品评的酒样不宜过多，如酒样多时要分组进行品评。

◆后效应：在品评前一种酒时，往往会对后一种酒产生影响的现象，这叫作后效应。评酒时一般是品评一杯酒后，休息片刻，回忆其味，用纯净水漱口，然后再品评另一杯，以消除后效应。

为了避免这些心理和生理效应的影响，品评时一般按照 1、2、3……的顺序品评，然后再按照……3、2、1 的顺序品评，如此反复，进而慢慢体会酒的真实风味。

（三）评酒样品的编排和评酒时间

评酒样品的编排：品评酒的目的是对比、评定酒的品质。因此，一组几个酒样要有可比性，酒的类别和香型要相同。分类型应根据所属地区酒的品种而定，不必强求一致。白酒分为酱香型、清香型、浓香型、米香型等 12 种香型，不同的糖化发酵剂、发酵设备、原料、工艺会产生不同的香型。

每次品评的酒样不宜过多，以不使评酒员的嗅觉和味觉产生疲劳为原则。一般来说，一天之内品评的酒样，不宜超过 20 个，每组酒样不宜超过 5 个，一天品评 4 个轮次即可。每品评完一个轮次，适当休息后再品评，使嗅觉和味觉得到恢复。

酒样的温度：温度不同，给人的味觉和嗅觉也有差异。人的味觉在 10 ～ 38℃最敏感，低于 10℃会引起舌头凉爽、麻痹，高于 38℃容易引起炎热、迟钝。品评酒样时若酒样的温度偏高，则香大、有辣味，刺激性强，不但会增加酒样的不正常香气和味道，而且会使人的嗅觉发生疲劳；温度偏低则可减少不正常的香气和味道。各类酒的最适宜品评温度，也因酒的品种不同而异。一般来说，酒样温度以 15 ～ 20℃为好。

评酒时间：以上午 9 ～ 11 时为最好，这是一天中人的精力最充足稳定、注意力最容易集中的时间段，也是感官最灵敏的时间段。如果在下午品评，以下午 3 ～ 5 时为宜。评酒的时间一般每轮次为 0.5 小时左右，时间过长易于疲劳，影响效果。

（四）评酒的环境与容器

白酒质量的感官品评，除要求评酒员有较高的灵敏度、准确性和精湛的评酒技巧外，还要有较好的评酒环境和评酒容器等配合。

评酒室：人的感觉灵敏度和准确性容易受到环境的影响。在设备完善的评酒室和有噪声影响和干扰的品评环境中进行品评工作，结果表明在良好的环境条件下，可使白酒品评的准确度明显提高，两者品评的正确率相差 15% 以上。一般要求评酒室的环境噪声不超过 40 分贝，室内温度 18 ～ 22℃，相对湿度为 50% ～ 60% 较为适宜。为了给评酒员一个较好的评酒环境，评酒室应该大小合适，天花板和墙壁应用色调中等且统一的材料，评酒室应该光线充足，空气清新，不容许有任何异味、烟味等。

评酒室内的陈设应尽可能简单明快，无关的用具不要放入。集体评酒室应为每个评酒员准备一张评酒桌，桌面铺白色桌布，桌子之间有间隔，最好在 1 米以上，以免相互影响。评酒员的座椅应该高低适当、舒适，以减少疲劳。评酒桌上放置餐巾纸、纯净水，桌旁设有吐漱的容器。

评酒杯：评酒杯是评酒的主要工具，它的质量对酒样的色、香、味可能产生心理影响。评酒杯要用无色透明、无花纹的高脚玻璃杯，大小、形状、厚薄应一致，白酒品评的酒杯多用郁金香形杯，容量大约 60 毫升，评酒时装入 1/2 ～ 3/5 的容量，即到酒杯腹部最大面积处。这种酒杯的特点是腹大口小，腹大蒸发面积大，口小能使蒸发的酒分子比较集中，有利于嗅觉。评酒用的酒杯要专用，以免染上异味。在每次评酒前应将酒杯彻底洗净，然后烘干备用。

（五）白酒品评注意事项

品评期间要注意休息好，保证充分睡眠，精力充沛，感觉器官灵敏。

评酒时应该各自独立品评，不得互议、互讲、互看品评内容与结果。

品评期间不吸烟，品评人员最好没有吸烟嗜好，更不得带入芳香的食物、化妆品、用具等。

品评时要保持安静，不得大声喧哗。

品评期间不得食用刺激性的食物及影响品评效果的食物。

品评期间除工作人员介绍情况外，不得询问与所品评酒样相关的任何问题。

品评期间不得进入样酒工作室及询问品评结果。

品评期间不得饮酒。

七、酱香型白酒的品饮

不同的环境、不同的心情都会影响品酒的感受。所谓“酒入愁肠愁更愁”，一个人在情绪低落的时候，酶的分泌活跃程度也会下降；而“酒逢知己千杯少”，就是好朋友之间愉悦的交谈，交感神经兴奋，血液循环加快，会促进乙醇分解酶的分泌；饮酒时间延长，乙醇可进行充分代谢。不同的身体状态，以及不同的时间段，同时会影响人对酒体风味不一样的感知。那么如何对酱香型白酒进行科学品饮呢？

其一，喝酱香型白酒要有仪式感。古人说“沐浴焚香，抚琴赏菊”。古人对喝酒的仪式极为重视，酒在古代是一种大礼。既然是“礼”，就须用仪式来呈现。品鉴历经岁月沉淀、匠心酿造的茅台酱香美酒，更需要仪式感。

其二，喝酱香型白酒要用小杯。很多购买茅台酱香型白酒的人都知道，打开一瓶茅台酱香酒的外包装，首先看到的不是酒瓶，而是装有小杯的盒子。这就是“一口闷”的透明或者白色的茅台酱香酒专用的小酒杯。

酱香型白酒，使用小杯可以很好地凝聚酱香酒的香气，香气散得慢，便于更好地品尝酱香酒。使用透明的小杯便于观察酒的颜色，体现品酒的第一个步骤——观酒。

用小酒杯既方便待人接客，又不失风雅，与客人闲谈之中品品小酒，颇有雅趣。最重要的一点是，使用小杯喝酒不容易漏酒，减少浪费。

其实除了以上这些，还能防止饮酒过快，更能有效防止饮酒过量。

其三，喝酱香型白酒对酒的品饮温度有讲究。不同的温度会影响酱香型白酒香味成分的挥发以及酒液在口腔中的扩散速度，所以酱香型白酒应该在适宜的温度范围内饮用口感才会最佳，一般以 21 ～ 35℃为适宜。

一般来说，甜味在 37℃左右时最能品味出来；酸味与温度关系较小，10 ～ 40℃范围内味感差异不大；而苦味则随温度升高而味感减弱。高于 35℃时大脑优先处理“烫”的信息，对其他风味的感觉会减小；15 ～ 35℃时，味觉受体蛋白更活跃，使得感受的甜、苦、枯、糊等味随着温度升高而更加明显。

其四，喝酱香型白酒矿泉水是标配。现在，一场喝酱香型白酒的酒局，人手一个分酒器、一个小酒杯、一瓶矿泉水或者一杯白开水。

佐酒的菜肴酸、甜、苦、辣、咸五味俱全，吃下酒菜后会影响味觉系统敏感度，因此吃菜前后两次品酒的味道可能会有变化，也就是品不到再次品酒时的香醇、优雅、细腻。此时用矿泉水漱口保持味觉系统的敏感，才可以不断体会酱香酒“从辣到甜”“越喝越顺”的变化。

酱香型白酒的酒度有 53 度，毕竟是高度白酒，前三杯喝到嘴里，有可能会感觉到爆口，特别是刚接触酒的酒友，有可能会觉得酱香型白酒冲鼻、辣等。有的人会感觉有点锁喉，难以下咽，同时喉咙、食管会有火烧火燎的感觉，难以体会到酱香型白酒的真正美妙之处。这个时候，喝一点矿泉水，可以冲淡这种不适感，让口腔、喉咙、食管舒服点。随着三杯酒下肚，人体也就慢慢适应了。

这个时候再细品酱香型白酒，也就顺了，也能体会到酱香型白酒的幽雅、细腻、口感饱满、诸味协调的美妙了。酱香型白酒是高度酒，喝下去被人体吸收，酒精很快进入血液，血液里面的酒精浓度会上升。这个时候喝点矿泉水，水分被人体快速吸收进入血液，稀释血液里面的酒精浓度，同时帮助肝脏分解酒精，也减轻了肝脏的负担。

这样，人的酒量会增大，也不容易醉，有利于身体健康！

品饮酱香型白酒的步骤：

观色。品味酱香型白酒，可以由“看”开始，不光要看“色”，还要看“泽”。品酱香型白酒时，要观察酒体的颜色、透明度（光泽），以及酒体黏度（酒痕、挂杯）。

随着贮存时间的延长，酱香型白酒的酒体会从一开始的无色透明逐渐变成微黄色。同时，酒体的光泽度也有非常明显的变化，从清亮透明，到最后，闪耀出如蜜蜡般的莹澈光彩。

业内人常说“好酒会流泪”，轻轻晃动酒杯，你可以观察到酱香型白酒的“挂杯”现象，酒液沿着杯壁流下形成酒痕。对酱香型白酒来说，年份越长的酒越醇厚，酒杯壁上所挂的酒膜更厚，形成液滴留下的速度更慢，其挂杯现象也越显优雅。

闻香。初嗅酱香型白酒，感觉到的是前香，主要呈现一种舒适幽雅的酱香，是酱香型白酒酿造原料在多轮次发酵工艺中，经由酿造工匠之手调和酿造环境中的微生物代谢产生，是酱香白酒香气最具识别特征的个性表达和重要组成部分。

再深嗅酱香型白酒，感觉到的是酒体香，是酱香型白酒在多年贮存的过程中，经由岁月的变迁，各种香气组分通过逐渐沉淀融合，变得细腻、丰富、圆润，传递出酱香酒的主体香调。静下心来慢慢嗅闻，可以感受到水果香、花香、坚果香、曲香、粮香、醇香、陈香、焦糊香等各种宜人的芬芳和复合香味，这正是酱香型白酒香气中最具魅力的部分。

第三层次是空杯香。把酱香型白酒酒杯空置一段时间后，杯中呈现出来的主要包括酱香、曲香、花香等的复合香，香气持久，余韵悠长，犹如香水的尾调，久久给人以美好舒适的联想。

尝味。当酱香型白酒进入口腔后，第一感觉是酒体的醇厚，酒液在舌面缓缓滚动，带给口腔温和、不刺激的丰满感。随后，我们会逐渐在口腔的不同部位体会到缓缓释放的酸香、坚果香、曲香、花香和陈香。

酒液下咽之时，可以感受到酱香型白酒的后味，体会丝滑和醇厚的感觉。酒越陈，丝滑和醇厚感越强。

待酒液完全咽下后，自然地闭合嘴唇，以鼻腔呼气，可以感受到酱香型白酒的回味悠长，酒香从口腔、咽喉、鼻腔直到口腔，带给人非常完整、愉悦的饮酒体验。

评格。最后一步是综合起来看酱香酒的“风格”，相当于整体形象，也就是为人熟知的评语。“微黄透明，酱香突出、幽雅细腻、酒体醇厚，回味悠长、空杯留香持久，大曲酱香型白酒风格典型”，通常可以用“雅”“细”“厚”“长”四个字来评价，也就是评价酱香型白酒的香气是否幽雅、细腻，口味是否醇厚、细腻，回味是否悠长，空杯留香是否持久。

第三篇　酱香型白酒生产技术规程

第十章　大曲酱香型白酒生产技术规程

大曲酱香型白酒是所有酱香型白酒生产工艺技术的基础。麸曲酱香型白酒和混合曲酱香型白酒，其生产工艺技术均来源于大曲酱香型白酒的生产工艺技术和菌株分离筛选。大曲酱香型白酒生产工艺技术包括酱香型高温大曲的制曲生产工艺技术，其内容是生产大曲酱香型白酒的糖化发酵剂和生香剂，也包括大曲酱香型白酒酿酒生产工艺技术，其内容是生产符合品质要求的大曲酱香型白酒，还包括大曲酱香型白酒新酒的贮存与盘勾生产工艺技术，其内容是大曲酱香型白酒新酒的贮存与盘勾技术要点。

大曲酱香型白酒生产工艺技术是中国白酒生产中最复杂的生产工艺技术，一年为一个生产周期，两次投料，九次蒸煮，八次堆积和入窖发酵，七次蒸馏取酒，也就是俗称的“12987”工艺。大曲酱香型白酒的生产工艺特征一般用数字 1 ～ 10 来描述：“1”指一年为一个生产周期；“2”指两次投料，即大曲酱香型白酒生产的下沙和糙沙；“3”指三种典型体，即大曲酱香型白酒基酒的酱香、醇甜和窖底；“4”指 40 天制曲，即酱香型高温大曲发酵培养需要 40 天；“5”指端午制曲，即在端午节前后开始酱香型高温大曲的发酵培养；“6”指新曲经过 6 个月的贮存，以减少新曲中较多的酸；“7”指 7 个轮次的蒸馏取酒；“8”指共进行 8 个轮次的堆积发酵和入窖发酵；“9”指酿酒原料高粱共进行了 9 次蒸煮；“10”指有 10 个典型的工艺特点，包括严格的季节性生产，两次投料，高温制曲、高温堆积、高温接酒，生产周期长及原酒陈酿期长，三种典型体，以酒养窖、以酒养糟，合理的酒精浓度，以酒勾酒的独特勾兑工艺。

对大曲酱香型白酒的复杂生产工艺技术的了解和熟悉，是理解和认识酱香型白酒的重要基础。本章主要介绍传统大曲酱香型白酒的生产技术规程，主要包括大曲酱香型白酒制曲生产技术规程、大曲酱香型白酒酿酒生产技术规程以及大曲酱香型新酒贮存与盘勾生产技术规程。

第一节　大曲酱香型白酒制曲生产技术规程

曲对于白酒生产具有重要的作用，酱香型白酒生产所使用的高温大曲，是酱香型白酒酿造的糖化剂、发酵剂和生香剂。酱香型白酒酿酒企业生产的高温大曲品质好，则利用这种曲酿造的酱香型白酒的品质也好。高品质的高温大曲是酿造高品质酱香型白酒的关键，各酿酒企业在生产高温大曲时，均制定了相关生产技术规范，以保证企业能够生产出高质量的酱香型高温大曲。

一、大曲酱香型白酒制曲技术要点

（一）原料

小麦选用本地或河南的冬小麦，要求颗粒均匀、饱满、皮薄、无虫蛀、无霉烂，夹杂物少。

淀粉含量大于 60%，蛋白质含量大于 12%，水分含量不大于 12%，千粒重在 35 克以上。以外观为淡黄色，粒端不带褐色的蛋形或椭圆形小麦作为制曲生产原料。

（二）小麦磨碎

小麦磨碎前要按照 8000 ～ 10000 千克小麦原料加入 1% ～ 2% 清洁水进行润粮。小麦用对辊式磨粉机磨碎。

小麦磨碎度要求：原则上要形成梅花片状，尽量减少沙粒状，不通过 20 目筛的粗粒和麦皮占比 60%，通过 100 目筛的细粉占比 40%。感官要求是不糙手、不腻手。

（三）配料

母曲用贮存半年以上的干曲磨细，用量为小麦的 5% ～ 8%，夏季少用，冬季多用。

加水量为小麦的 36% ～ 38%。

操作要求：先将选出的母曲磨好，按照比例与磨碎的小麦粉同时加入搅拌箱，再加入适量水，进行充分搅拌，使麦粉、母曲、水混合均匀，无疙瘩、无白粉，做到手捏能成团，丢下能散开。

（四）踩曲成形

将拌和好的曲料放到曲模里，将四边踩紧，中间踩平，做到四边紧、中间松，不毛糙、四角整齐，成龟背形的曲块，然后将曲块放置在晾堂中，使曲块外表收汗、不粘手，即可进行入仓堆曲。不得放置时间过长，以免水分散失过多，影响曲块质量。

（五）入仓堆曲

将已经收汗的曲块运至发酵仓内，铺好底草和隔墙草（压紧后在 17 厘米以上）。按照横三竖三的形式，将曲块交错摆放好，用稻草（以使用过的稻草为主，新稻草每仓用量不超过 500 千克）挽成把，将曲块卡紧、垫平。每间发酵仓的曲块六行，每行堆曲块四至五层。曲块堆完后，在曲块上面和边上覆盖压紧有 17 厘米以上的稻草，然后洒上 0.5% ～ 1.0% 的凉水，保持一定的湿度，关好门窗，有利于保温发酵。

（六）品温测定

入仓后 6 ～ 8 天，在曲块的上部、下部、中部取六点测量其温度，当温度达到规定的要求时进行翻曲。

（七）翻曲

当曲块进仓发酵培养 6 ～ 8 天后，品温升至 60 ～ 62℃时，进行第一次翻曲；再经 6 ～ 8 天，品温又升至 50 ～ 55℃时，开始进行第二次翻曲。翻曲工艺的具体要求见酱香型高温大曲翻曲工艺要求（表 10-1）。

翻曲时为保持室内温度，冬季不得开启门窗，要将贴在曲块表面的稻草拆开，将曲块上与下、边与中、前与后位置进行调换，使所有曲块发酵均匀，再将隔草和卡草抖松，排除废气。第二次翻曲时应加大草量，有利于曲块干燥。翻曲速度要快，防止品温下降过大而影响曲块质量。

表 10-1　酱香型高温大曲翻曲工艺参数要求

项目	第一次翻仓	第二次翻仓
时间	入仓后 6 ～ 8 天	第一次翻曲后 6 ～ 8 天
品温	60 ～ 62℃	50 ～ 55℃

续表

项目	第一次翻仓	第二次翻仓
酸度	<2mg 当量数 /10g 曲	<2mg 当量数 /10g 曲
糖分	2% ～ 2.5%	2% ～ 3%
水分	33% ～ 37%	31% ～ 34%
淀粉	42% ～ 46%	46% ～ 50%
糖化力	100 ～ 200mg 葡萄糖 /30℃ · 克曲 · 小时	150 ～ 250mg 葡萄糖 /30℃ · 克曲 · 小时
颜色	黄褐色	黄褐色
曲味	黄粑味、酸甜味、无生麦味	酱香味、曲香味
曲型	略变形	基本定形

（八）拆曲

进仓发酵满 40 天后，进行拆曲工作。拆曲必须将曲块表面的稻草拆干净，不得留有超过 3 厘米长的稻草。要节约稻草，尽量将能用的稻草保留使用。

出仓曲块的质量指标：包括感官指标和理化指标。

感官指标：黄曲占比 70%，白曲占比 20%，黑曲占比 10%。闻香曲香浓郁，具有典型的大曲酱香风格。

理化指标：水分低于 13%，糖化力 100 ～ 300mg 葡萄糖 /30℃ · 克曲 · 小时，酸度 2 ～ 2.5mg 当量数 /10g 曲。

（九）曲块贮存

将拆好的曲块装进干曲仓内贮存半年，要防止受潮生霉二次发酵，做好进仓日期记录，采取先进先用，后进后用的原则。

（十）曲块磨碎

按照进仓日期的先后顺序，将贮存半年以上的曲块进行磨碎，磨碎度要求通过 40 目筛的占比在 50% 以上，其中通过 100 目筛的占比 30%，不得有粗粒、整粒。

（十一）成品曲质量要求

白酒优级品与一级品的区别主要在于酸酯含量和总酸含量。《酱香型白酒》（GB/T 26760-2011）对高、低度酒的理化指标做了规定，如表 10-2 所示。

表 10-2 高度酒与低度酒店理化指标

类别	总酸（g/L）	总酯（g/L）	己酸乙酯（g/L）	固形物（g/L）
优级（酱香）	≥ 1.40	≥ 2.20	≤ 0.30	≤ 0.70
一级（酱香）	≥ 1.40	≥ 2.00	≤ 0.40	≤ 0.70
优级（浓香）	≥ 0.40	≥ 2.00	≤ 0.03	≤ 0.50
一级（浓香）	≥ 0.30	≥ 1.50	≤ 0.03	≤ 0.50

这些理化指标直接影响白酒的风味和品质。简单来说，优级白酒的风味更为丰富，而一级白酒则稍逊一筹。

优级和一级成品曲的糖化力均为 150 ～ 300mg 葡萄糖 /30℃ · 克曲 · 小时，但一级品的原料要求不严格。

优级和一级成品曲的酸度均为 1.3 ～ 1.6mg 当量数 /10g 曲，但一级品的原料要求不严格。

水分：≤ 11%（优级），≤ 12%（一级）。

淀粉：≥ 55%（优级），≥ 52%（一级）。

（十二）现场管理

要保持生产场地的清洁卫生，不准在生产场地吸烟和随地吐痰，或丢弃果皮杂物。

曲仓、发酵室要保持清洁卫生，每仓曲拆完后要将剩余的稻草清除干净，关好门窗。

二、酱香型高温大曲标准

（一）技术要求

工艺设备采用滚筒式磨碎机粉碎。

麦粉细度要求：粗皮 : 粗粉 : 细粉 =30%:50%:20%。

曲模规格：34cm×24cm×7cm。

（二）发酵温度要求

发酵曲块最高温度 (60 ± 3)℃。

发酵期间按照规定进行翻仓，并保证室内温度。

（三）质量要求

曲块感官要求：

黄曲：金黄色或棕黑色，曲色均匀，皮厚，曲香浓郁，无霉味、油味和酸味，曲块表面无青霉、毛霉等异常情况，具有典型的酱香型白酒大曲风格。比例≥ 85%。

黑曲：棕黑色，曲色均匀，皮薄，曲香明显，略有焦香味，无霉味、油味和酸味，曲块表面无青霉、毛霉等异常情况。

白曲：麦粉色，曲色均匀，皮薄，有曲香和生麦味，无霉味、油味和酸味，曲块表面无青霉、毛霉等异常情况。

理化指标：水分含量≤ 12.0%，淀粉含量为 52.0% ～ 56.0%，糖化力为 100 ～ 300mg 葡萄糖 /30℃ · 小时 · 克曲，酸度为 1.3 ～ 1.6mg 当量数 /10g 曲。

（四）贮存及粉碎要求

成品曲入库必须经 3 ～ 6 个月时间的贮存。

贮存期内严防受潮、发霉、虫蛀、鼠蚀及其他污染。

用于制酒时必须磨碎，其磨碎度要求越细越好。

三、大曲酱香型白酒制曲关键工序

（一）配料工序控制点控制要求

大曲酱香型白酒生产中，大曲质量直接关系到大曲酱香型白酒的质量特点和风格，而酱香大曲生产中，配料工序处于举足轻重的地位。

配料控制点与上、下工序的关系如下：

对上道工序的要求：通过 40 目筛的小麦粉占比 50% 以上，其中通过 100 目筛的占比 30%，不得有粗粒、整粒。

工序质量标准：配好的曲料，含水量为 36% ～ 38%，含母曲量为 5% ～ 8%，（用手测定其含水量）手轻捏成团，丢下能松开。

工序分析：包含加水量和加曲量要求。

水分加入量的影响：原料加水量和制曲工艺有很大关系，因为各类微生物对水分的要求是不同的。加水量过多，曲坯容易被压制过紧，不利于有益微生物的生长，影响微生物繁殖速度及后续曲的干燥，并且在高温下曲坯容易变黑，曲块不香。水分过少，又会使曲坯的黏合力不足，容易松散破碎，不易成型，造成次品，浪费原料。另外，曲坯会干得过快，致使有益微生物没有充分繁殖的机会，也将影响成品曲质量。因此，加水量为原料的36%～38%。其中，冬春季用36%，夏季用38%，秋季用37%。

母曲加入量的要求：母曲用量不足，会影响麦曲的成熟，母曲用量宜为原料量的5%～8%。其中，冬季为8%，春季为5%，秋季为6%。

控制内容和方法：加水量质量要求是36%～38%，控制方法是人工调节，测定手段是感官方法，不定期检验。加母曲量质量要求是5%～8%，控制方法是输送机，测定手段是感官方法，不定期检验。

（二）仓内发酵工序控制点控制要求

翻仓说明：翻仓发酵在整个制曲生产过程中起着举足轻重的作用，曲质量的好坏取决于仓内的发酵管理，而曲质量又是制酒生产的重要基础。因此，特设本工序控制点。

本工序在制曲工艺流程中的位置：

仓内发酵质量要求见表10-1。

工序分析：考虑翻仓时间及温度的要求。

翻仓时间的影响：仓内发酵周期为40天，在整个发酵过程中必须进行两次翻仓，第一次翻仓时间为曲块入仓的6～8天（夏天6～7天，冬天7～8天），此时曲块品温（中间）为60～62℃。第二次翻仓为第一次翻仓后的6～8天（夏天6～7天，冬天7～8天），此时曲块品温为50～55℃。翻仓早了曲块品温达不到工序质量要求，制出的白曲多，曲块发酵不彻底；翻仓迟了，曲块品温太高，会烧坏曲，制出的黑曲多。因此，翻仓过早、过迟都会严重影响曲块质量。

温度的影响：冬季翻仓，必须做好保温工作，第一次翻仓时应关好门窗，否则曲块品温下降过快，会造成翻仓后曲块品温回升缓慢，到第二次翻仓时，曲块品温达不到工序要求；第二次翻仓时若品温下降过大，不利于曲块在仓内继续发酵和干燥，制出的曲质量差。

控制方法与内容：第一次翻仓，温度要求 60 ～ 62℃；控制方法在夏季入仓后 6 ～ 7 天，冬季入仓后 7 ～ 8 天；检验工具，温度计。第二次翻仓，温度要求 50 ～ 55℃；控制方法在夏季第一次翻仓后 6 ～ 7 天，冬季第一次翻仓后 7 ～ 8 天；检验工具，温度计。

第二节　大曲酱香型白酒酿酒生产技术规程

大曲酱香型白酒的生产，要严格按照生产工艺技术规程，坚守传统工艺，工艺控制上差之毫厘，产品质量就失之千里。酱香型白酒生产工艺是生产高品质酱香型白酒的关键，要严格控制生产的工艺参数，确保酱香型白酒品质。

一、大曲酱香型白酒酿酒技术要点

（一）高粱磨碎程度

下沙：二八成（整粒为 80%，破碎为 20%，允许误差 ±2%）。

糙沙：三七成（整粒为 70%，破碎为 30%，允许误差 ±2%）。

（二）水分

以加水量为准，包括润粮水、凉水，控制在高粱原料质量的 56% ～ 60% 范围内。

应该严格掌握，润粮水占比 51% ～ 52%，凉水占比 5% ～ 8%，润粮水温要求 ≥ 90℃。

凉水在晾堂酒醅埂子上洒放，也可以用其他办法，但要求凉水必须洒匀。严禁在甑内洒凉水。

下沙入窖化验水分在 37% ～ 40%。

糙沙入窖化验水分在 40% ～ 44%。

（三）母糟

选择好的未烤六轮次的发酵酒醅作为母糟，下沙母糟用量为原料高粱质量的 7% ～ 10%。母糟必须打细打散，与高粱拌匀一起蒸。

（四）尾酒

下沙和糙沙投料所用尾酒为原料高粱质量的 2% ～ 3%，尾酒酒精浓度要求在 10%（VOL，20℃）以上。

（五）加曲量

各轮次用曲量为原料高粱质量的 85%，各轮次用曲比例、用曲量如下：

下沙，用曲量占原料的比例，5%，加曲量 6215 千克；

糙沙，用曲量占原料的比例，14%，加曲量 17495 千克；

一轮次酒后，用曲量占原料的比例，15%，加曲量 18695 千克；

二轮次酒后，用曲量占原料的比例，14%，加曲量 17495 千克；

三轮次酒后，用曲量占原料的比例，12%，加曲量 14975 千克；

四轮次酒后，用曲量占原料的比例，11%，加曲量 13715 千克；

五轮次酒后，用曲量占原料的比例，8%，加曲量 9995 千克；

六轮次酒后，用曲量占原料的比例，6%，加曲量 7499 千克；

合计用曲量占原料的比例为 85%，这里不包括窖底用曲量。

（六）窖底用曲量

窖底用曲量不计入轮次酒用曲量计划内，须单独计算。窖底、窖面、封二层窖用曲量平均每轮次为 1105 千克，全年总量为 8840 千克。各轮次必须做好窖底培养工作，第七轮次不得烤窖底，但须做好窖池养护工作。

（七）加曲温度

下沙、糙沙：加曲前为 26 ～ 30℃，上堆为 23 ～ 26℃。

烤酒：冬春季为 28 ～ 32℃，上堆为 26 ～ 30℃。夏季为 26℃至室温。

（八）堆积发酵

酒醅要从四周上堆，要上得圆、上得匀，尽量少用拦糟板。收醅温度要均匀，一般开始起堆温度比后续高 2 ～ 3℃，防止出现包心、腰线，各轮次堆积发酵顶部温度控制在 40 ～ 50℃，下沙、糙沙堆积发酵顶部温度控制在 (50 ± 3)℃。

下沙、糙沙酒醅必须收成埂子，与尾酒、曲药翻拌均匀，三翻上堆。

（九）上甑

上甑时蒸汽气压控制在 0.08 ～ 0.15MPa，酒醅与谷壳要拌匀，谷壳必须经过清蒸处理。上甑必须做到“轻、松、薄、匀、准、平”，坚持一人上甑、一人掏糟。

（十）把好质量与浓度关

入库严格控制基酒酒度在 53% ～ 57%（VOL，20℃）。一轮次酒≥ 57%（VOL，20℃），二轮次酒≥ 55%（VOL，20℃），三、四轮次酒≥ 54%（VOL，20℃），五、六、七轮次酒≥ 53%（VOL，20℃），允许误差 ±0.3%（VOL，20℃）。

制酒班（52 吨），各轮次产量计划百分比如下：

一轮次酒产量 4680 千克，占年计划的 9%；

二轮次酒产量 7800 千克，占年计划的 15%；

三轮次酒产量 13000 千克，占年计划的 25%；

四轮次酒产量 11440 千克，占年计划的 22%；

五轮次酒产量 7280 千克，占年计划的 14%；

六轮次酒产量 5200 千克，占年计划的 10%；

七轮次酒产量 2600 千克，占年计划的 5%。

（十一）封窖

培养好封窖泥，封窖泥要求厚度为 5 ～ 7 厘米。要管好窖，封窖泥必须保持不干裂、不稀皮、光洁、平整。

（十二）安全责任

在生产中要注意安全，严格防止事故发生，坚持安全检查。在生产操作中，操作员若违反操作规程，按质量责任事故处理。

二、大曲酱香型白酒酿酒生产操作工艺指导书

（一）高粱粉碎要求

高粱必须全部通过粉碎机，粉碎度要求：下沙按 (20±2)% 磨碎，糙沙按 (30±2)% 磨碎。

只能是磨碎，不能是粉状，化验员要随时检查磨碎情况，下沙、糙沙化验分析不能少于 15 次。

（二）水分、润粮、蒸粮、母糟

润粮水要清洁，水温要≥95℃，加水量为原料高粱质量的 56% ～ 60%。折合 420 ～ 450 千克（包括润粮水和凉水）。润粮水占比 51% ～ 52%，凉水占比 5% ～ 8%，配料一定要准确。

下沙入窖化验水分为 37% ～ 40%，糙沙入窖化验水分为 40% ～ 44%。

润粮时每甑为 750 千克（糙沙减半），全年用高粱 124800 千克。加水量要按照标准准确计量，要边加水边翻拌，水分不得流失，润粮持续时间可延长至 24 小时，做到先润先蒸，如遇到特殊情况延长了润粮时间，必须将高粱散开，中途翻造一次，以免高粱发芽霉变。

蒸粮时每甑 750 千克，不得多蒸，要求做到见汽上甑，严禁乱倒乱装。蒸粮时间从冷凝器来水之时开始计时，气压控制在 0.08 ～ 0.15MPa，下沙蒸粮 2 小时至 2 小时 10 分，糙沙蒸粮时间为 2 小时 10 分至 2 小时 30 分，气压低于正常范围时要适当延长蒸粮时间，保证高粱蒸熟、蒸透、蒸匀。

母糟应选用未经过六次烤酒的好的酒醅，不能用霉变或有异味的酒醅作为母糟，母糟用量为原料高粱质量的 7% ～ 10%，母糟必须打细打散，并与高粱拌匀后蒸粮。

（三）晾堂操作

凉水：凉水洒放在晾堂酒醅的埂子上，一定要洒匀，严禁在甑内洒凉水。

尾酒：下沙、糙沙所有尾酒，酒精度要求在 10%（VOL，20℃）以上，用量为原料高粱质量的 2% ～ 3%。尾酒要在收成埂子的酒醅上撒放，边撒边立即翻匀，严禁在摊晾的酒醅上撒放。入窖时撒尾酒的数量，由酒师、班长根据堆积发酵的老嫩、水分含量等实际情况而定，并不要求洒匀。下窖时间应根据气候条件掌握，酒师或班长必须在场指挥，严

禁请临时工包窖，严禁用抱斗直接下窖。

加曲温度：下沙、糙沙，加曲前为 26 ～ 30℃，上堆时为 23 ～ 26℃；轮次烤酒，冬、春两季加曲前为 28 ～ 32℃，上堆时为 23 ～ 26℃；夏季为 26℃至与室温持平。

加曲量：总用曲量为原料高粱投料质量的 92%，各轮次加曲量严格按照计划执行，不得突破，允许超用的曲药必须在三轮次前用完。严禁班组之间调剂用曲，各轮次之间用曲比例见前述。

每甑用曲量根据每轮次总甑数不同自行调节，严格控制用曲量。下沙、糙沙加曲方法是酒醅收成埂子洒上尾酒翻匀后，再把曲子洒放在埂子上，翻拌均匀，三翻上堆。

窖底用曲量：窖底用曲量不包括在轮次酒用曲量内，窖底、窖面、封二层窖和其他配料下窖用曲量，每轮次用曲量为 115 千克，全年 8840 千克，各轮次必须培养好窖底，做好保窖工作。如因特殊原因需要增加用曲量的，应先申报理由，报生产管理部门审批同意，方可增加用曲量。

（四）堆积封窖

酒醅要从四周上堆，上得圆、上得匀，严禁用行车抱斗直接上堆，每天一个堆子上堆，甑数不宜过多，尽量少用拦糟板。

起堆温度可比正常情况高 2 ～ 3℃，起堆时要离拦糟板远些，收醅温度要均匀，防止出现包心、腰线和发酵不均匀的现象。

堆积发酵顶部温度：下沙、糙沙温度控制在 (50±3)℃，以后各轮次控制在 40 ～ 50℃即可入窖。

冬季要做好保温工作，可采取适当的保温措施，以保证发酵正常进行，如果堆积升温困难、发酵启动迟缓，而又必须入窖，此时可以增加底沙一甑，并注意疏松入窖，入窖后适当延长 2 ～ 3 天再封窖。

（五）上甑、接酒

烤酒不允许同时开两个窖。

上甑前必须做好准备工作，检查酒甑、底锅水、冷凝器、水管、蒸汽等各种设备设施的准备情况。

酒醅要分型打细，谷壳要加匀。要严格控制谷壳用量，上甑要做到见汽上甑及轻、松、匀、薄、准、平。

上甑时气压控制在0.08～0.15MPa，要合理使用蒸汽，坚持一人上甑，一人掏糟，酒醅要分型上甑。

摘酒要把好质量和浓度关，摘酒时以看花、量浓度、口尝鉴定相结合，严格按照规定浓度入库，要量质摘酒，分型存放，按轮次分型入库，不准不同轮次间混合入库。

基酒酒精浓度要求：一轮次酒≥57%（VOL，20℃），二轮次酒≥55%（VOL，20℃），三、四轮次酒≥54%（VOL，20℃），五、六、七轮次酒≥53%（VOL，20℃），允许误差±0.3%（VOL，20℃）。

（六）窖内发酵

发酵时间从封窖之日起计算，为30天。不准提前开窖，违者按质量事故责任处理。

入窖要集中精力，抓紧时间，不准用抓斗入窖，入窖后酒醅要做到疏松，酒师必须监督入窖操作。

要培养好封窖泥。每年生产结束前留三分之一老的封窖泥与新封窖泥混合使用，要做好窖期的管理工作。

必须保持封窖泥不开裂，必须压紧窖边，防止水渗进窖中。封窖泥干燥定型后及时盖好塑料布，保证封窖泥不稀、不干裂。

（七）其他

要注意安全生产，随时检查各种设备情况，特别要防止窖潮，入窖和作窖底时必须有人监督，防止事故发生。

操作中违反操作规程，影响质量，以及不爱护生产设备、施工用具者，根据情节轻重，严肃处理。

及时、准确、严格、认真做好原始记录，杜绝数据造假，严禁弄虚作假。

坚持文明生产，保持生产场地卫生、整洁，员工上班必须穿工作服、佩戴上岗证等。

三、大曲酱香型白酒酿酒关键工序点控制要求

（一）润粮工序控制点

润粮工序质量对制酒生产影响很大，润粮质量好给全年的生产打下良好的基础，润粮质量差给下一道糊化工序造成困难，同时影响一、二轮次酒的质量，是二轮次酒掉排的一

个重要因素。

润粮工序在工艺流程中的位置如下：

润粮工序质量标准：润粮水分必须按照原料高粱质量的 51% ～ 52% 加入，润粮水温必须大于 95℃，经翻拌使高粱吸水均匀、透心、收汗，手感不腻手。

对上道工序高粱破碎的要求：

下沙：整粒高粱八成，破碎高粱二成，即整粒高粱占 80%，破碎高粱占 20%，误差 ±2%。

糙沙：整粒高粱七成，破碎高粱三成，即整粒高粱占 70%，破碎高粱占 30%，误差 ±2%。

工序分析：包括润粮水温、加水量及翻拌操作要求。

润粮水温对润粮质量的影响：润粮水温低，高粱吸水率低，造成水分流失。因此，润粮水温必须大于 95℃，所投入水分方能全部吸收，润粮效果好。

投入水分对润粮质量的影响：投入水量少，难糊化，微生物代谢营养成分不丰富；投入水量多，增加辅料，给下一道工序操作带来困难。因此，润粮水必须控制在 51% ～ 52%，第一次润粮加水量为 31% ～ 32%，第二次润粮加水量为 20%，总加水量共计控制在 51% ～ 52%。第一次润粮和第二次润粮间隔时间控制在 4 ～ 5 小时，润粮延续时间可延长到 24 小时，做到先润先蒸。

翻拌均匀度和速度对润粮质量的影响：翻拌速度慢，水温下降快，影响高粱吸水率，造成水流失。因此，翻拌时间每堆控制在 5 ～ 8 分钟。

（二）蒸粮工序控制点

蒸粮工序在工艺流程中的位置如下：

蒸粮工序质量标准：

蒸粮质量：均匀、透心、熟而不烂。

蒸粮工序质量要求：

蒸汽压力：控制蒸汽压力在 0.08 ～ 0.15MPa，确保糊化。

蒸粮时间：下沙为 2 小时至 2 小时 10 分；糙沙为 2 小时至 2 小时 30 分。

母糟用量：母糟用量为原料高粱质量的 7% ～ 10%。

生熟沙比例及翻拌质量的影响：在配糟环节中，生沙（糙沙润粮）与熟沙（经下沙入窖发酵后的酒醅）的比例各占 50%。

（三）拌曲工序控制点

拌曲工序在工艺流程中的位置如下：

摊凉 → 拌曲上堆 → 堆积发酵

工序轮次用曲量标准：

下沙 5%（或 10%），糙沙 14%，一轮次 15%，二轮次 14%，三轮次 12%，四轮次 11%，五轮次 8%，六轮次 6%。冬、春两季稍偏高，夏季从第三轮次起不能突破用曲比例。

工序要求：包括拌曲前品温与上堆温度控制要求。

下沙、糙沙：拌曲前品温为 26 ～ 30℃，上堆后品温为 23 ～ 26℃。

轮次烤酒：冬、春两季拌曲前品温为 28 ～ 32℃，上堆后品温为 26 ～ 30℃。夏季为 26℃至与室温持平。

摊晾厚薄：摊晾厚薄要一致。摊晾厚薄不一致，糟醅冷却不均匀，造成拌曲上堆温度不均匀，影响堆积发酵质量。

拌曲品质：拌曲要均匀，采取一踢、二拉、三扫的方法，以保证拌曲均匀。

（四）上甑工序控制点

上甑工序在工艺流程中的位置如下：

上甑工序质量标准：

按照“轻、松、薄、匀、准、平”的原则上甑，即

轻：上甑手法要轻；

松：酒醅要松散；

薄：每层覆盖要薄；

匀：上甑覆盖要均匀；

准：上甑覆盖点要准确，要见汽上甑；

平：甑内酒醅表面要平，无大的歪斜凹凸现象。

上甑工序质量要求：

人员：上甑是手工技术操作，上甑人员必须经过技能训练，同时在上甑工序过程中要以老带新，逐步补充上甑人员。

上甑设备：酒甑、冷却器、蒸汽阀、酒精计。

底锅水位：底锅水位要与底锅排污阀相平。

酒醅粗细：上甑前应将酒醅用打糟机打细，并根据酒醅干湿程度适当加辅料。

蒸汽压力：上甑蒸汽压力应控制在 0.08 ～ 0.12MPa（下沙、糙沙除外）。

（五）摘酒工序控制点

摘酒工序在工艺流程中的位置如下：

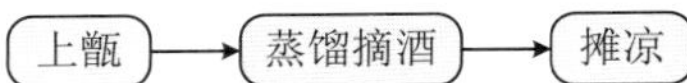

摘酒工序质量标准：

浓度要求：一轮次酒≥ 57%（VOL，20℃），二轮次酒≥ 55%（VOL，20℃），三、四轮次酒≥ 54%（VOL，20℃），五、六、七轮次酒≥ 53%（VOL，20℃）。

分型摘酒：窖面酒、窖中酒、窖底酒。

摘酒工序要求：摘酒蒸汽压控制在 0.08MPa 以下，摘酒温度控制在 40℃左右。

摘酒方法：摘酒应按质摘酒，采取看酒花、品尝、量酒度的方法。

（六）检验定值控制点

根据生产特性，要求制酒车间蒸馏产出的新酒，经由检验中心品尝鉴定其香型和浓度后，入库贮存，检验后的酒作为勾兑用基础酒。因此，如何判别新酒的香型和等级，即检验定质是至关重要的一道工序。

检验定质工序在工艺流程中的位置如下：

检验定质工序质量标准：必须以“酱香、醇甜、窖底”三种典型酒体的实物标准样为对照，鉴定入库的新酒，评定等级。鉴定后的新酒在填写标签编号时必须与评定编号相对

照，与酒坛号相对应。

三种典型酒体及其质量标准：

酱香：酱香味明显，味醇和，尾净回味长。

醇甜：有酱香，入口醇和，干净。

窖底：窖香较浓郁，味醇和，尾较净。

混合：窖香明显带酱味，味醇和，尾净。

次品：酒色浑浊；酒邪杂味明显，涩重过酸；酒精度低于各轮次酒标准。

各轮次酒质量标准：

一轮次酒：略有生粮味，酸味，有涩味，后味微甜；酒精度≥ 57%（VOL，20℃）。

二轮次酒：香清雅，回甜，略有涩味，酸不明显；酒精度≥ 55%（VOL，20℃）。

三轮次酒：味醇和，酱味明显，协调，尾净；酒精度≥ 54%（VOL，20℃）。

四轮次酒：味醇和，酱味明显，协调，后味长；酒精度≥ 54%（VOL，20℃）。

五轮次酒：味醇和，有酱味，后味长，略有苦味、糟味；酒精度≥ 53%（VOL，20℃）。

六轮次酒：味醇和，有酱味，后味长，略有苦味，允许略有糊味（焦香）；酒精度≥ 53%（VOL，20℃）。

七轮次酒：味醇和，略有苦味，可以有糊味。酒精度≥ 53%（VOL，20℃）。

实物标准样：分别按照轮次、香型等级选取上一年的酒为实物标准样，对照标准样鉴定出一批新酒后，应更换为当年的实物标准样，作为后续鉴定的实物标准样，实物标准样必须经相关质量部门认可后方能使用。

对上道工序的要求：装酒坛在使用前必须经过筛选、检查、清洗后才能入库，漏坛不能转入库房。新酒必须经过滤除杂后方能入库。

工序分析：包括鉴定人员、实物标准样、品评环境等方面的要求。

鉴定人员的素质：白酒的特殊性质决定了其检验的性质，在品评新酒时由于人的因素，因年龄、性别、感官等判断能力的差异，容易造成鉴定不一致，因此鉴定人员必须具有一定的品评能力，经考核能够胜任新酒的质量鉴定。

实物标准样：制酒生产的特殊工序决定了每轮次酒质不一样，因此，取每个轮次标准样酒时必须严格把关，由职能部门对各轮次酒标准样进行品评确定。

填写标签：鉴定的新酒应填写编号，评定汇总编号要与酒坛号对应一致。

品评环境：品评新酒必须在规定的特殊环境中进行，评酒环境必须保持安静，场地保持干净整洁，评酒员要集中精力，认真品评，不能交头接耳，否则容易造成鉴定不准确。

品评器具：品评新酒时的酒杯、酒瓶等酒具要保持清洁。

四、窖底、窖面香醅制作标准

（一）窖底香醅的制作

窖底香醅从下沙开始做好，每个轮次都要加工。

做好后用钉耙将其掏平整，再用铁铲铺平，不能出现坑洼现象，然后撒一层谷壳，起隔离作用。到三轮次酒时，每个窖只取一半窖底香醅来烤酒，另一半烤酒与否应根据实际情况而定。

（二）窖面香醅的制作

窖面香醅从下沙至六轮次，每个轮次都要加工。

将已经制作好的窖面香醅铺在“鱼背脊”的顶部，用铁铲铺平整，不能出现坑洼现象。然后在窖面香醅表面撒 2.5 千克左右的曲药及 5 千克左右浓度为 25% ～ 35%（VOL）的尾酒，再撒一层谷壳，起到隔离作用。

第三节　大曲酱香型白酒新酒贮存与盘勾技术规程

大曲酱香型白酒须在生产工艺上严格规定要贮存一定时间，酱香型白酒的新酒具有刺激性，因此新酒只有经过贮存，才能够消除这种不和谐的酒味。同时，大曲酱香型白酒一年一个生产周期，多轮次发酵产酒。这样，基酒就有不同的等级和典型酒体。通常，酱香型白酒的基酒分为三种典型酒体、七个轮次，进而又分为不同的等级，因此新酒贮存和基酒的组合勾兑对酱香型白酒生产工艺具有重要的意义。

一、轮次酒质量标准

轮次酒分酱香、醇甜、窖底三种典型酒体。新酒入库时，通过感官品评后分香型、分等级，分别贮存。现在执行酱香、醇甜、窖底三个典型酒体、八个等级，分别为一等酱、二等酱、一等甜、二等甜、一等窖、二等窖、混合型及次品。

感官品评时三种典型酒体及次品的质量标准分别为：

酱香：酱香味明显，味醇和，尾净回味长。

醇甜：有酱香，入口醇和，干净。

窖底：窖香较浓郁，味醇和，尾较净。

混合：窖香明显带酱味，味醇和，尾净。

次品：酒色浑浊；酒邪杂味明显，涩重过酸；酒精度低于轮次酒标准。

除上述质量标准外，由于各厂生产各轮次酒的工艺条件不同，因此在判定香型等级时，又应按照以下感官要求执行。

一轮次酒：略有生粮味，酸味，有涩味，后味微甜；酒精度≥ 57%（VOL，20℃）。

二轮次酒：香清雅，回甜，略有涩味，酸不明显；酒精度≥ 55%（VOL，20℃）。

三轮次酒：味醇和，酱味明显，协调，尾净；酒精度≥ 54%（VOL，20℃）。

四轮次酒：味醇和，酱味明显，协调，后味长；酒精度≥ 54%（VOL，20℃）。

五轮次酒：味醇和，有酱味，后味长，略有苦味、糟味；酒精度≥ 53%（VOL，20℃）。

六轮次酒：味醇和，有酱味，后味长，略有苦味，允许略有糊味（焦香）。酒精度≥ 53%（VOL，20℃）。

七轮次酒：味醇和，略有苦味，可以有糊味。酒精度≥ 53%（VOL，20℃）。

各轮次实物标准：对新酒进行质量鉴定时，应当按照本标准的规定，分别按轮次、香型选取实物标准样。实物标准样由质量管理部门选取和确定，再经质量管理部门负责人批准后执行。

二、新酒贮存生产技术规程

（一）新酒贮存工艺流程

新酒贮存工艺流程如图 10-1 所示。

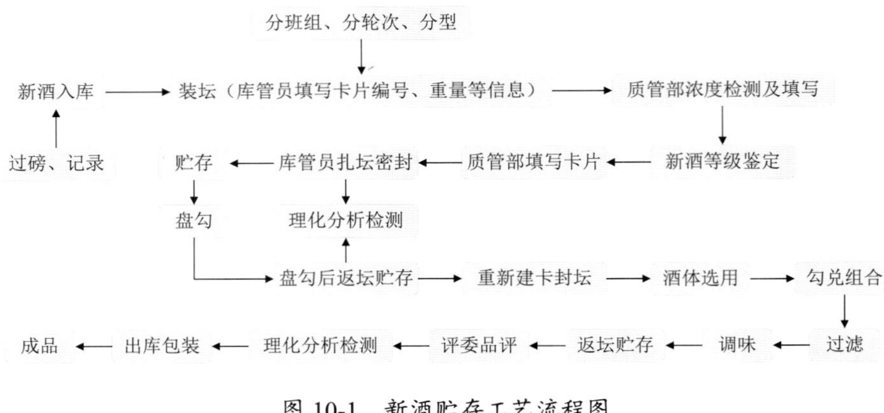

图 10-1　新酒贮存工艺流程图

（二）新酒贮存工艺操作规程

新酒入库：酒坛装酒前必须洗坛、测漏、库房安放，定置划线，规范整齐。新酒入库过磅，分轮次、分型装坛，将坛号、入坛酒重量、班次、轮次、入库时间记录在卡片上，建立台账、档案。

新酒检验：由质量管理部门测定已经建立台账的新酒的浓度，并填写卡片浓度项，再由质量管理部门组织相关人员对每个轮次的新酒进行等级鉴定。卡片全部填写完毕，由基酒管理人员扎坛。

贮存：新酒贮存在大周期生产结束后进行盘勾。贮存期间要对库房进行严格巡检排查，发现渗漏、漏酒情况需及时更换酒坛排除隐患。

盘勾：按盘勾操作指导书进行盘勾，并及时返库装入陶坛长期贮存。

（三）盘勾酒贮存质量要求

感官要求：感官要求要符合表 10-3 的规定。

表 10-3　盘勾酒贮存感官质量要求

项目	一类酒	二类酒	三类酒
色泽	无色（或微黄）透明，允许有少量杂质		
香气	香气显著，典型性好	酱香明显、醇正	有酱香，略带糊香
口味	醇和、丰满、味长、无杂味	较醇和、较丰满、较味长、无杂味	醇和，略带枯味、苦味
风格	具有大曲酱香型白酒风格		

理化指标：盘勾分类酒属于未通过精加工的新酒酒体，没有规定的标准，不能用合格待装酒的理化指标要求对其检测，也不能规定具体的指标范围值（即理化指标只能作为精加工后的参考依据）。

卫生指标：符合 GB 2757–2012 的规定。

贮存容器与管理：贮存用陶坛。要加强日常酒库及陶坛的管理。

贮存时间要求：已经盘勾好的基酒需要贮存 3 年以上方可使用。

三、盘勾与勾兑作业指导书

（一）操作工艺流程

酱香型白酒的盘勾工艺流程如图 10-2 所示。

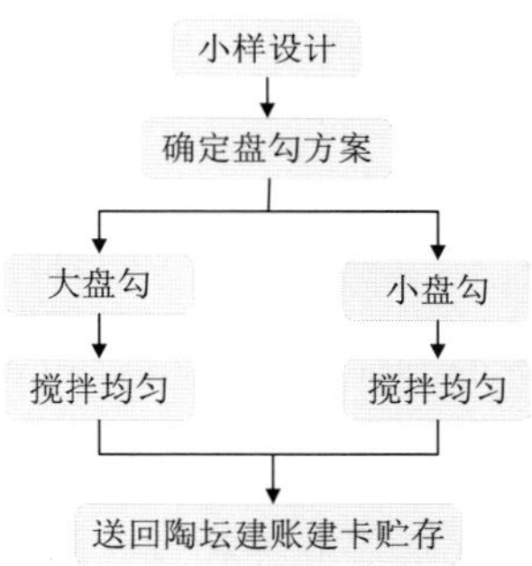

图 10-2　盘勾工艺流程

（二）盘勾工艺操作要求

大周期生产结束后，进行小盘勾，小盘勾是按轮次酱香、窖底、混合的单体质量等级进行组合。

小盘勾结束后进行大盘勾，大盘勾是按照各轮次酒和各类别酒的搭配比例进行粗略组合，使酒体质量均符合公司产品既定风格的要求。

盘勾之前必须根据当年生产实际入库质量情况确定盘勾方案，每年小样调试的盘勾方案由相关技术负责人指导酒体设计中心具体拟定。

盘勾必须在下一年生产周期之前启动。

盘勾组合好的酒体逐批入陶坛建卡建账长期贮存，严实密封管理。

（三）小型勾兑标准

取样酒：取达到贮存期的各种相关类别酒的样酒。根据需要样品量酌情取酒样，所取酒样按照不同类别酒做好酒样标记，包括库号、坛号等记录。

勾兑：按照不同类别酒进行组合勾兑，做好编号和原始记录。勾兑好的酒样与上一批次实物样进行比对，应符合公司产品标准，只能等同或优于前一批实物酒样标准。

勾兑样品检验：经有关人员和部分评酒委员品评，符合公司产品酒样标准，方可进行扩大生产。

（四）大型勾兑标准

勾兑依据：以经酒体设计中心有关人员及部分厂评酒委员会品评认可的小型勾兑酒的各种酒的比例为依据，实施批量选酒。

选用酒：选用经库存三年以上的半成品基酒进行勾兑。感官检验应符合相关产品标准的感官标准要求。

勾兑：按照小样勾兑合格的比例进行放大。放大时应严格按照勾兑指挥人员的要求，严格计量，按小型勾兑时所用各种酒的比例进行组合勾兑，并做好勾兑原始记录。组合勾兑时，应搅拌均匀，待稳定后进行过滤加工。

大型勾兑检验：由相关人员进行感官品评和理化检验。技术指标符合公司产品标准范围，卫生标准符合 GB 2757–2012 标准。

勾兑合格的酒放入酒坛密封贮存备用。按规定贮存到期的酒，由质量管理部门取样经厂评酒委员会评审并认定合格后，方能出库。出库酒应符合系列产品技术标准范围。

4. 组合勾兑、调味生产技术规程

（一）组合勾兑、调味工艺流程

酱香型白酒组合勾兑、调味工艺流程如图 10-3 所示。

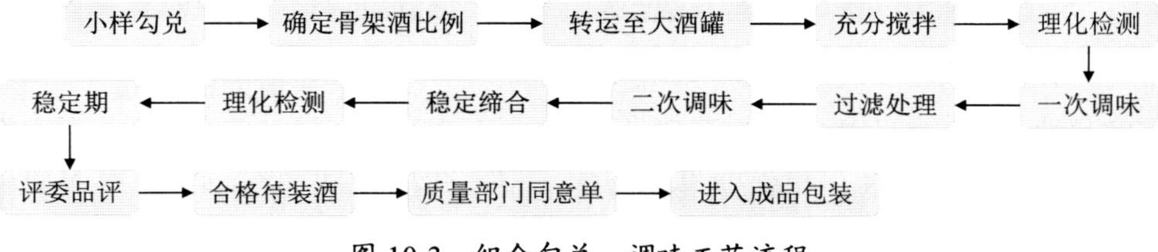

图 10-3　组合勾兑、调味工艺流程

（二）组合勾兑要求

结合生产计划：组合勾兑人员进行小样酒体设计调试，在指定库房中对贮存三年以上各类别的酒体进行筛选组合。组合勾兑人员根据公司酒体的质量标准要求，确定组合勾兑方案，计算需要量转入酒罐，予以组合形成初具风格的骨架酒体。

根据骨架酒体设计的小样组合勾兑方案，由基酒管理员依据所需类别酒开具出库单，由相关负责人签字认可。

取组合勾兑酒体做小试调味，选择相关调味酒进行调味。小样调味成型后，组合勾兑人员填写原始记录表，并由负责人确认签字确定小样调味方案后，再放大比例，按工艺流程进行生产。

基酒转运：按照基酒转运计量与安全管理规定执行。

按照酱香型白酒的工艺特点要求，勾调好的半成品酒必须保证一年以上的贮存稳定缔合时间，最终使酒体达到老熟醇和即可。

酱香型白酒组合勾兑调味是以酒调酒，没有添加任何香料，且每个批次的方案都需要根据当时的实际情况来确定，故没有固定的配方。

（三）固定工序关键控制点

勾兑说明：由检验中心鉴定入库的各种香型基酒经盘勾贮存三年后，进行小样勾兑，找出各种用酒比例，再进行大勾兑，贮存半年后送酒厂评委评尝鉴定（同时作理化分析），合格后即可包装出厂。因此，如何找出最佳比例使勾兑样符合标准是关系到酱香型白酒质量的关键。

勾兑工序的位置如下：

勾兑的前提要求：进行勾兑的酒必须达到规定年限。勾兑前要准备各种香型酒。

勾兑工序的质量要求：

理化指标：

酒精度（%，VOL，20℃）：52% ～ 55%；

总酸（以乙酸计，g/L）：1.5% ～ 3.0%；

总酯（以乙酸乙酯计，g/L）：≥ 2.5；

固形物（g/L）：≤ 0.6%。

感官指标：

色：无色（或微黄）透明，无悬浮物，无沉淀。

香：酱香突出，幽雅细腻，空杯留香持久。

味：醇厚丰满，酱香显著，回味悠长。

格：酱香突出，幽雅细腻，醇厚丰满，回味悠长，空杯留香持久。

勾兑用酒样外观要求：勾兑用酒必须清澈透明，无浑浊、无沉淀、无悬浮物。

勾兑程序：

小型勾兑：与标样对比，反复品评，找出最佳比例，记录各种用酒指标。

品评鉴定：与实物标样对比，进行多次品评，调整直至符合标准。

理化指标：有关理化指标。成品酒化验记录。

大型勾兑：按照小样勾兑比例，记下比例用酒量。

勾兑工序主导因素分析及其说明：

小型勾兑：各种酒样用量准确无误，关键在于吸管、量筒的计量方法要准确。

大型勾兑：按比例放大用量，与小型勾兑一样须计量准确，关键在于计量的灵敏度、准确度和可靠性。

小型勾兑及大型勾兑时均要搅拌均匀，使酒样充分混合。

勾兑工序质量决定成品酒的最终产品质量。因此，勾兑工序是一项至关重要的绝密工序，记录应对外保密。

参考文献

[1] 王赛时 . 中国酒史 [M]. 济南 : 山东画报出版社 , 2018.

[2] 徐兴海 , 周全霞 , 胡付照 . 酒与酒文化 [M]. 北京 : 中国轻工业出版社 , 2018.

[3] 周德庆 . 微生物学教程 : 第 3 版 [M]. 北京 : 高等教育出版社 , 2019.

[4] 肖冬光 , 赵树欣 , 陈叶福 , 等 . 白酒生产技术 [M]. 北京 : 化学工业出版社 , 2011.

[5] 何国庆 , 贾英民 , 丁立孝 . 食品微生物学 : 第 3 版 [M]. 北京 : 中国农业大学出版社 , 2016.

[6] 余乾伟 , 传统白酒酿造技术 [M]. 北京 : 中国轻工业出版社 , 2013.

[7] 梁雅轩 , 廖鸿生 . 酒的勾兑与调味 [M]. 北京 : 中国食品出版社 , 1989.

[8] 斯拉瓦 •S• 爱珀斯坦 . 未培养微生物 [M]. 刘巍峰 , 陈冠军 , 等译 . 济南 : 山东大学出版社 , 2010.

[9] 贾智勇 . 中国白酒品评宝典 [M]. 北京 : 化学工业出版社 , 2016.

[10] 肖冬光 , 范文来 , 马立娟 . 酿酒分析与检测 [M]. 北京 : 中国轻工业出版社 , 2018.

[11] 辜义洪 . 白酒勾兑与品评技术 [M]. 北京 : 中国轻工业出版社 , 2019.

[12] 赵金松 . 白酒品评与勾调 [M]. 北京 : 中国轻工业出版社 , 2019.

[13] 沈怡方 . 白酒生产技术全书 [M]. 北京 : 中国轻工业出版社 , 2009.

[14] 熊子书 . 中国名优白酒酿造与研究 [M]. 北京 : 中国轻工业出版社 , 1995.

[15] 邱树毅 . 生物工艺学 [M]. 北京 : 化学工业出版社 , 2009.

[16] 贵州酒百科全书编辑委员会 . 贵州酒百科全书 [M]. 贵阳 : 贵州出版集团 , 2016.

[17] 黄平 . 中国酒曲 [M]. 北京 : 中国轻工业出版社 , 2000.

[18] 国家市场监管总局 , 国家标准化管理委员会 . 白酒工业术语　非书资料 : GB/T 15109–2021[S]. 北京 : 中国标准出版社 , 2022:6.

[19] 国家质量监督检验检疫总局 , 国家标准化管理委员会 . 白酒企业良好生产规范　非书资料 : GB/T 23544–2009[S]. 北京 : 中国标准出版社 , 2009:8.

[20] 国家卫生和计划生育委员会 , 国家食品药品监督管理总局 . 蒸馏酒及其配制酒生产卫生规范　非书资料 : GB 8951–2016[S]. 北京 : 中国标准出版社 , 2017:12.

[21] 国家安全生产监督管理总局 . 白酒企业安全管理规范　非书资料 : AQ/T 7006–2012[S]. 北

京 : 中国标准出版社 , 2013:3.

[22] 国家卫生部 . 食品安全国家标准 蒸馏酒及配制酒　非书资料 : GB 2757–2012[S]. 北京 : 中国标准出版社 , 2013:2.

[23] 国家市场监管总局 , 国家标准化管理委员会 . 白酒质量要求 第四部分 : 酱香型白酒　非书资料 : GB/T 10784.4–2024[S]. 北京 : 中国标准出版社 , 2025: 6.